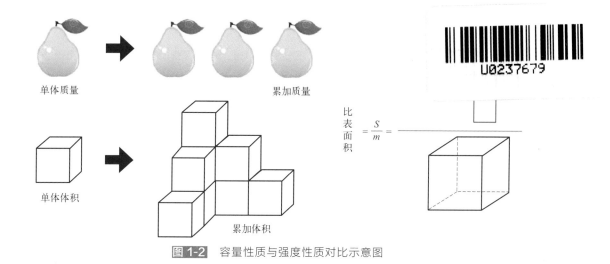

图 1-2 容量性质与强度性质对比示意图

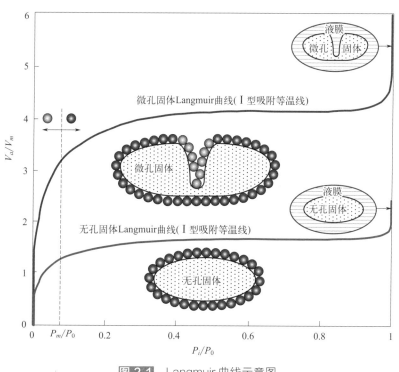

图 2-1 Langmuir 曲线示意图

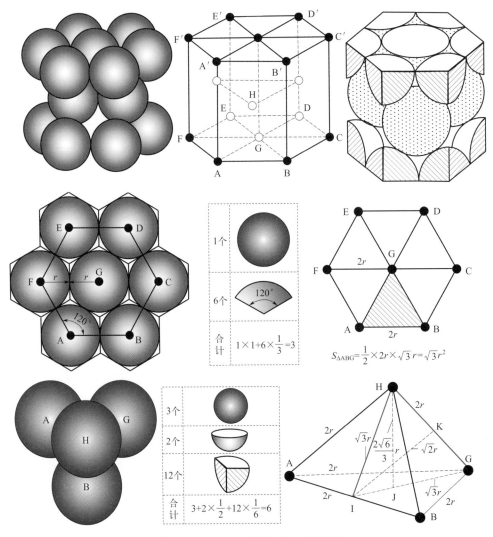

$$1 \times 1 + 6 \times \frac{1}{3} = 3$$

$$S_{\triangle ABG} = \frac{1}{2} \times 2r \times \sqrt{3}\, r = \sqrt{3}\, r^2$$

$$3 + 2 \times \frac{1}{2} + 12 \times \frac{1}{6} = 6$$

图 2-3　氮气分子横截面积计算示意图

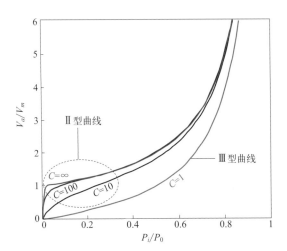

图 3-2　不同 C 值对应 BET 吸附等温线类型图

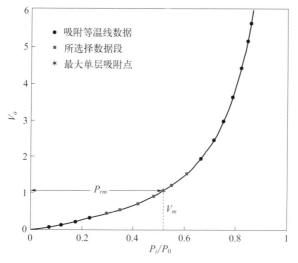

图 3-6 有效单层最大吸附点示意图

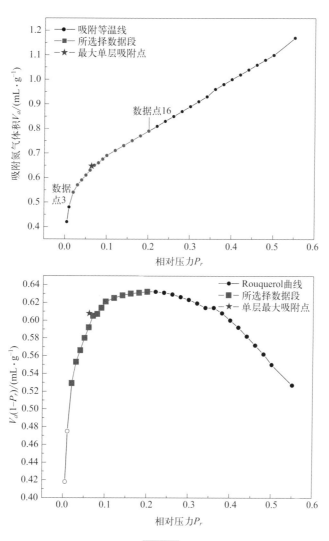

图 3-7

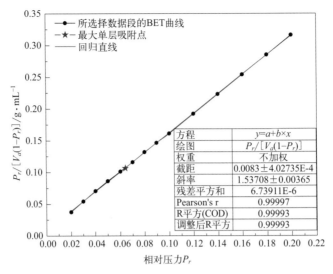

图 3-7　B 点法计算结果示意图

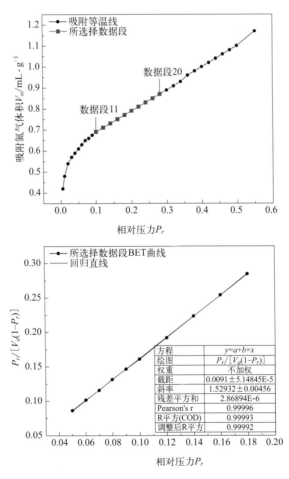

图 3-8　多点 BET 法计算结果示意图

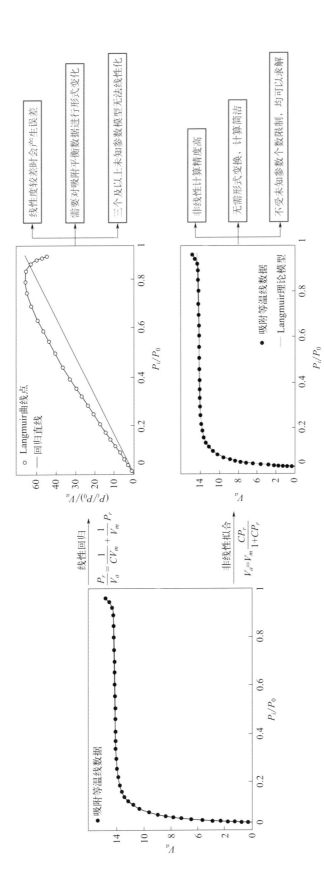

图 4-2　线性回归与非线性拟合求参方法对比示意图

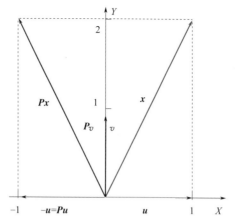

图 5-2 向量 Householder 反射过程示意图

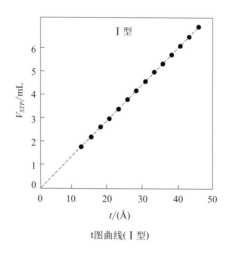

t图曲线(Ⅰ型)

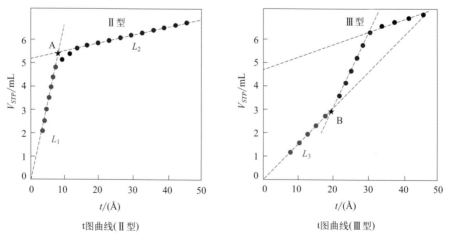

t图曲线(Ⅱ型)　　　　　　t图曲线(Ⅲ型)

图 6-2 三种类型 t 图曲线示意图

Surface Area Calculation Methods and
C Programming Case Studies

比表面积计算方法
与C程序设计
案例教程

张 辉 刘凯迪 张四宗 著

化学工业出版社

·北京·

内容简介

本书采用图解与视频教学相结合的方式，通过丰富的案例及对应的 C 语言程序，清晰展示了各种比表面积计算方法具体的计算步骤、程序整体框架设计、数据结构定义、内存分配管理、数据解析、数值求解、键值查询和数据文件关联等过程和技术手段，帮助读者在短时间内快速学会从理论分析到实践应用的转换方法。对于实际问题抽象出来的矩阵方程，不同章节采用 Householder 变换、Akima 插值、QR 分解、Levenberg-Marquardt 最优化等数学工具，为实际问题提供多种解决方案。

本书可供材料科学与工程、热能与动力工程、新材料研发与设计相关领域的人员阅读，也可供相关专业师生参考。

图书在版编目（CIP）数据

比表面积计算方法与 C 程序设计案例教程/张辉，刘凯迪，张四宗著 . —北京：化学工业出版社，2023.11
ISBN 978-7-122-44176-8

Ⅰ. ①比… Ⅱ. ①张…②刘…③张… Ⅲ. ①比表面积-计算方法-教材②C 语言-程序设计-教材 Ⅳ. ①O647.1 ②TP312.8

中国国家版本馆 CIP 数据核字（2023）第 179861 号

责任编辑：刘丽宏　　　　　　　　　　　文字编辑：陈　锦　袁　宁
责任校对：李雨函　　　　　　　　　　　装帧设计：刘丽华

出版发行：化学工业出版社（北京市东城区青年湖南街 13 号　邮政编码 100011）
印　　装：大厂聚鑫印刷有限责任公司
787mm×1092mm　1/16　印张 20¾　彩插 3　字数 477 千字　2024 年 2 月北京第 1 版第 1 次印刷

购书咨询：010-64518888　　　　　　　　售后服务：010-64518899
网　　址：http://www.cip.com.cn
凡购买本书，如有缺损质量问题，本社销售中心负责调换。

定　　价：128.00 元

前　言

比表面积是一个表征粉末或多孔固体物理吸附和化学反应能力的强度参数，采用气体流动法或静态容量法测定吸附剂在不同相对压力下捕获吸附质的体积，进而根据 Langmuir、BET、Temkin、Freundlich、t 图法、MP 法和 α-s 法等进行计算，是材料设计、改性、选型和应用的重要依据。

目前，国内外生产商提供的测量设备及配套软件使用成本较高；数据处理方法复杂，如果专业知识不足，直接获取分析软件生成的测试报告，信息分析常不准确；计算过程使用的常数各不相同，用户难以核实确认；分析软件底层代码不公开，继续创新难度大。基于以上几点，结合作者多年知识积累与编程经验，本书力求为读者提供各种比表面积计算方法详细的计算步骤和 C 程序源代码。通过案例及对应的 C 语言计算过程，读者能够清晰地了解计算细节，理解程序框架的设计思路，切实掌握各种计算方法的原理、工艺过程、数值计算方法与计算机程序设计实现。

鉴于计算方法的复杂性和专业性，为了便于读者理解和掌握，采用图解说明和视频讲解两种方式对每种方法进行详细剖析。图解说明着眼于计算方法原理分析和代码架构，视频讲解侧重于比表面积计算方法通过计算机程序实现过程，两种表达方式互为补充。

本书的特色在于提供了丰富、实用的案例与 C 语言编写的源代码，通过详细案例和 C 程序源代码，展示各种比表面积计算方法的具体计算步骤、程序整体框架设计、数据结构定义、内存分配管理、数据解析、数值求解、键值查询和数据文件关联等过程和技术手段，帮助读者在短时间内快速学会从理论分析到实践应用的转换方法。对于实际问题抽象出来的矩阵方程，分别采用 Householder 变换、Akima 插值、QR 分解、Levenberg-Marquardt 最优化等数学工具，为读者提供多种解决方案。书中计算案例使用的数据采用显示位数进行精度截取，而 C 语言程序中保留了高精度位数，故案例计算结果与程序运行结果稍有差别，读者注意甄别与理解。本书配套的课件和源程序代码可通过化学工业出版社官网平台下载：https：//www.cip.com.cn/Service/Download；扫描下方二维码，可以获取本书配套视频课等资源。

本书得到国家自然科学基金资助项目（No.52306066）、中央高校基本科研业务费专项资金资助项目（FRF-TP-22-077A1）和北京高校"重点建设一流专业"能源与动力工程专业建设项目的资助。

由于作者水平有限，不足之处难免，敬请批评指正。

著者

目录

第 5 章 Freundlich 方程及 C 程序

第 6 章 t 图法及计算案例

第 7 章 MP 法及计算案例

视频教学目录

第1章
材料设计与比表面积

1.1 基本概念

　　"表面积"是指物体表面的面积。对于实心物体，如矿物颗粒、水泥等，表面积是这个实心物体的外表面积；但是，对于多孔材料，如蜂巢、蜂窝煤、海绵、烧结多孔金属材料、硅藻土、矿棉、纤维、分子筛和活性炭等，表面积不仅包括外表面积，还包括"孔洞"的表面积，这些"孔洞"如同一幢楼房里面的房间、楼道、大厅、电梯井道和烟道等，"孔洞"的表面积称为内表面积，内表面积与外表面积之和为总表面积。

　　图1-1中左下角为一实心正方体，其总表面积为外表面积；左上角为一带有圆柱孔的空心正方体，总表面积包括内部圆柱孔的侧面积与空心正方体的外表面积。大部分多孔材料的内表面积远远大于外表面积，为什么会这样呢？以边长为1m的实心正方体为例，其外表面积为$6m^2$，将该实心正方体等分为8个、125个、1000个、8000个和125000个小的实心正方体，发现其外表面积是边长平方的倒数关系。如图1-1中右边曲线所示，多孔材料相当于在实心材料内部"掏洞"，将掏出的实心体的外表面积作为内表面积，因此，"掏"的洞越多，整个多孔材料的孔隙就越多，其内表面积也越大。该例中，125000个小的实心正方体的外表面积之和是原来1个大实心正方体外表面积的50倍，但是分割前后大小实心正方体的体积未发生变化。如果继续分割，将实心正方体切为10^{27}个，则10^{27}

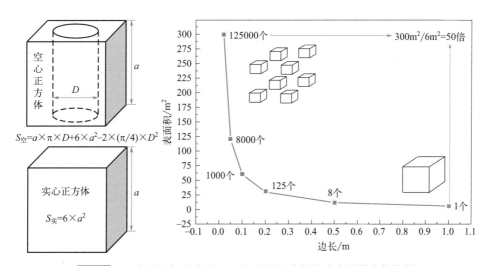

图 1-1 内表面积与外表面积及总表面积随粒径减小而增大趋势图

个小实心正方体的外表面积相当于原来 1 个大实心正方体的 10^9 倍，此时小实心正方体的边长为 1nm。这充分表明，同样质量的材料，从块材料到颗粒材料，再到粉末材料，其表面积在不断增大，那用什么来表示这个特征呢？比表面积。

什么是比表面积（Specific Surface Area）？比表面积是单位质量物质的总表面积，单位为 $m^2 \cdot kg^{-1}$ 或 $m^2 \cdot g^{-1}$，由于比表面积已经将总表面积 S 平均分配到"单位"质量 m 中去，失去了单个个体的特性，表现出的是整个系统的共性，即通用性质，所以比表面积具有强度性质。强度性质是指与系统中所含物质的量无关的性质，没有加和性，例如温度、压力、密度等。与强度性质对应的是容量性质，容量性质是指与系统中所含物质的量成正比的性质，与单个个体有关，多个单个个体相加就是整个系统的性质，具有加和性，比如三个个体质量的梨相加是累加质量的梨，几个个体体积相加是累加体积，质量和体积这两个物理量都满足加和性，与所含物质的多少成正比。容量性质与强度性质的对比示意图如图 1-2 所示。

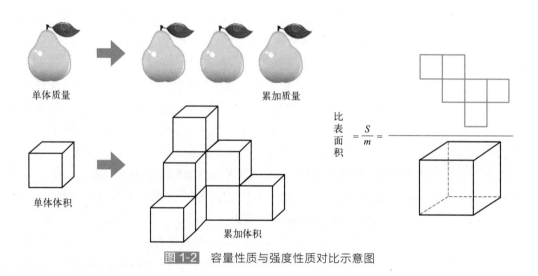

图 1-2　容量性质与强度性质对比示意图

强度性质与容量性质在后续的应用中非常重要，此处仅介绍基本物理量。1971 年 10 月，第十四届国际计量大会确定了国际通用的国际单位制（International System of Units，SI 制），规定了七个基本物理量，如表 1-1 所示，为了便于记忆，将其归纳为七字口诀"物质长时发热电"。在这七个物理量中，物质的量、质量、长度和时间四个物理量具有容量性质。发光强度与电流强度类似于日常生活中的水流，当一条河的水与另一条河的水汇合时，汇合后的总流量等于汇合前的分流量之和，因此，也具有容量性质。而热力学温度表示物质的冷热程度，是体系释放或吸收热量剧烈程度的表征，具有强度性质，将一杯 30℃ 的水与另一杯 50℃ 的水混合，混合后的水温是 80℃ 吗？肯定不是，水量多少并不会影响温度变化，水量越多，热量越多，但是，相同的热量被不同质量的物质吸收时，质量越少的物质反而温度越高，说明温度这个物理量与物质的多少没有关系，因此，"温度"这个物理量不能扩展，即不具有累加性，具有强度性质。

物理量名称	物理量符号	单位名称	单位符号	物理量属性	备注
物质的量	n	摩[尔]	mol(mole)	容量性质	amount of substance
质量	m	千克	kg(kilogram)	容量性质	mass
长度	l	米	m(metre)	容量性质	length
时间	t	秒	s(second)	容量性质	time
发光强度	I_v	坎[德拉]	cd(candela)	容量性质	luminous Intensity
热力学温度	T	开[尔文]	K(Kelvin)	强度性质	thermodynamic Temperature
电流强度	I	安[培]	A(Ampere)	容量性质	electric current

1.2　表观分子横截面积与表观比表面积

表观比表面积

吸附多发生在多孔材料的表面，那什么是表面呢？表面与界面有何区别？

界面的英文单词是"Interface"，表示介于（Inter）两个面（Face）之间的意思，此处的"面"是指互不相溶的相，如气相、液相和固相等。如图1-3所示，在一个玻璃杯中盛有水和油，玻璃杯为固相，水与油为液相，大气中的空气为气相，这样就形成了气-固界面、气-液界面和液-固界面，在两互不相溶的液体油与水之间形成液-液界面。

表面的英文单词是"Surface"，"sur"＋"face"，表示在面的上方、外面，专门指气相与其他相之间的界面，如气-固界面、气-液界面可以称为表面。

由图1-3中左图可知，界面包含表面，表面是界面的一种特殊情况，只有与气相形成界面时才能称为表面，而界面是所有互不相溶的相之间形成的"分水岭"。吸附是发生在气相与固相交界处（表面）的现象，而吸收是发生在相"体"内的现象，英文单词只有一个字母的差别，吸附为 Adsorption，吸收为 Absorption。Sorption 为"吸着"的意思，"ad"表示依附在物质表面，而"ab"表示溶入到、包含到物质体相内。

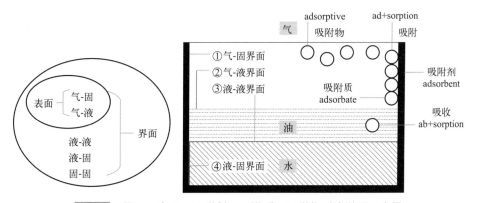

图1-3　界面、表面、吸附剂、吸附质、吸附物对比说明示意图

吸附剂（Adsorbent）是指捕获吸附质的多孔固体材料，如分子筛、活性炭和硅胶等。

吸附质是指被吸附的介质，如氮气、二氧化碳和甲醇等，英文用 Adsorbate 和 Adsorptive 来表示。Adsorbate 表示可被吸附的并且已经被"捕获"到固体表面的吸附质；Adsorptive 表示可被吸附的但是仍然"游离"在流动相中的远离吸附剂表面的吸附质。前者处于"囚禁"状态，后者处于"自由"状态。

吸附剂的比表面积通过被吸附的吸附质的量来测定。测量时，需要解决三个问题：第一，测量的工具是什么？第二，测量方法是什么？第三，测量得准不准？

（1）测量工具采用表观分子横截面积　当测量桌面的面积时，可以用尺子测得桌面的长和宽，然后计算其面积；也可以使用一张已知面积的纸去填充这个桌面，像拼图一样，比如一张纸的面积是 $400cm^2$，总共用了 10.5 张，则面积为 $400cm^2$/张 × 10.5 张 = $4200cm^2$。多孔材料比表面积的测量就是通过分子的截面积测定的，这个分子的截面积就相当于测量桌面时采用的纸。但是，这个分子横截面积会"变化"。日常生活中，人们会有这样的常识，用钢质板尺测量物体长度时，测得的结果受季节影响较大，如图 1-4 左半部分所示，一块塑料板，其热胀系数较小，受环境温度影响不大，长度为 40mm，现采用钢尺测定其长度，在 40℃时，由于钢尺受热膨胀伸长，测得的值为 38mm，在－40℃时，钢尺冷却收缩变短，测得的值为 42mm。对于相同长度的物体，采用的测量工具由于环境温度变化而导致测量结果出现偏差，同样道理，采用分子横截面积测量多孔材料比表面积时，也会因为环境温度、吸附剂中离子和分子对吸附质气体分子的极化作用等因素造成吸附质分子大小发生变化，如图 1-4 中右半部分所示，氮气分子在－196℃时直径较小，相同的材料面积需要 12 个氮气分子填充，而温度上升到 25℃时，分子直径增大，只需要 8 个氮气分子便可填满，而在比表面积计算时，分子的截面积认为是定值，所以 25℃计算得到的比表面积偏小。此处用到的比表面积测量工具是一个截面积会发生"动态变化"的尺子，称为表观分子横截面积。

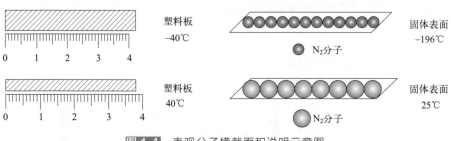

图 1-4　表观分子横截面积说明示意图

（2）测量方法为单层吸附　与用尺子测量桌面面积不同，多孔材料的比表面积通过累加吸附的气体分子的数量来获得，前提条件是气体分子要一个一个紧密地以单层形式排列在多孔材料表面。如果分子之间有空隙，有的地方没有填充，则会出现"遗漏"现象，造成测得的比表面积偏小；如果分子不是单层分布，而是以"堆叠"形式填充，也就是多层吸附，测得的比表面积可能偏大；环境温度导致分子直径变化也会影响分子的吸附量。因此，在实际测量过程中，应严格控制各项参数，如温度和压力等因素尽可能处于理想条件，以确保单层吸附假设的成立。

（3）测量的面积是表观比表面积　每一种气体分子都有一个截面积，材料的比表面积可以采用任何气体吸附质来表征，所以，这个比表面积是用不同分子的截面积"表达"出来的，是"表观"比表面积，而不是实际比表面积。氮气分子很受青睐，由液态氮对应的密堆积模型（密排六方堆积）计算出的分子横截面积为 16.2Å^2。Å，读作"埃"，1Å等于 10^{-10}m，即 1 纳米的十分之一，用于表征微观尺度粒子（如原子、离子和分子等）的单位，埃的大小与这些粒子尺寸相当，因此便于使用和理解。由氮气分子横截面积 16.2Å^2 计算出的比表面积与采用其他方法（如电子显微镜、透射电镜和光电子能谱等）测出的比表面积在大多数情况下相符较好，因此，目前一般都使用 16.2Å^2 这个数据。很多科研工作者也做了其他吸附质的数据，如表 1-2[1] 和表 1-3[2] 所示。但用这些吸附质气体的分子横截面积计算比表面积时，所得结果与其他方法（如电子显微镜）测得结果差别较大，这属于不同类比较；同时，与氮气吸附法测得结果相差也较大，这属于同类比较。所以，这些吸附质气体由于偏差较大，使用较少，目前，仍然以氮气的分子横截面积为依据进行研究。

▫ 表 1-2　用于比表面积计算的吸附质列表

吸附质	温度/℃	分子横截面积/Å²	分子量/(g/mol)
Ar(氩)	−195.8 −183	14.2	39.948
CO₂(二氧化碳)	−78 0 25	19.5	44.01
CO(一氧化碳)	−183	16.3	28.01
N₂(氮气)	−195.8 −183	16.2	28.0134
C₄H₁₀(正丁烷)	0 25	46.9	58.12

▫ 表 1-3　用于比表面积计算的常用吸附质的表观分子横截面积列表

吸附质	平衡温度/℃	表观分子横截面积/Å²			
		所有实验值	根据无孔材料测得值	根据液体密度所得值	推荐值
Ar(氩)	−195，−183	14.7±4.1	14.1±4.4	13.8	13.8
Kr(氪)	−196	20.3±3.3	20.2±2.6	—	20.2
Xe(氙)	−184	23.2±6.7	23.2±6.7	18.6	—
H₂O(水)	25	12.5±6.5	—	10.5	12.5
CH₃OH(甲醇)	20～25	21.9±9.0	—	18.0	—
CH₃CH₂OH(乙醇)	25	28.3±11.2	—	23.1	—
CH₃CH₂CH₂CH₃(正丁烷)	0	44.8±9.8	44.4±8.1	32.3	44.4
C₆H₆(苯)	20	43.6±9.8	43.0±6.0	32.0	43.0

1.3 比表面积计算方法

比表面积计算方法如图 1-5 所示，包括 Langmuir、BET、Temkin、Freundlich、t 图法、MP 法和 α-s 法，而与比表面积紧密相关的分形维数计算方法包括 NK 法和 FHH 法。

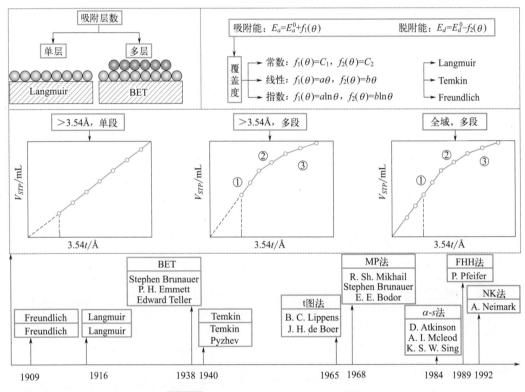

图 1-5 比表面积计算方法分类示意图

1916 年，Langmuir 根据气体吸附的动力学模型，推导出了单分子层吸附的 Langmuir 方法；1938 年，Stephen Brunauer、P. H. Emmett 和 Edward Teller 在 Langmuir 方法的基础上提出了多分子层吸附的 BET 方法，应用于粉状和孔状材料总比表面积的计算。

对于非多孔吸附剂，吸附量随吸附压力升高呈比例增加，压力越高，吸附剂表面"包裹"的层数越多，但是，吸附等温线的形状几乎没有差异，为了表征这种线性特性，1965 年，B. C. Lippens 和 J. H. de Boer 提出了 t 图法。当吸附剂含有微孔时，其对应 t 图曲线的斜率会在某一点开始下降，如果微孔的大小是均匀的，表征微孔拐点的信息将出现在该点左右两侧两条线中的任何一条直线上，如果曲线逐渐弯曲，说明存在大小不同的孔径。1968 年，R. Sh. Mikhail、Stephen Brunauer 和 E. E. Bodor 提出了针对曲线弯曲情况的微孔分析方法，称为 MP 法。t 图法与 MP 法均假定吸附质分子填充微孔孔径，而对于半径小于吸附质分子分子直径的孔，应采用 1984 年 D. Atkinson、A. I. Mcleod 和 K. S. W.

Sing 提出的 α-s 法（alpha-s 法），这种方法可以将吸附压力对应孔径外延到低于吸附质分子的尺度范围。

此外，从吸附活化能与脱附活化能角度提出的 Temkin 方程和 Freundlich 方程也可以计算比表面积，不同之处在于 Temkin 假定吸附量随着材料表面覆盖度的增加呈指数函数变化，而 Freundlich 假定吸附量随着材料表面覆盖度的增加呈幂函数变化。

具有分形几何的多孔材料表面一般通过粗糙度指数即分形维数 D（Dimension）来描述真实表面的形貌，分形维数也被称为豪斯多夫（Hausdorff）维数。分形维数 D 越大，其表面越粗糙，比表面积越大，反之，D 越小，材料表面越光滑，比表面积越小。因此，分形维数与比表面积有紧密的联系，目前求解分形维数的方法中，最常用的是 1989 年 P. Pfeifer 提出的 FHH 方法和 1992 年 A. Neimark 提出的 NK 方法。

比表面积计算方法与 C 程序设计整体架构如图 1-6 所示。

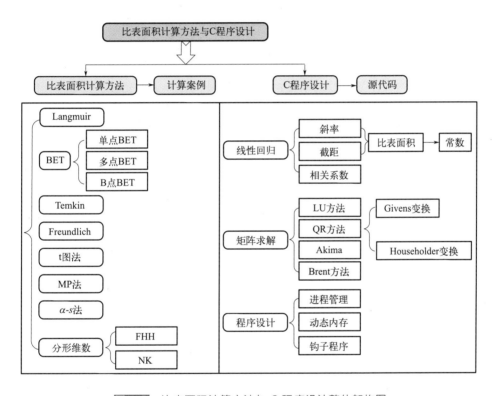

图 1-6　比表面积计算方法与 C 程序设计整体架构图

第 2 章
Langmuir 方程及计算案例

1916 年，Langmuir 采用动力学方法推导出气体分子在无孔固体材料表面形成单分子层吸附的 Langmuir 方程，得到 Langmuir 曲线（Ⅰ型吸附等温线），如图 2-1 所示。气体分子在无孔固体材料表面发生物理吸附，当吸附饱和后，随着相对压力 P_i/P_0 的增加，吸附量 V_a 不再明显增加，曲线趋于平直；当相对压力 P_i/P_0 接近 1 时，气体发生液化现象，在无孔固体表面形成液膜，此时吸附量急剧增加，曲线陡然上升。气体分子在活性炭和碳分子筛等微孔固体表面发生物理吸附同样会得到Ⅰ型吸附等温线，低压区的吸附等温线急剧上升对应气体分子向微孔中的填充过程，在图 2-1 中，低于绝对压力 P_m（下标 m 代表单层，Monolayer）时，灰色小球代表的气体分子填入微孔，微孔完全被气体分子填充时，吸附趋于饱和；高于绝对压力 P_m 时，蓝色阴影小球代表的气体分子填充材料表面，吸附等温线趋于平坦。根据微孔固体的单分子层最大吸附体积可以计算微孔比表面积与外比表面积之和，即 Langmuir 比表面积，此时计算的比表面积是由若干个微孔展开形成的平面面积，因此，对于有大量微孔存在的固体，其比表面积数值异常高。

Langmuir 方程

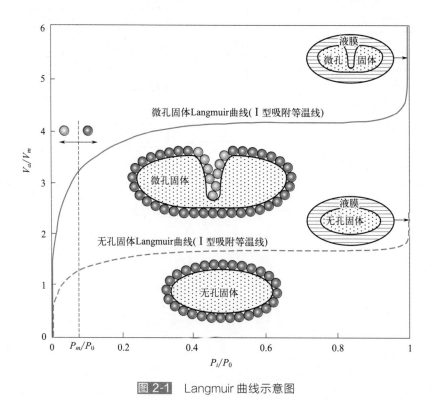

图 2-1　Langmuir 曲线示意图

2.1 Langmuir 方程

吸附质分子在吸附剂表面的吸附和脱附过程如图 2-2 所示，吸附剂表面具有 N_w（N 代表 Number，下标 w 代表 Whole）个吸附位（Adsortion sites），气体压力较低时，少量的吸附位被占据，随着压力增加，气体分子不断增多，吸附剂表面的吸附位不断与吸附质分子结合形成表面吸附层，用 θ 表示覆盖度，如式（2-1）所示，覆盖度 θ 满足 $0 \leqslant \theta \leqslant 1$。吸附质分子在吸附剂表面的吸附与脱附是一个动态平衡过程，即不断有吸附质分子吸附在吸附剂表面，不断有吸附质分子从吸附剂表面脱附，当单位时间内的吸附分子数与脱附分子数相同时达到吸附和脱附的动态平衡。

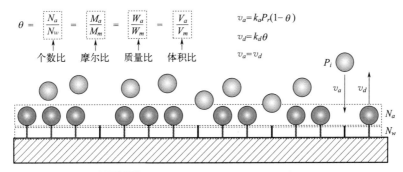

图 2-2　Langmuir 单层吸附脱附示意图

Langmuir 方程推导基于以下五点假设：
① 吸附剂表面存在一定数量的吸附位，且所有吸附位被占据的概率相同。
② 吸附位的吸附与解吸行为是独立的，各吸附分子之间无相互作用。
③ 每个吸附位只吸附一个吸附质分子，即单分子层吸附。
④ 吸附剂表面的每个吸附位具有相同的吸附能。
⑤ 吸附速率与未占据吸附位的数量成正比，脱附速率与已占据吸附位的数量成正比。
基于上述五点假设，推导过程如式（2-2）～式（2-16）所示，公式中各符号的定义在表 2-1 中进行了详细的说明。

▣ 表 2-1　Langmuir 方程推导过程各物理量列表

物理量符号	意义	量纲	备注
θ	表面覆盖度	无	Surface coverage
N_a	被吸附质分子占据的吸附位点数	无	The number of adsorption sites occupied by adsorbate
N_w	所有的吸附位点数	无	The whole adsorption sites
M_a	某一相对压力下吸附的吸附质摩尔数	$mol \cdot g^{-1}$	The number of adsorbate moles adsorbed at a relative pressure

物理量符号	意义	量纲	备注
M_m	单分子层最大吸附摩尔数	$mol \cdot g^{-1}$	Maximum adsorption mole number of monolayer
V_a	某一相对压力下吸附的吸附质体积	$mL \cdot g^{-1}$	The volume of adsorbate adsorbed at a relative pressure
V_m	单分子层最大吸附体积	$mL \cdot g^{-1}$	Maximum adsorption volume of monolayer
W_a	某一相对压力下吸附的吸附质质量	$g \cdot g^{-1}$	The weight（mass）of adsorbate adsorbed at a relative pressure
W_m	单分子层最大吸附质量	$g \cdot g^{-1}$	Maximum adsorption weight（mass）of monolayer
P_r	相对压力	无	Relative pressure
P_i	绝对压力	Pa	Absolute pressure
P_0	饱和蒸气压	Pa	Saturated vapor pressure
v_a	吸附速率	不确定	Adsorption rate
k_a	吸附速率常数	不确定	Adsorption rate constant
v_d	脱附速率	不确定	Desorption rate
k_d	脱附速率常数	不确定	Desorption rate constant
C	吸附/脱附速率常数	无	Adsorption/desorption rate constant

$$\theta = \frac{N_a}{N_w} = \frac{M_a}{M_m} = \frac{V_a}{V_m} = \frac{W_a}{W_m} \qquad 式(2\text{-}1)$$

$$P_r = P_i / P_0 \qquad 式(2\text{-}2)$$

根据假设⑤，可以得到式（2-3）与式（2-4）。

$$v_a = k_a P_r (1 - \theta) \qquad 式(2\text{-}3)$$

$$v_d = k_d \theta \qquad 式(2\text{-}4)$$

当达到吸附平衡时，吸附速率与脱附速率相同，得式（2-5）。

$$v_a = v_d \qquad 式(2\text{-}5)$$

联立式（2-4）和式（2-5），得式（2-6），式（2-6）可以整理变换为式（2-7）式（2-8）。

$$k_a P_r (1 - \theta) = k_d \theta \qquad 式(2\text{-}6)$$

$$\frac{k_a}{k_d} = \frac{\theta}{P_r (1 - \theta)} \qquad 式(2\text{-}7)$$

$$\theta = \frac{\dfrac{k_a}{k_d} P_r}{1 + \dfrac{k_a}{k_d} P_r} \qquad 式(2\text{-}8)$$

令

$$C = \frac{k_a}{k_d} \qquad\qquad 式(2\text{-}9)$$

则式(2-8)简化为式(2-10)，C 又称为 Langmuir 常数。

$$\theta = \frac{\dfrac{k_a}{k_d}P_r}{1 + \dfrac{k_a}{k_d}P_r} = \frac{CP_r}{1 + CP_r} \qquad\qquad 式(2\text{-}10)$$

将式(2-1)代入式(2-10)，若单层最大吸附量采用体积表示，得到 Langmuir 方程为式(2-11)，整理后得 Langmuir 方程的线性形式为式(2-12)。

$$V_a = V_m\theta = V_m \frac{CP_r}{1 + CP_r} \qquad\qquad 式(2\text{-}11)$$

$$\frac{P_r}{V_a} = \frac{1}{CV_m} + \frac{1}{V_m}P_r \qquad\qquad 式(2\text{-}12)$$

若单层最大吸附量采用质量表示，得到 Langmuir 方程和其线性形式为式(2-13)和式(2-14)。

$$W_a = W_m\theta = W_m \frac{CP_r}{1 + CP_r} \qquad\qquad 式(2\text{-}13)$$

$$\frac{P_r}{W_a} = \frac{1}{CW_m} + \frac{1}{W_m}P_r \qquad\qquad 式(2\text{-}14)$$

若单层最大吸附量采用物质的量（摩尔数）表示，得到 Langmuir 方程和其线性形式为式(2-15)和式(2-16)。

$$M_a = M_m\theta = M_m \frac{CP_r}{1 + CP_r} \qquad\qquad 式(2\text{-}15)$$

$$\frac{P_r}{M_a} = \frac{1}{CM_m} + \frac{1}{M_m}P_r \qquad\qquad 式(2\text{-}16)$$

2.2 线性回归分析

线性回归分析

由式(2-12)可知，以相对压力 P_r（或绝对压力 P_i）为自变量，以 P_r/V_a（或 P_i/V_a）为因变量，用最小二乘法线性回归分析该单一自变量与单一因变量的函数关系，得到拟合线性形式 Langmuir 方程对应的回归直线方程，计算回归直线斜率和截距，进而计算 Langmuir 方程中的单层最大吸附量 V_m 和 Langmuir 常数 C，计算过程各参数如表 2-2 所示。X 表示自变量，Y 表示因变量，式(2-17)～式(2-27)给出了回归直线的线性相关系数 R、回归直线的斜率 S、斜率的不确定度 S_{err}、截距的不确定度 I_{err}、回归直线的截距 I 和回归直线的残差标准差 σ 等的计算公式。当数据的测量次数 n 较小时，线性回归分析的结果偏差较大，只有 n 较大时，回归分析的结果才切实可靠。

⊡ 表 2-2　线性回归分析单一自变量与单一因变量函数关系参数列表

参数符号	物理意义	备注
x_i	自变量 X 第 i 次测量值	The i-th measurement of X
y_i	因变量 Y 第 i 次测量值	The i-th measurement of Y
n	测量次数	Number of measurements
x_{ave}	自变量 X 的平均值	The average of X
y_{ave}	因变量 Y 的平均值	The average of Y
σ_x	自变量 X 的标准差（或均方差）	The standard deviation of X
σ_y	因变量 Y 的标准差（或均方差）	The standard deviation of Y
$Cov(x,y)$	自变量 X 与因变量 Y 的协方差	The covariance of X and Y
R	回归直线的线性相关系数	The linear correlation coefficient of a regression line
S	回归直线的斜率	The slope of a regression line
I	回归直线的截距	The intercept of a regression line
σ	回归直线的残差标准差	The residual standard deviation of a regression line
S_{err}	回归直线斜率的不确定度	The uncertainty of the slope of a regression line
I_{err}	回归直线截距的不确定度	The uncertainty of the intercept of a regression line

$$x_{ave} = \frac{\sum\limits_{i=1}^{n} x_i}{n} \qquad\qquad 式（2\text{-}17）$$

$$y_{ave} = \frac{\sum\limits_{i=1}^{n} y_i}{n} \qquad\qquad 式（2\text{-}18）$$

$$\sigma_x = \sqrt{\frac{\sum\limits_{i=1}^{n}(x_i - x_{ave})^2}{n}} = \sqrt{\frac{\sum\limits_{i=1}^{n} x_i^2 - 2x_{ave}\sum\limits_{i=1}^{n} x_i + nx_{ave}^2}{n}} = \sqrt{\frac{\sum\limits_{i=1}^{n} x_i^2}{n} - x_{ave}^2}$$
$$式（2\text{-}19）$$

$$\sigma_y = \sqrt{\frac{\sum\limits_{i=1}^{n}(y_i - y_{ave})^2}{n}} = \sqrt{\frac{\sum\limits_{i=1}^{n} y_i^2 - 2y_{ave}\sum\limits_{i=1}^{n} y_i + ny_{ave}^2}{n}} = \sqrt{\frac{\sum\limits_{i=1}^{n} y_i^2}{n} - y_{ave}^2}$$
$$式（2\text{-}20）$$

$$Cov(x,y) = \frac{\sum\limits_{i=1}^{n}(x_i - x_{ave})(y_i - y_{ave})}{n} = \frac{\sum\limits_{i=1}^{n} x_i y_i - x_{ave}\sum\limits_{i=1}^{n} y_i - y_{ave}\sum\limits_{i=1}^{n} x_i + nx_{ave}y_{ave}}{n}$$

$$= \frac{\sum\limits_{i=1}^{n} x_i y_i}{n} - x_{ave}y_{ave} \qquad\qquad 式（2\text{-}21）$$

比表面积计算方法与C程序设计案例教程

$$R = \frac{Cov(x,y)}{\sigma_x \sigma_y} = \frac{\dfrac{\sum\limits_{i=1}^{n}(x_i - x_{ave})(y_i - y_{ave})}{n}}{\sqrt{\dfrac{\sum\limits_{i=1}^{n}(x_i - x_{ave})^2}{n}}\sqrt{\dfrac{\sum\limits_{i=1}^{n}(y_i - y_{ave})^2}{n}}} = \frac{\sum\limits_{i=1}^{n} x_i y_i - n x_{ave} y_{ave}}{\sqrt{\sum\limits_{i=1}^{n} x_i^2 - n x_{ave}^2}\sqrt{\sum\limits_{i=1}^{n} y_i^2 - n y_{ave}^2}}$$

式（2-22）

$$S = \frac{\sum\limits_{i=1}^{n}(x_i - x_{ave})(y_i - y_{ave})}{\sum\limits_{i=1}^{n}(x_i - x_{ave})^2} = \frac{\sum\limits_{i=1}^{n} x_i y_i - n x_{ave} y_{ave}}{\sum\limits_{i=1}^{n} x_i^2 - n x_{ave}^2}$$

式（2-23）

$$I = y_{ave} - x_{ave} S$$

式（2-24）

$$\sigma = \sqrt{\frac{\sum\limits_{i=1}^{n}(y_i - S x_i - I)^2}{n-2}}$$

式（2-25）

$$S_{err} = \frac{\sigma}{\sqrt{n}\,\sigma_x}$$

式（2-26）

$$I_{err} = \frac{\sigma}{\sqrt{n}}\sqrt{1 + \frac{x_{ave}^2}{\sigma_x^2}} = \frac{\sigma}{\sqrt{n}\,\sigma_x}\sqrt{\sigma_x^2 + x_{ave}^2} = S_{err}\sqrt{\sigma_x^2 + x_{ave}^2}$$

式（2-27）

2.3 分子横截面积与分子吸附层厚度

分子横截面积
与吸附层厚度

若每一个小球代表一个氮气分子，则吸附质分子在固体表面会以密排六方堆积方式排列，如图 2-3 所示，某些分子层形成了以 A、B、C、D、E、F 六个分子围成的正六边形，每条边长为 $2r$，由 6 个等边三角形构成，该正六边形的面积为 $6 \times S_{\triangle ABG}$，由于正六边形包围了 $1 \times 1 + 6 \times 1/3 = 3$ 个氮气分子，故单个氮气分子对应的面积如式(2-28) 所示。第二层的分子 H 与第一层的三个分子 A、B 和 G 围成了正四面体 ABGH，每条边长等于 $2r$，三角形 HIG 为等腰三角形，腰长为 $\sqrt{3}\,r$，根据三角形面积相等得 $S_{\triangle HIG} = \mathrm{IG} \times \mathrm{HJ} = \sqrt{3}\,r \times \mathrm{HJ} = \mathrm{HG} \times \mathrm{IK} = \sqrt{2}\,r \times 2r$，计算出以 IG 为底边对应的高 $\mathrm{HJ} = 2\sqrt{6}\,r/3$。由图 2-3 可知，正六方体 $\mathrm{ABCDEF}\text{-}\mathrm{A'B'C'D'E'F'}$ 的高度为 HJ 的 2 倍，该正六方体包含 $3 + 2 \times 1/2 + 12 \times 1/6 = 6$ 个氮气分子，因此，单个氮气分子对应的体积如式(2-29) 所示。由于氮气分子的体积 V_{N_2} 还可以根据液氮摩尔质量 M 与密度 ρ 由式(2-30) 算得到，因此，联立式(2-28) 和式(2-29)，可以根据氮气分子的体积 V_{N_2} 计算每一个氮气分子对应的横截面积 CSA，如式(2-31) 和式(2-32) 所示，进一步计算单层氮气分子吸附层厚度 t_m，如式(2-33) 所示，具体应用将在第 6 章 t 图法中进一步说明。

$$CSA = \frac{1}{3} \times 6 \times S_{\triangle ABG} = \frac{1}{3} \times 6 \times \left(\frac{1}{2} \times 2r \times 2r \times \sin 60^\circ\right) = 2\sqrt{3}\,r^2 \qquad 式（2-28）$$

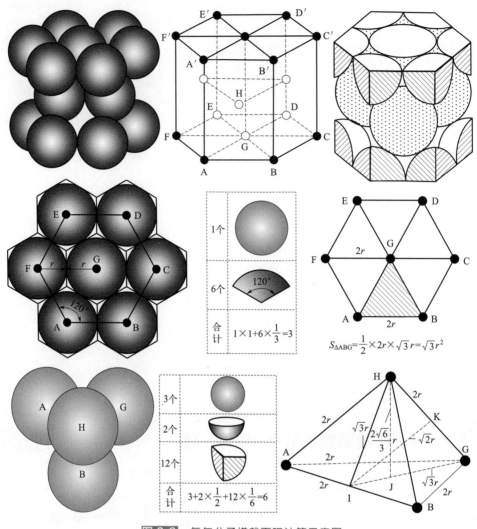

图 2-3　氮气分子横截面积计算示意图

$$V_{N_2} = \frac{1}{6} \times \left(2 \times \frac{2\sqrt{6}}{3} r \times 6\sqrt{3}\, r^2\right) = 4\sqrt{2}\, r^3 \qquad \text{式(2-29)}$$

$$V_{N_2} = \frac{M}{\rho} \times \frac{1}{N_A} \qquad \text{式(2-30)}$$

$$CSA = 2\sqrt{3} \times \left[\left(\frac{V_{N_2}}{4\sqrt{2}}\right)^{1/3}\right]^2 = \frac{3^{1/2}}{2^{2/3}} \times (V_{N_2})^{2/3} \qquad \text{式(2-31)}$$

$$CSA = \frac{3^{1/2}}{2^{2/3}} \times \left(\frac{M}{\rho} \times \frac{1}{N_A}\right)^{2/3} = \frac{3^{1/2}}{2^{2/3}} \times \left(\frac{28(\text{g} \cdot \text{mol}^{-1})}{0.808(\text{g} \cdot \text{mL}^{-1})} \times \frac{10^{-6}(\text{m}^3 \cdot \text{mL}^{-1})}{6.02 \times 10^{23}(\text{mol}^{-1})}\right)^{2/3}$$

$$= 16.2 \times 10^{-20}\, \text{m}^2 \qquad \text{式(2-32)}$$

$$t_m = \frac{V_{N_2}}{CSA} = \frac{2^{2/3}}{3^{1/2}} \times \left(\frac{M}{\rho} \times \frac{1}{N_A} \right)^{1/3} = \frac{2^{2/3}}{3^{1/2}} \times \left(\frac{28(\text{g} \cdot \text{mol}^{-1})}{0.808(\text{g} \cdot \text{mL}^{-1})} \times \frac{10^{-6}(\text{m}^3 \cdot \text{mL}^{-1})}{6.02 \times 10^{23}(\text{mol}^{-1})} \right)^{1/3}$$

$$= 3.54 \times 10^{-10} \text{ m} \qquad\qquad 式(2\text{-}33)$$

2.4 单层比表面积

单层比表面积

比表面积 SA_{LAN} 通过式（2-36）表示。CSA 为吸附质分子的横截面积，表示一个吸附质分子占据固体表面的平均面积，由式（2-31）计算得到。S 为对线性形式 Langmuir 方程进行回归分析得到的回归直线的斜率，由式（2-23）计算得到。I 为回归直线的截距，由式（2-24）计算得到。吸附质以氮气为例，计算中用到的参数如表 2-3 所示。由式（2-12）得，若回归直线的斜率 S 和截距 I 已知，那么，单层最大吸附量 V_m 和吸附/脱附速率常数 C（也称 Langmuir 常数）可由式（2-34）和式（2-35）计算得到，进一步根据式（2-36）和式（2-37）计算得到比表面积 SA_{LAN} 和比表面积误差 LAN_{err}。

$$V_m = \frac{1}{S} \qquad\qquad 式(2\text{-}34)$$

$$C = \frac{\dfrac{1}{V_m}}{\dfrac{1}{V_m C}} = \frac{S}{I} \qquad\qquad 式(2\text{-}35)$$

$$SA_{LAN} = \frac{V_m}{V_{mol}} \times N_A \times CSA \times 10^{-20} (\text{m}^2) = \frac{1}{S} \times \frac{1}{V_{mol}} \times N_A \times CSA \times 10^{-20} (\text{m}^2)$$

$$式(2\text{-}36)$$

$$LAN_{err} = SA_{LAN} \times \frac{S_{err}}{S} \qquad\qquad 式(2\text{-}37)$$

表 2-3　Langmuir 比表面积计算过程各物理量列表

物理量符号	意义	量纲	备注
CSA	吸附质气体的分子截面积，氮气为 16.2	Å^2	The molecular cross-sectional area of the adsorbent gas
V_{N_2}	一个氮气分子的体积	mL	The volume of a nitrogen molecule
M	氮气摩尔质量，28.0	g · mol^{-1}	Mole mass of nitrogen
ρ	液氮密度，0.808	g · mL^{-1}	Density of liquid nitrogen
t_m	单分子层厚度	Å	Thickness of monolayer
N_A	阿伏加德罗常数，$6.02214076 \times 10^{23}$	mol^{-1}	Avogadro's constant
SA_{LAN}	Langmuir 比表面积	m^2 · g^{-1}	Langmuir Surface Area
LAN_{err}	Langmuir 比表面积误差	m^2 · g^{-1}	Error of the Langmuir Surface Area
V_{mol}	吸附气体的摩尔体积，标准状况下为 22414	mL · mol^{-1}	The molar volume of the adsorbed gas

2.5　氮气吸附案例

Langmuir 方程在推导过程中采用的是吸附质的相对压力 P_r，样品测试过程中，数据均采用绝对压力 P_i，本例以氧化铝吸附氮气为例，详细介绍 Langmuir 比表面积计算过程，表 2-4 给出了具体的测试数据，第一列为吸附平衡时氮气的绝对压力，第二列为 1g 氧化铝吸附的标准状况下（Standard Temperature and Pressure，STP）的氮气体积。

⊡　表 2-4　氧化铝吸附氮气数据列表

绝对压力 P_i/kPa	吸附氮气体积 V_a/(mL·g^{-1}STP)
5.08831	0.0554089
9.82803	0.0613107
14.7599	0.0657606
19.7331	0.0700836
24.6510	0.0737309
29.5711	0.0781385

以表 2-4 中的第一列 P_i 为 X，第一列 P_i 与第二列 V_a 的商 P_i/V_a 为 Y，对 X 与 Y 进行一元线性回归，表 2-5 给出了回归过程，Langmuir 方法线性拟合结果如图 2-4 所示。

⊡　表 2-5　氧化铝吸附氮气数据一元线性回归计算数据列表

序号	X	Y	X^2	Y^2	$X \times Y$	$(Y-S \times X-I)^2$
1	5.08831	91.832	25.89089866	8433.11587662	467.26967430	114.8147841
2	9.82803	160.299	96.59017368	25695.69672063	1575.42115293	5.170308032
3	14.7599	224.449	217.85464801	50377.34739321	3312.84459099	75.64087765
4	19.7331	281.565	389.39523561	79278.93894515	5556.15344546	57.80135065
5	24.6510	334.337	607.67180100	111781.52056716	8241.75211478	7.905348575
6	29.5711	378.445	874.44995521	143220.37942194	11191.02561746	113.8533088
平均值	17.271907	245.1545061				
和			2211.85271217	418786.99892471	30344.46659591	375.18597784

$$\sigma_x = \sqrt{\frac{\sum_{i=1}^{n} x_i^2}{n} - x_{ave}^2} = \sqrt{\frac{2211.85271217}{6} - 17.271907^2} = 8.385902384$$

$$\sigma_y = \sqrt{\frac{\sum_{i=1}^{n} y_i^2}{n} - y_{ave}^2} = \sqrt{\frac{418786.99892471}{6} - 245.1545061^2} = 98.47386086$$

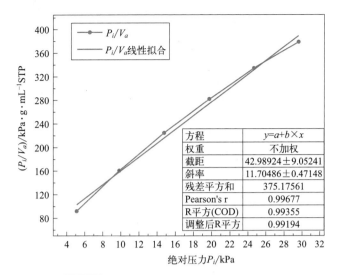

图 2-4 Langmuir 方法线性拟合结果图

$$Cov(x,y) = \frac{\sum_{i=1}^{n} x_i y_i}{n} - x_{ave} y_{ave} = \frac{30344.46659591}{6} - 17.271907 \times 245.1545061$$

$$= 823.1253503$$

$$R = \frac{Cov(x,y)}{\sigma_x \sigma_y} = \frac{\sum_{i=1}^{n} x_i y_i - n x_{ave} y_{ave}}{\sqrt{\sum_{i=1}^{n} x_i^2 - n x_{ave}^2} \sqrt{\sum_{i=1}^{n} y_i^2 - n y_{ave}^2}} = \frac{823.1253503}{8.385902384 \times 98.47386086}$$

$$= 0.996770575$$

$$S = \frac{\sum_{i=1}^{n} x_i y_i - n x_{ave} y_{ave}}{\sum_{i=1}^{n} x_i^2 - n x_{ave}^2} = \frac{30344.46659591 - 6 \times 17.271907 \times 245.1545061}{2211.85271217 - 6 \times 17.271907^2}$$

$$= 11.704864 (\mathrm{g} \cdot \mathrm{mL}^{-1} \mathrm{STP})$$

$$I = y_{ave} - x_{ave} S = 245.1545061 - 17.271907 \times 11.704864 = 42.98918767 (\mathrm{kPa} \cdot \mathrm{g} \cdot \mathrm{mL}^{-1} \mathrm{STP})$$

$$\sigma = \sqrt{\frac{\sum_{i=1}^{n} (y_i - S x_i - I)^2}{n-2}} = \sqrt{\frac{375.18597784}{6-2}} = 9.684859031$$

$$S_{err} = \frac{\sigma}{\sqrt{n} \sigma_x} = \frac{9.684859031}{\sqrt{6} \times 8.385902384} = 0.471484995$$

$$I_{err} = \frac{\sigma}{\sqrt{n}} \sqrt{1 + \frac{x_{ave}^2}{\sigma_x^2}} = \frac{9.684859031}{\sqrt{6}} \times \sqrt{1 + \frac{17.271907^2}{8.385902384^2}} = 9.052537917$$

$$V_m = \frac{1}{S} = \frac{1}{11.704864} = 0.085434568 (\text{mL} \cdot \text{g}^{-1} \text{STP})$$

$$C = \frac{S}{I} = \frac{11.704864}{42.98918767} = 0.272274603 (\text{kPa}^{-1})$$

$$SA_{LAN} = \frac{V_m}{22414 (\text{mL} \cdot \text{mol}^{-1})} \times N_A \times CSA \times 10^{-20} (\text{m}^2 \cdot \text{Å}^{-2})$$

$$SA_{LAN} = \frac{0.085434568 (\text{mL} \cdot \text{g}^{-1} \text{STP})}{22414 (\text{mL} \cdot \text{mol}^{-1} \text{STP})} \times 6.02 \times 10^{23} (\text{mol}^{-1}) \times 16.2 (\text{Å}^2)$$

$$\times 10^{-20} (\text{m}^2 \cdot \text{Å}^{-2}) = 0.371728421 \text{m}^2 \cdot \text{g}^{-1}$$

$$LAN_{err} = SA_{LAN} \times \frac{S_{err}}{S} = 0.371727421 \times \frac{0.471484995}{11.704864} = 0.014973646 (\text{m}^2 \cdot \text{g}^{-1})$$

对结果进行精度取舍后得：

斜率 S：$S \pm S_{err} = 11.704864 \pm 0.471485$（$\text{g} \cdot \text{mL}^{-1} \text{STP}$）

截距 I：$I \pm I_{err} = 42.9892 \pm 9.0525$（$\text{kPa} \cdot \text{g} \cdot \text{mL}^{-1} \text{STP}$）

常数 C：0.27227

线性相关系数 R：0.996771

单分子层最大吸附体积 V_m：0.0854（$\text{mL} \cdot \text{g}^{-1} \text{STP}$）

Langmuir 比表面积 SA_{LAN}：$SA_{LAN} \pm LAN_{err} = 0.3717 \pm 0.0150$（$\text{m}^2 \cdot \text{g}^{-1}$）

自动计算案例

2.6 自动计算案例

用户在计算 Langmuir 比表面积时，由于选择的数据点不同，导致计算结果相异明显，例如，当选择回归直线拟合程度较差的数据段时，计算得到的比表面积值与实际值有较大差距。为了保证计算结果正确一致，本例给出 Langmuir 自动计算方法，该方法原理是，在线性形式的 Langmuir 方程回归分析中，数据段的中间部分拟合程度一般较好，而头尾部分一般拟合程度较差。因此，设定比例将数据段的头尾部分去除，选择拟合程度较好的中间部分进行回归分析，以计算得到更贴近实际的比表面积值。表 2-6 为 NaY 型分子筛吸附/脱附氮气数据列表，第 2 列为绝对压力，第 3 列为每克分子筛吸附/脱附氮气在标准状况下的摩尔数。为了区分吸附与脱附数据，在表 2-6 中吸附分支用"吸附"字样标明。具体计算过程按以下步骤进行。

（1）分离出吸附/脱附分支　下一个数据点比当前数据点对应的压力和氮气体积增大时，为吸附分支；下一个数据点比当前数据点对应的压力和氮气体积减小时，为脱附分支。数据点可以根据用户的选择进行筛选。

（2）删除数据头尾　本例选定吸附分支，其最大值对应第 67 个点，绝对压力为 0.956508817bar❶头尾去除比例分别设定为 0.05（5%）和 0.9（90%），对应计算最大值为 0.8608579353bar（0.956508817×0.9），最小值为 0.047825441bar（0.956508817×0.05），在表 2-6 中查找低于最大值、高于最小值的数据点分别为第 62 个和第 21 个数据（已在表中进行加粗），取出第 21 个和第 62 个数据之间的 42 个数据。

（3）检查数据个数　数据经过删除头尾操作后剩余的个数应大于 2 个，即至少保证 2 个数据才能进行回归分析。数据量越小，回归分析的结果越不可靠，因此尽量保证较多的数据个数进行回归分析。

▣ 表 2-6　NaY 型分子筛吸附/脱附氮气数据列表

序号	绝对压力 P_i/bar	吸附/脱附氮气摩尔数 M_a/(mmol·g⁻¹STP)	吸附/脱附分支	序号	绝对压力 P_i/bar	吸附/脱附氮气摩尔数 M_a/(mmol·g⁻¹STP)	吸附/脱附分支
1	1.350417E-07	0.248454	吸附	25	0.090988933	7.72918	吸附
2	3.390614E-07	0.757042	吸附	26	0.100617694	7.77513	吸附
3	6.489772E-07	1.26158	吸附	27	0.110305719	7.82231	吸附
4	1.058960E-06	1.76742	吸附	28	0.120113241	7.86846	吸附
5	1.612728E-06	2.2684	吸附	29	0.130282169	7.91497	吸附
6	2.351085E-06	2.77015	吸附	30	0.140260679	7.95987	吸附
7	3.448906E-06	3.25454	吸附	31	0.150401434	8.00475	吸附
8	5.013057E-06	3.75567	吸附	32	0.160413947	8.04874	吸附
9	7.947056E-06	4.25357	吸附	33	0.17027296	8.0921	吸附
10	1.340701E-05	4.71782	吸附	34	0.180006646	8.13483	吸附
11	2.671688E-05	5.16289	吸附	35	0.190040533	8.17825	吸附
12	6.460626E-05	5.6635	吸附	36	0.214894027	8.28404	吸附
13	0.000145102	6.16373	吸附	37	0.242689292	8.40051	吸附
14	0.000552534	6.63837	吸附	38	0.267435919	8.50429	吸附
15	0.003701064	6.98279	吸附	39	0.291866801	8.60569	吸附
16	0.010163002	7.15572	吸附	40	0.316414266	8.70639	吸附
17	0.017925372	7.26231	吸附	41	0.338814666	8.79946	吸附
18	0.026340119	7.34198	吸附	42	0.363327156	8.90086	吸附
19	0.035054872	7.41077	吸附	43	0.387632711	9.00342	吸附
20	**0.044094988**	**7.47244**	**吸附**	44	0.411843058	9.10505	吸附
21	0.053234879	7.52827	吸附	45	0.436521678	9.21001	吸附
22	0.062507287	7.58101	吸附	46	0.460425995	9.31096	吸附
23	0.071887921	7.63144	吸附	47	0.484380831	9.41108	吸附
24	0.081330345	7.68139	吸附	48	0.509143974	9.51508	吸附

❶　1bar=100kPa。

序号	绝对压力 P_i/bar	吸附/脱附氮气摩尔数 M_a/(mmol·g^{-1}STP)	吸附/脱附 分支	序号	绝对压力 P_i/bar	吸附/脱附氮气摩尔数 M_a/(mmol·g^{-1}STP)	吸附/脱附 分支
49	0.533289228	9.61567	吸附	76	0.728447742	10.5487	脱附
50	0.557333444	9.71768	吸附	77	0.703320278	10.4254	脱附
51	0.581573908	9.82203	吸附	78	0.678673718	10.3072	脱附
52	0.602541311	9.91077	吸附	79	0.653152788	10.1888	脱附
53	0.630324918	10.0339	吸附	80	0.630521166	10.0878	脱附
54	0.654346789	10.143	吸附	81	0.607071522	9.9849	脱附
55	0.679873549	10.2599	吸附	82	0.581554477	9.87562	脱附
56	0.703327079	10.3711	吸附	83	0.55789207	9.77292	脱附
57	0.728158228	10.4921	吸附	84	0.533944034	9.66792	脱附
58	0.752141239	10.6129	吸附	85	0.508514427	9.55744	脱附
59	0.776270949	10.7396	吸附	86	0.484311853	9.45288	脱附
60	0.799683675	10.8691	吸附	87	0.46070385	9.34489	脱附
61	0.825177403	11.0222	吸附	88	0.436523621	9.23519	脱附
62	0.849153612	11.1847	吸附	89	0.411916893	9.13029	脱附
63	0.873661245	11.3814	吸附	90	0.388301119	9.03193	脱附
64	0.897486868	11.6286	吸附	91	0.363586552	8.92742	脱附
65	0.921245456	12.0025	吸附	92	0.33939175	8.8259	脱附
66	0.942837549	12.6402	吸附	93	0.315195005	8.72403	脱附
67	**0.956508817**	**13.5635**	**吸附**	94	0.29191732	8.62604	脱附
68	0.941925289	12.8448	脱附	95	0.267741949	8.52417	脱附
69	0.912829155	12.0292	脱附	96	0.243511201	8.42225	脱附
70	0.881348904	11.5739	脱附	97	0.219767185	8.31993	脱附
71	0.853263153	11.3059	脱附	98	0.195355733	8.21421	脱附
72	0.827393446	11.1124	脱附	99	0.171086124	8.10796	脱附
73	0.80227084	10.9531	脱附	100	0.147439261	8.00354	脱附
74	0.776802372	10.8052	脱附	101	0.123546602	7.89472	脱附
75	0.751396081	10.6667	脱附	102	0.101746604	7.79021	脱附

（4）转换数据 氮气在沸点 77.35K 时对应饱和蒸气压 P_0 为 101325Pa，表 2-6 中第 2 列绝对压力单位为 bar，即 100kPa，将其转换为相对压力 P_i/P_0，P_i/P_0 为无量纲量，作为自变量 X。例如，第 21 个数据为 0.053234879bar，转换为相对压力为 $0.053234879 \times 100000 \div 101325 = 0.052538741$。第 3 列氮气摩尔数 M_a 转换为 P_i/M_a，作为因变量 Y。例如，第 62 个数据对应的相对压力为 $0.849153612 \times 100000 \div 101325 = 0.838049457$，氮气摩尔数为 11.1847mmol·g^{-1}，将单位转为 mol·g^{-1}，为 0.0111847mol·g^{-1}，P_r/M_a 计算得 74.92820162。

（5）回归参数计算 依据表 2-7 计算自变量 X 的平均值，因变量 Y 的平均值，X^2、

Y^2 和 $X \times Y$，然后计算得到自变量 X 的均方差 σ_x、因变量 Y 的均方差 σ_y，自变量 X 与因变量 Y 的协方差 $Cov(x，y)$、回归直线的线性相关系数 R、回归直线的斜率 S、回归直线的截距 I，获得 S 与 I 后，即可计算回归直线的残差标准差 σ，最终获得斜率 S 与截距 I 的误差 S_{err} 和 I_{err}。Langmuir 自动计算方法结果如图 2-5 所示。

▣ 表 2-7　NaY 型分子筛吸附氮气数据一元线性回归计算数据列表

序号	X	Y	X^2	Y^2	$X \times Y$	$(Y-S \times X-I)^2$
21	0.052538741	6.978859776	0.002760319	48.70448377	0.366660504	12.2125988
22	0.061689896	8.137424417	0.003805643	66.21767614	0.501996865	9.9102484
23	0.070947862	9.296785643	0.005033599	86.4302233	0.659587063	7.8968703
24	0.08026681	10.44951627	0.006442761	109.1923902	0.838749335	6.1715520
25	0.089799095	11.61819171	0.008063877	134.9823786	1.043303101	4.6715154
26	0.099301943	12.77174057	0.009860876	163.1173572	1.268258657	3.4261699
27	0.108863281	13.91702458	0.011851214	193.6835731	1.515052951	2.4151298
28	0.118542552	15.06553407	0.014052337	226.9703167	1.785906858	1.5986685
29	0.128578504	16.24497677	0.016532432	263.8992704	2.088754808	0.9514341
30	0.138426528	17.39055129	0.019161904	302.4312742	2.407313627	0.4951075
31	0.148434675	18.54332422	0.022032853	343.8548732	2.752472296	0.1926084
32	0.158316257	19.66969446	0.025064037	386.8968802	3.114032396	0.0358259
33	0.168046346	20.76671642	0.028239574	431.2565107	3.489770811	0.0019723
34	0.177652747	21.83853223	0.031560499	476.9214897	3.879675242	0.0696255
35	0.187555424	22.9334422	0.035177037	525.9427709	4.301291466	0.2305236
36	0.212083915	25.60150785	0.044979587	655.4372044	5.429668019	0.9444399
37	0.239515709	28.51204378	0.057367775	812.9366403	6.829082376	2.0978118
38	0.263938731	31.03595136	0.069663654	963.230277	8.191589612	3.2590244
39	0.288050137	33.47205589	0.082972881	1120.378526	9.641630276	4.4184767
40	0.312276601	35.86751811	0.097516676	1286.478856	11.20058664	5.5126649
41	0.334384077	38.00052242	0.111812711	1444.039704	12.70676961	6.3471346
42	0.358576024	40.2855481	0.128576765	1622.925386	14.44543165	7.0642591
43	0.382563741	42.49093583	0.146355016	1805.479627	16.25549139	7.4794903
44	0.406457496	44.64088568	0.165207696	1992.808674	18.14462262	7.6439160
45	0.4308134	46.7766485	0.185600186	2188.054845	20.152007	7.5046855
46	0.454405127	48.80325198	0.20648402	2381.757404	22.17644792	7.1439549
47	0.478046712	50.79615858	0.228528659	2580.249726	24.28293659	6.5948639
48	0.502486034	52.80943871	0.252492214	2788.836817	26.53600542	5.8219288
49	0.526315547	54.73519235	0.277008055	2995.941281	28.8079827	4.9473717

序号	X	Y	X^2	Y^2	$X \times Y$	$(Y-S \times X-I)^2$
50	0.550045343	56.60253715	0.30254988	3203.847212	31.13396197	3.9446294
51	0.573968821	58.43688332	0.329440208	3414.869333	33.54094903	2.8824085
52	0.594662039	60.00159816	0.353622941	3600.191782	35.6806727	2.0346355
53	0.622082327	61.9980593	0.386986422	3843.759356	38.56789701	0.9799259
54	0.645790071	63.66854684	0.417044815	4053.683856	41.11651535	0.3100840
55	0.670983024	65.39859296	0.450218218	4276.975961	43.88134567	0.0026595
56	0.694129858	66.92924168	0.48181626	4479.523392	46.45758505	0.2223693
57	0.718636297	68.49308499	0.516438127	4691.302692	49.22161697	1.1710094
58	0.742305689	69.94371836	0.551017735	4892.123739	51.91962003	2.9985889
59	0.766119861	71.33597721	0.586939641	5088.821644	54.65190893	6.0141460
60	0.789226425	72.61193888	0.62287835	5272.493668	57.30726092	10.4110771
61	0.814386778	73.88604618	0.663225824	5459.14782	60.1718191	17.5137912
62	0.838049457	74.92820162	0.702326892	5614.235399	62.79353866	27.4821494
平均值	0.38093476	39.61153334				
和			8.658710169	86290.03229	861.2577692	203.0273472

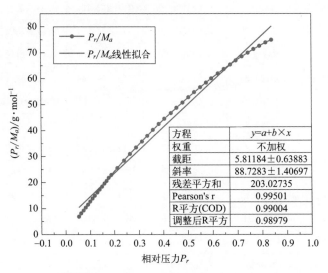

图 2-5　Langmuir 自动计算方法结果图

$$\sigma_x = \sqrt{\dfrac{\sum\limits_{i=1}^{n} x_i^2}{n} - x_{ave}^2} = \sqrt{\dfrac{8.658710169}{42} - 0.38093476^2} = 0.247079896$$

$$\sigma_y = \sqrt{\frac{\sum_{i=1}^{n} y_i^2}{n} - y_{ave}^2} = \sqrt{\frac{86290.03229}{42} - 39.61153334^2} = 22.0329527$$

$$Cov(x,y) = \frac{\sum_{i=1}^{n} x_i y_i}{n} - x_{ave} y_{ave} = \frac{861.2577692}{42} - 0.38093476 \times 39.61153334 = 5.416727434$$

$$R = \frac{Cov(x,y)}{\sigma_x \sigma_y} = \frac{\sum_{i=1}^{n} x_i y_i - n x_{ave} y_{ave}}{\sqrt{\sum_{i=1}^{n} x_i^2 - n x_{ave}^2} \sqrt{\sum_{i=1}^{n} y_i^2 - n y_{ave}^2}} = \frac{5.416727434}{0.247079896 \times 22.0329527}$$

$$= 0.995008684$$

$$S = \frac{\sum_{i=1}^{n} x_i y_i - n x_{ave} y_{ave}}{\sum_{i=1}^{n} x_i^2 - n x_{ave}^2} = \frac{861.2577692 - 42 \times 0.38093476 \times 39.61153334}{8.658710169 - 42 \times 0.38093476^2}$$

$$= 88.7283006 (\text{g} \cdot \text{mol}^{-1})$$

$$I = y_{ave} - x_{ave} S = 39.6115334 - 88.7283006 \times 0.38093476 = 5.811839492 (\text{g} \cdot \text{mol}^{-1})$$

$$\sigma = \sqrt{\frac{\sum_{i=1}^{n} (y_i - S x_i - I)^2}{n-2}} = \sqrt{\frac{203.0273472}{42-2}} = 2.252927802$$

$$S_{err} = \frac{\sigma}{\sqrt{n} \sigma_x} = \frac{2.252927802}{\sqrt{42} \times 0.247079896} = 1.40697124$$

$$I_{err} = \frac{\sigma}{\sqrt{n}} \sqrt{1 + \frac{x_{ave}^2}{\sigma_x^2}} = \frac{2.252927802}{\sqrt{42}} \times \sqrt{1 + \frac{0.38093476^2}{0.247079896^2}} = 0.63883276$$

$$M_m = \frac{1}{S} = \frac{1}{88.7283006} = 0.01127036 (\text{mol} \cdot \text{g}^{-1}) = 11.27036 (\text{mmol} \cdot \text{g}^{-1})$$

$$C = \frac{S}{I} = \frac{88.7283006}{5.811839492} = 15.26681883$$

$$SA_{LAN} = M_m \times N_A \times CSA \times 10^{-20} (\text{m}^2 \cdot \text{Å}^{-2})$$

$$SA_{LAN} = 0.01127036 (\text{mol} \cdot \text{g}^{-1}) \times 6.02 \times 10^{23} (\text{mol}^{-1}) \times 16.2 (\text{Å}^2) \times 10^{-20} (\text{m}^2 \cdot \text{Å}^{-2})$$

$$= 1099.1306 \text{m}^2 \cdot \text{g}^{-1}$$

$$LAN_{err} = SA_{LAN} \times \frac{S_{err}}{S} = 1099.1306 \times \frac{1.40697124}{88.7283006} = 17.4290 \, (\mathrm{m^2 \cdot g^{-1}})$$

（6）输出结果信息

斜率 S：$S \pm S_{err} = 88.72830060 \pm 1.40697124$（$\mathrm{g \cdot mol^{-1}}$）

截距 I：$I \pm I_{err} = 5.81183949 \pm 0.63883276$（$\mathrm{g \cdot mol^{-1}}$）

常数 C：15.26681883

线性相关系数 R：0.995

单分子层最大吸附摩尔数 M_m：11.27036（$\mathrm{mmol \cdot g^{-1}}$）

Langmuir 比表面积 SA_{LAN}：$SA_{LAN} \pm LAN_{err} = 1099.1306 \pm 17.4290$（$\mathrm{m^2 \cdot g^{-1}}$）

为了便于读者更好地理解 Langmuir 比表面积计算方法，给出该方法的工艺流程图，如图 2-6 所示。

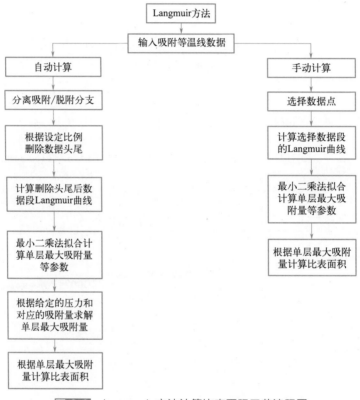

图 2-6　Langmuir 方法计算比表面积工艺流程图

环境配置

2.7　环境配置

开发环境采用 Visual Studio 2008 和 Visual Studio 2019，为保证能正确运行给定的代码，需要进行环境配置。

当运行代码时，出现"VS 不能将" const wchar _ t * "类型的值分配到"LPWSTR"
类型的实体"错误时，需要在 VS 中点击项目->属性->C/C++>语言->符合模式，将
原来的"是"改为"否"，其具体操作如图 2-7 和图 2-8 所示。

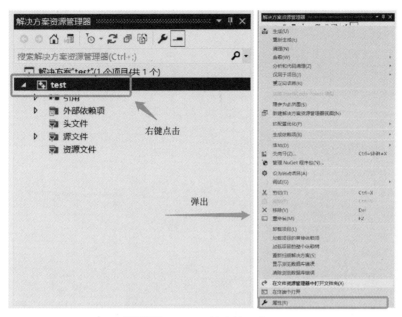

图 2-7　工程属性查找示意图

出现图 2-8 属性页后，选择"C/C++"中的"语言"，将"符合模式"改为否，然
后点击"应用"，代码即可以正常运行。

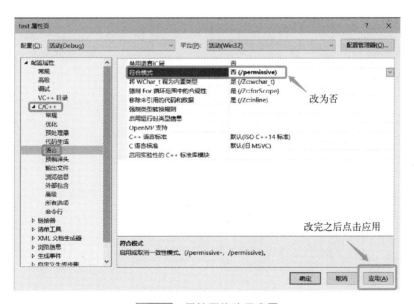

图 2-8　属性页修改示意图

2.8 C 程序源代码

```c
#include <windows.h>
#include <stdio.h>
#include <stddef.h>
#include <stdlib.h>
#include <tchar.h>
#include <math.h>
#include <malloc.h>
#include <time.h>
#include <memory.h>


//数组起始地址
#define   ARRAY_BASE   1


//宏定义与 Constants[]静态结构体数组对应,代表索引值
#define   AVOGADRO_NUMBER        0      //阿伏加德罗常数,6.02214129×10^23 mole-
                                        //cules/mol
#define   GAS_CONSTANT           1      //普适气体常数,8.31441J/(mol·K)
#define   STANDARD_PRESSURE      2      //标准大气压,101325.0Pa
#define   STANDARD_TEMPERATURE   3      //标准温度,273.15K
#define   VOLUME_MOLE            4      //标况下的气体摩尔体积,22414.0mL/mol


//吸附剂,与 Adsorbents[]对应
#define   ZEOLITES   0                  //分子筛
#define   AC         1                  //Active  Carbon,活性炭


//吸附质,与 Adsorbates[]对应
#define   N2         0


//数值+单位-->结构体,例如:10mmHg❶
static struct ValueUnit{
    double  dValue;                     //数值,10
    TCHAR   szUnitCharsName[32];         //单位,mmHg
}
```

---

❶ 1mmHg＝133.3224Pa

```
Constants[]=
{
    6.02E23,      TEXT("1/mol"),
    8.31441,      TEXT("J/(mol*K)"),
    101325.0,     TEXT("Pa"),
    273.15,       TEXT("K"),
    22414.0,      TEXT("mL/mol"),
};


//吸附质(Adsorbates)
static struct Adsorbate
{
    TCHAR  szAdsorbateName[256];        //吸附质名称
    double dMoleMass;                   //吸附质摩尔质量
    TCHAR  szMoleMassUnitName[32];      //吸附质摩尔质量量纲单位
    double dCSA;                        //吸附质分子截面积(Cross Section Area)
    TCHAR  szCSAUnitName[32];           //吸附质分子截面积量纲单位
}
Adsorbates[]=
{
    TEXT("nitrogen"),  28.0134,TEXT("g/mol"),16.2,TEXT("angstrom^2")
};


//吸附剂(Adsorbents)
static  struct  Adsorbent
{
    TCHAR  szAdsorbentName[256];        //吸附剂名称
    double dMass;                       //吸附剂质量
    TCHAR  szMassUnitName[32];          //吸附剂质量量纲单位
}
Adsorbents[]=
{
    TEXT("zeolite"),  -1.0,TEXT("g"),
    TEXT("active carbon"),  -1.0,TEXT("g"),
};


//Langmuir计算过程出错信息
static struct  tagLangmuirError
{
    int  iErrCode;                      //错误号
```

```
    TCHAR  * szErrDescription;              //错误描述
}
LangmuirErrors[]=
{
//iErrCode  szErrDesciption
    0,    TEXT("成功!"),
    -1,   TEXT("打开文件失败!"),
    -2,   TEXT("指针为空!"),
    -3,   TEXT("数组下限要低于数组上限!"),
    -4,   TEXT("内存分配失败!"),
    -5,   TEXT("低于线性化最小数据个数!"),
};


//Langmuir 初始化参数
typedef  struct  tagLangmuirInitial
{
    inti  Branch;                         //吸附/脱附分支,1 为吸附,0 为脱附
    int  nLinearCount;                    //线性需要的最少点数
    double  dLow;                         //下限
    double  dHigh;                        //上限
}LANGMUIR_INITIAL;


//矩阵
typedef  struct  tagMatrix
{
    int  iRowL;                           //行下限
    int  iRowH;                           //行上限
    int  iColL;                           //列下限
    int  iColH;                           //列上限
    int  iRows;                           //矩阵的行数
    int  iCols;                           //矩阵的列数
    double ** ppdData;                    //指向数据的指针
}MATRIX;


//链表中矩阵节点
typedef struct tagMatrixNode
{
    MATRIX   * pm;
    struct tagMatrixNode * pmnNext;
}MATRIX_NODE;
```

```
//堆栈,指向矩阵链表的头
typedef struct tagStacks
{
    MATRIX_NODE * pmnMNHead;                //矩阵链表头
}STACKS;


//回归分析参数结构体
typedef  struct tagLinearParameter{
    double  dXAverage;//自变量 X 的平均值(Average of X)
    double  dYAverage;//因变量 Y 的平均值(Average of Y)
    double  dSigmaX;//自变量 X 的标准差(均方差)(Standard deviation of X)
    double  dSigmaY;//因变量 Y 的标准差(均方差)(Standard deviation of Y)
    double  dCovXY;//自变量 X 与因变量 Y 的协方差(Covariance of X and Y)
    double  dCorrelationCoe;//回归直线的线性相关系数(Correlation coefficient)
    double  dSlope;//回归直线的斜率(Slope of regression line)
    double  dIntercept;//回归直线的截距(Intercept of regression line)
    double  dResidualStdDevOfY;//回归直线的残差标准差(Residual standard devia-
                               tion)
    double  dSlopeError;//回归直线斜率的不确定度(Uncertainty of slope)
    double  dInterceptError;//回归直线截距的不确定度(Uncertainty of intercept)
}LINEAR_PARAMETER;


typedef  struct tagLangmuirParameter{
    int  iStart;                        //起始点
    int  iEnd;                          //终止点
    struct  tagLinearParameter  LP;     //回归直线返回参数
    double  dMoles;                     //吸附的摩尔数,dMoles=1/slope
    double  dC;                         //C 常数(Constant),dC=slope/intercept
    double  dSurfaceArea;               //比表面积
    double  dSAError;                   //比表面积误差
}LANGMUIR_PARAMETER;
//内存分配与矩阵操作
int  DVector(double ** ppdV,int  iL,int  iH);
int  FreeDVector(double ** ppdV,int  iL,int  iH);
int  DDVector(double  *** pppdData,int  iRowL,int iRowH,int iColL,  int
iColH);
int  FreeDDVector(double  *** pppdData,int  iRowL,int iRowH,int iColL,  int
iColH);
int  InitStack(STACKS * psStack);
int  FreeStack(STACKS * psStack);
```

```
    int  CreateMatrix(int   iRowL, int iRowH, int iColL, int   iColH, MATRIX * * ppmMa-
trix, STACKS * psStack, int iValue);
    int  PrintMatrix(MATRIX  * pmA,  TCHAR  * tcString);
    //文件数据读取操作
    int  FileData2Matrix(const char * pstrFileName,  MATRIX  * * ppmD, STACKS *
psStack);
    //数学算法
    int  LeastSquareForLinear(double * pdXHead,  double * pdYHead, int nDataCount,
LINEAR_PARAMETER * plpData);
    //吸附工艺方法
    int  LangmuirP(MATRIX  * pmD, LANGMUIR_INITIAL LangmuirInitial, struct Adsor-
bate  * pAdsorbate, struct Adsorbent  * pAdsorbent, LANGMUIR_PARAMETER * pLang-
muir);


    //主函数
    int main(int  argc, char * argv[])
    {
        int iRet;                               //函数返回值
        clock_t  StartTime=0;                   //开始时间
        clock_t  EndTime=0;                     //结束时间
        double  dDiffTime=0.0;                  //时间差
        STACKS S;                               //矩阵管理堆栈
        MATRIX * pmD=NULL;                       //原始数据
        LANGMUIR_PARAMETER  LP={0};              //Langmuir 参数结构体
        LANGMUIR_INITIAL  LI={1,2,0.05,0.9};     //Langmuir 初始化参数

        //相对压力 Pr,无量纲
        double X[]={1.350417E-07, 3.390614E-07, 6.489772E-07, 1.058960E-06, 1.612728E-06,
        2.351085E-06, 3.448906E-06, 5.013057E-06, 7.947056E-06, 1.340701E-05, 2.671688E-05,
        6.460626E-05, 1.451020E-04, 5.525340E-04, 3.701064E-03, 1.016300E-02, 1.792537E-02,
        2.634012E-02, 3.505487E-02, 4.409499E-02, 5.323488E-02, 6.250729E-02, 7.188792E-02,
        8.133035E-02, 9.098893E-02, 1.006177E-01, 1.103057E-01, 1.201132E-01, 1.302822E-01,
        1.402607E-01, 1.504014E-01, 1.604139E-01, 1.702730E-01, 1.800066E-01, 1.900405E-01,
        2.148940E-01, 2.426893E-01, 2.674359E-01, 2.918668E-01, 3.164143E-01, 3.388147E-01,
        3.633272E-01, 3.876327E-01, 4.118431E-01, 4.365217E-01, 4.604260E-01, 4.843808E-01,
        5.091440E-01, 5.332892E-01, 5.573334E-01, 5.815739E-01, 6.025413E-01, 6.303249E-01,
        6.543468E-01, 6.798735E-01, 7.033271E-01, 7.281582E-01, 7.521412E-01, 7.762709E-01,
        7.996837E-01, 8.251774E-01, 8.491536E-01, 8.736612E-01, 8.974869E-01, 9.212455E-01,
        9.428375E-01, 9.565088E-01, 9.419253E-01, 9.128292E-01, 8.813489E-01, 8.532632E-01,
        8.273934E-01, 8.022708E-01, 7.768024E-01, 7.513961E-01, 7.284477E-01, 7.033203E-01,
        6.786737E-01, 6.531528E-01, 6.305212E-01, 6.070715E-01, 5.815545E-01, 5.578921E-01,
```

程序框架

5. 339440E-01, 5. 085144E-01, 4. 843119E-01, 4. 607039E-01, 4. 365236E-01, 4. 119169E-
01, 3. 883011E-01, 3. 635866E-01, 3. 393918E-01, 3. 151950E-01, 2. 919173E-01,
2. 677419E-01, 2. 435112E-01, 2. 197672E-01, 1. 953557E-01, 1. 710861E-01, 1. 474393E-
01,1. 235466E-01,1. 017466E-01};
//气体吸附量 Va,量纲(mL)
double   Y[ ] = {0. 248454, 0. 757042, 1. 26158, 1. 76742, 2. 2684, 2. 77015, 3. 25454,
3. 75567,4. 25357, 4. 71782, 5. 162890, 5. 663500, 6. 16373, 6. 63837, 6. 98279, 7. 15572,
7. 26231, 7. 34198, 7. 41077, 7. 47244, 7. 52827, 7. 58101, 7. 63144, 7. 68139, 7. 72918,
7. 77513, 7. 82231, 7. 86846, 7. 91497, 7. 95987, 8. 00475, 8. 04874, 8. 09210, 8. 13483,
8. 17825, 8. 28404, 8. 40051, 8. 50429, 8. 60569, 8. 70639, 8. 79946, 8. 90086, 9. 00342,
9. 10505, 9. 21001, 9. 31096, 9. 41108, 9. 51508, 9. 61567, 9. 71768, 9. 82203, 9. 91077,
10. 0339, 10. 1430, 10. 2599, 10. 3711, 10. 4921, 10. 6129, 10. 7396, 10. 8691, 11. 0222,
11. 1847, 11. 3814, 11. 6286, 12. 0025, 12. 6402, 13. 5635, 12. 8448, 12. 0292, 11. 5739,
11. 3059, 11. 1124, 10. 9531, 10. 8052, 10. 6667, 10. 5487, 10. 4254, 10. 3072, 10. 1888,
10. 0878, 9. 98490, 9. 87562, 9. 77292, 9. 66792, 9. 55744, 9. 45288, 9. 34489, 9. 23519,
9. 13029, 9. 03193, 8. 92742, 8. 82590, 8. 72403, 8. 62604, 8. 52417, 8. 42225, 8. 31993,
8. 21421,8. 10796,8. 00354,7. 89472,7. 79021};

//初始化堆栈
InitStack(&S);

//开始时间
StartTime=clock();

//读入数据文件
iRet=FileData2Matrix((const char *)"Langmuir_data. txt",&pmD,&S);
if(iRet)
{
    int i;   //循环变量
    int n;   //X 数组个数
    n=sizeof(X)/sizeof(X[0]);
    //如果 * ppmD 为空,建立新的矩阵,分配内存
    if(NULL==(pmD))
    {
        int iRows=n;
        int iCols=2;
        CreateMatrix(1,iRows,1,iCols,&pmD,&S,0);
    }
    for(i=1;i<=n;i++)
    {

```
            pmD-> ppdData[i][1]=X[i-1];
            pmD-> ppdData[i][2]=Y[i-1];
        }
    }
    //计算 Langmuir 参数
    LangmuirP(pmD,LI,&Adsorbates[N2],&Adsorbents[ZEOLITES],&LP);

    //终止时间
    EndTime=clock();
    //计算消耗时间
    dDiffTime=(double)(EndTime-StartTime)/CLOCKS_PER_SEC;//运行时间差
    printf("\n 程序运行时间为:%.3lf 秒\n\n",dDiffTime);

    //释放堆栈,放在最后释放
    FreeStack(&S);

    //按"F5"键,程序运行后控制台界面消失,需要按"Ctrl+F5"键保留控制台界面
    //采用下面这句,按"F5"键,程序运行后仍然保留控制台界面
    system("pause");
    return  0;
}


//功能:分配 double 型内存
//iL--> 数组下限
//iH--> 数组上限
//pdV--> 指向 double 型内存(数组)的指针
//返回值:错误码
int DVector(double ** ppdV,int  iL,int  iH)
{
    double  * pdVector;

    //数组下限大于数组上限,返回-3
    if(iL> iH)
    {
        return  LangmuirErrors[3].iErrCode;
    }

    //分配内存,多分配 ARRAY_BASE * sizeof(double)个字节的内存
    pdVector=(double * )calloc((size_t)(iH-iL+1+ARRAY_BASE),sizeof(double));
```

内存空间分配与释放

```
       //内存分配失败,返回-4
       if(NULL==pdVector)
       {
           return  LangmuirErrors[4].iErrCode;
       }


       //多 ARRAY_BASE * sizeof(double)个字节的内存
       (*ppdV)=pdVector-iL+ARRAY_BASE;
       //成功,返回 0
       return  LangmuirErrors[0].iErrCode;
   }


   //功能:释放(double*)内存区
   int  FreeDVector(double**ppdV,int  iL,int  iH)
   {
       free((char*)((*ppdV)+iL-ARRAY_BASE));
       (*ppdV)=NULL;
       //成功,返回 0
       return  LangmuirErrors[0].iErrCode;
   }


   //功能:为矩阵分配内存
   //iRowL    -->矩阵行下限
   //iRowH    -->矩阵行上限
   //iColL    -->矩阵列下限
   //iColH    -->矩阵列上限
   //pppdData -->指向(double**)的指针
   //返回值:错误码
   int  DDVector(double   ***pppdData,int   iRowL, int iRowH,int iColL,  int
   iColH)
   {
       int  i;
       int  nRows;     //行数
       int  nCols;     //列数
       double   **ppdM;//指向 Matrix 矩阵(double**)型数据区的指针


       //数组下限大于等于数组上限,返回-3
       if(iRowL>iRowH‖iColL>iColH)
       {
           return  LangmuirErrors[3].iErrCode;
       }
```

```
//计算行数与列数
nRows＝iRowH-iRowL＋1;
nCols＝iColH-iColL＋1;

//分配指向(double＊)的行指针
ppdM＝(double ＊＊)calloc((size_t)(nRows＋ARRAY_BASE),sizeof(double＊));
//内存分配失败,返回-4
if(NULL＝＝ppdM)
{
    return LangmuirErrors[4].iErrCode;
}

//ppdM指向的是数组的0单元
ppdM＋＝ARRAY_BASE;
ppdM-＝iRowL;

//分配矩阵存放数据的内存
ppdM[iRowL]＝(double＊)calloc((size_t)(nRows＊nCols＋ARRAY_BASE),sizeof
(double));
//内存分配失败,返回-4
if(NULL＝＝ppdM[iRowL])
{
    return LangmuirErrors[4].iErrCode;
}
ppdM[iRowL]＋＝ARRAY_BASE;
ppdM[iRowL]-＝iColL;

//矩阵行指针赋值
for(i＝iRowL＋1;i<＝iRowH;i＋＋)
{
    ppdM[i]＝ppdM[i-1]＋nCols;
}

(＊pppdData)＝ppdM;
//成功,返回0
return LangmuirErrors[0].iErrCode;
}

//功能:释放(double＊＊)内存区
int FreeDDVector(double ＊＊＊pppdData,int iRowL,int iRowH,int iColL, int
iColH)
```

```
    {
        //释放指向列的数据指针
        free((char*)((*pppdData)[iRowL]+iColL -ARRAY_BASE));
        //释放数据区
        free((char*)((*pppdData)+iRowL-ARRAY_BASE));
        //成功,返回0
        return  LangmuirErrors[0].iErrCode;
    }


//功能:初始化栈
//psStack-->栈指针
//返回值-->错误码,非0表示有错误
int  InitStack(STACKS*psStack)
{
    //将栈清0
    memset(psStack,0,sizeof(STACKS));
    return  LangmuirErrors[0].iErrCode;
}


//功能:释放栈
//psStack -->栈指针
//返回值-->错误码,非0表示有错误
int  FreeStack(STACKS*psStack)
{
    //定义临时链表矩阵节点
    MATRIX_NODE*pmnTempMN=NULL;

    //释放矩阵节点
    while(psStack->pmnMNHead!=NULL)
    {
        //将链表第一个矩阵节点赋给临时矩阵节点
        pmnTempMN=psStack->pmnMNHead;
        psStack->pmnMNHead=pmnTempMN->pmnNext;

        //释放矩阵
        FreeDDVector(&(pmnTempMN->pm->ppdData),pmnTempMN->pm->iRowL,pmnTempMN-
>pm->iRowH,pmnTempMN->pm->iColL,pmnTempMN->pm->iColH);
        //释放矩阵节点
        free(pmnTempMN->pm);
        pmnTempMN->pm=NULL;
```

```
        //释放链表矩阵节点
        free(pmnTempMN);
        pmnTempMN=NULL;
    }

    //成功,返回 0
    return  LangmuirErrors[0].iErrCode;
}


//功能:创建矩阵,各元素置设定值
//iRowL        ->矩阵行下限
//iRowH        ->矩阵行上限
//iColL        ->矩阵列下限
//iColH        ->矩阵列上限
//ppmMatrix   ->增加到栈中的矩阵
//psStack      ->栈指针
//iValue       ->iValue=0,全部元素赋 0;iValue=1,对角线元素赋 1,其余元素赋 0
//返回值       ->错误码,非 0 表示有错误
int  CreateMatrix(int   iRowL,int iRowH,int iColL,int   iColH,MATRIX * * ppmMa-
trix,STACKS * psStack,int iValue)
{
    int   iRet;
    int   iRows,iCols;
    //临时矩阵指针
    MATRIX    * pmTempM=NULL;
    //临时矩阵节点指针
    MATRIX_NODE   * pmnTempMN=NULL;

    //分配矩阵节点内存
    pmTempM=(MATRIX * )calloc(1,sizeof(MATRIX));
    //分配链表矩阵节点内存
    pmnTempMN=(MATRIX_NODE * )calloc(1,sizeof(MATRIX_NODE));
    //分配内存失败,返回-4
    if(NULL==pmTempM ‖ NULL==pmnTempMN)
    {
        free(pmTempM);
        pmTempM=NULL;
        free(pmnTempMN);
        pmnTempMN=NULL;
        return  LangmuirErrors[4].iErrCode;
    }
```

创建矩阵

```
//矩阵内容赋值
pmTempM->iRowL＝iRowL;
pmTempM->iRowH＝iRowH;
pmTempM->iColL＝iColL;
pmTempM->iColH＝iColH;
iRows＝iRowH-iRowL＋1;
pmTempM->iRows＝iRows;
iCols＝ iColH-iColL＋1;
pmTempM->iCols＝iCols;
//分配矩阵内存,全部元素置0
iRet＝DDVector(&(pmTempM->ppdData),iRowL,iRowH,iColL,iColH);


//矩阵内存分配失败
if(iRet!＝LangmuirErrors[0].iErrCode)
{
    //释放当前分配的地址
    FreeDDVector(&(pmTempM->ppdData),iRowL,iRowH,iColL,iColH);
    //释放前面已分配成功的地址
    free(pmTempM);
    pmTempM＝NULL;
    free(pmnTempMN);
    pmnTempMN＝NULL;
    return  LangmuirErrors[4].iErrCode;
}


//对角线赋值1
//(1)如果行与列相等,对角线全部置1
//(2)如果行大于列,列对角线全部置1
//(3)如果行小于列,行对角线全部置1
if(iValue)
{
    int  n;
    int  nMin;
    nMin＝(iRows>iCols)? iCols:iRows;
    for(n＝1;n<＝nMin;n＋＋)
    {
        pmTempM->ppdData[n][n]＝1.0;
    }
}//if(iValue)


//链表矩阵节点指针指向矩阵
```

```
    pmnTempMN->pm=pmTempM;

    pmnTempMN->pmnNext=psStack->pmnMNHead;

    psStack->pmnMNHead=pmnTempMN;


    * ppmMatrix=  pmTempM;


    //成功,返回 0
    return  LangmuirErrors[0].iErrCode;
}


//功能:在控制台界面打印输出矩阵
//pmA--> 指向矩阵的指针
//tcString--> 矩阵名称
//返回值--> 错误码,非 0 表示有错误
int  PrintMatrix(MATRIX  * pmA,  TCHAR  * tcString)
{
    int  i,j;


    //矩阵指针为空,返回-2
    if(NULL==pmA)
    {
        return  LangmuirErrors[2].iErrCode;
    }


    //输出矩阵头
    printf("\nmatrix %S->%d 行×%d 列\n",tcString,pmA-> iRows,pmA-> iCols);
    //输出矩阵内容
    for(i=1;i<=pmA->iRows;i++)
    {
        for(j=1;j<=pmA->iCols;j++)
        {
            //行满后输出回车进行换行
            double  dTemp;
            //先计算绝对值
            dTemp=  fabs(pmA->ppdData[i][j]);
            //根据绝对值判断用哪种格式输出
            if(dTemp>1.0E3‖dTemp<1.0E-1)
            {
                j%pmA->iCols==0 ? printf("%e\n",pmA->ppdData[i][j]):printf("%
e\t",pmA->ppdData[i][j]);
            }
```

```
            else
            {
                j%pmA->iCols==0 ? printf("%12.9lf\n",pmA->ppdData[i][j]):
printf("%12.9lf\t",pmA->ppdData[i][j]);
            }
        }
    }

    //成功,返回0
    return  LangmuirErrors[0].iErrCode;
}
```

```
//功能:从文件读取数据到矩阵
//pstrFileName --> 文件名字符串
//ppmD         --> 存放数据(data)矩阵
//psStack      --> 管理矩阵的堆栈指针
//返回值        --> 错误码,非0表示有错误
int  FileData2Matrix(const char * pstrFileName,  MATRIX  ** ppmD,STACKS * psStack)
{
    int  j,iRet;              //打开文件的返回值
    int  iRows;              //数据行数,即文件中数据的行数
    int  iCols;              //数据列数
    int  iNumFlagOld;        //前一字符数字标志
    int  iNumFlagNew;        //后一字符数字标志
    FILE  * pFile=NULL;      //文件指针
    TCHAR  szLine[MAX_PATH]={0};  //存储行的临时字符串
    TCHAR  * pStr;           //待转换字符串头指针
    double  dTemp=0.0;       //临时变量

    //打开数据文件
    iRet=fopen_s(&pFile,pstrFileName,"r");
    if(iRet)
    {
        //打开文件失败,返回-1
        return  LangmuirErrors[1].iErrCode;
    }

    //巡检文件中数据有多少行、多少列
    iRows=0;
    while(!feof(pFile))
    {
```

从文件读数据
到矩阵

```
    memset(szLine,0,MAX_PATH);
    pStr=_fgetts(szLine,MAX_PATH,pFile);
    //如果是空行,跳过
    if(szLine[0]==TEXT('\n')‖szLine[0]==TEXT('\0'))
    {
        continue;
    }
    //第一次进入循环,取出第一行,对数据进行分析,计算有几列
    if(iRows==0)
    {
        iCols=0;
        iNumFlagOld=0;      //空格或 tab 标志,0 表示为空格或 tab
        iNumFlagNew=0;
        //当指定的字符不为回车或换行时进行循环
        //while((*pStr)!=TEXT('\r')‖(*pStr)!=TEXT('\n'))
        while(*pStr)
        {
            //如果是空格或 tab
            if(TEXT('')==*pStr‖TEXT('\t')==*pStr)
            {
                iNumFlagNew=0;//标志为 0
            }
            //是其他符号
            else
            {
                iNumFlagNew=1;
                //前后符号标志进行异或,不同为 1,相同为 0
                if(iNumFlagNew^iNumFlagOld)
                {
                    iCols++;
                }
            }
            //将新的赋值给旧的
            iNumFlagOld=iNumFlagNew;
            pStr++;            //指针向后移动
        }
    }//if(iRows==0)
    iRows++;
}//while(!feof(pFile))

//如果*ppmD 为空,建立新的矩阵,分配内存
```

```
    if(NULL==(*ppmD))
    {
        CreateMatrix(1,iRows,1,iCols,ppmD,psStack,0);
    }

    //重新定位文件指针到文件头
    fseek(pFile,0L,SEEK_SET);

    //行数清 0
    iRows=0;
    while(!feof(pFile))
    {
        memset(szLine,0,MAX_PATH);
        pStr=_fgetts(szLine,MAX_PATH,pFile);
        //如果是空行,跳过
        if(szLine[0]==TEXT('\n') || szLine[0]==TEXT('\0'))
        {
            continue;
        }
        //行数递加
        iRows++;
        //对列进行处理,防止一行出现超过 iCols 列情况
        for(j=1;j<=iCols;j++)
        {
            dTemp=_tcstod(pStr,&pStr);
            (*ppmD)->ppdData[iRows][j]=dTemp;
        }//for(j=1;j<=iCols;j++)
    }//while(!feof(pFile))

    //关闭文件
    fclose(pFile);

    //成功,返回 0
    return  LangmuirErrors[0].iErrCode;
}

//功能:采用最小二乘法对数据进行一元一次回归分析(线性回归)
//pdXHead    -->X 数据序列头指针
//pdYHead    -->Y 数据序列头指针
//nDataCount -->数据个数
```

```
//plpData      -->回归分析参数结构体指针
//返回值        -->错误码,非 0 表示有错误
int  LeastSquareForLinear(double * pdXHead,  double * pdYHead,int nDataCount,
LINEAR_PARAMETER * plpData)
{
    int i;
    double  dSumOfX= 0.0;           //X 的加和
    double  dSumOfY= 0.0;           //Y 的加和
    double  dSumOfX2= 0.0;          //X 平方的加和
    double  dSumOfY2= 0.0;          //Y 平方的加和
    double  dSumOfXY= 0.0;          //X 与 Y 积的加和
    double  dSumOfYMYFit2= 0.0;     //观测值 Y 与回归拟合 Y 之差的平方和

    if(nDataCount<3)
        return  -1;                 //数据个数不能小于 3,至少 3 个

    for(i=ARRAY_BASE;i<=ARRAY_BASE+nDataCount-1;i++)
    {
        dSumOfX+ = * (pdXHead+i);
        dSumOfY+ = * (pdYHead+i);
        dSumOfX2+ =pow( * (pdXHead+i),2);
        dSumOfY2+ =pow( * (pdYHead+i),2);
        dSumOfXY+ =( * (pdXHead+i)) * ( * (pdYHead+i));
    }

    //计算自变量 X 的平均值(Average of X)
    plpData->dXAverage= dSumOfX/nDataCount;
    //计算因变量 Y 的平均值(Average of Y)
    plpData->dYAverage= dSumOfY/nDataCount;

    //自变量 X 的标准差(或均方差)(Standard deviation of X)
    plpData->dSigmaX= sqrt(dSumOfX2/nDataCount-pow(plpData->dXAverage,2));
    //因变量 Y 的标准差(或均方差)(Standard deviation of Y)
    plpData->dSigmaY= sqrt(dSumOfY2/nDataCount-pow(plpData->dYAverage,2));
    //自变量 X 与因变量 Y 的协方差(Covariance of X and Y)
    plpData->dCovXY= dSumOfXY/nDataCount-plpData->dXAverage * plpData->dYAver-
age;
    //回归直线的线性相关系数(Correlation coefficient)
    plpData->dCorrelationCoe=  plpData->dCovXY/(plpData->dSigmaX * plpData->
dSigmaY);
```

线性回归

```
        //计算回归直线的斜率(Slope of regression line)
        plpData->dSlope=(dSumOfXY-nDataCount * plpData->dXAverage * plpData->dYAv-
erage)/(dSumOfX2-nDataCount * pow(plpData->dXAverage,2));
        //计算回归直线的截距(Intercept of regression line)
        plpData->dIntercept = plpData->dYAverage-plpData->dXAverage * plpData->
dSlope;

        for(i=ARRAY_BASE;i<=ARRAY_BASE+nDataCount-1;i++)
        {
            dSumOfYMYFit2+=pow( * (pdYHead+i)-(plpData->dSlope * ( * (pdXHead+i))
+plpData->dIntercept),2);
        }
        //回归直线的残差标准差(Residual standard deviation)
        plpData->dResidualStdDevOfY=sqrt(dSumOfYMYFit2/(nDataCount-2));

        //回归直线斜率的不确定度(Uncertainty of slope)
        plpData->dSlopeError=plpData->dResidualStdDevOfY/sqrt(nDataCount)/plpDa-
ta->dSigmaX;
        //回归直线截距的不确定度(Uncertainty of intercept)
        plpData->dInterceptError=plpData->dResidualStdDevOfY * sqrt(1+pow(plpDa-
ta->dXAverage,2)/pow(plpData->dSigmaX,2))/sqrt(nDataCount);

        //成功,返回 0
        return  LangmuirErrors[0].iErrCode;
    }


//功能:计算 Langmuir 参数
//pmD                  -> 原始数据
//LangmuirInitial  -> Langmuir 初始化参数
//pAdsorbate        -> 吸附质
//pAdsorbent        -> 吸附剂
//pLangmuir         -> Langmuir 参数
//返回值               -> 错误码,非 0 表示有错误
int  LangmuirP(MATRIX  * pmD,LANGMUIR_INITIAL LangmuirInitial,struct Adsor-
bate  * pAdsorbate,struct Adsorbent  * pAdsorbent,LANGMUIR_PARAMETER * pLangmuir)
    {
    int  i;
    int  nStart=0;          //数据的起点
    int  nCount=1;          //记录分支数据的个数,第 1 个点已包括
    int  iFirstFlag=1;      //分支起始标志
```

Langmuir 参数计算

```
double  * X＝NULL;       //压力数据
double  * Y＝NULL;       //吸附量数据
double  dMax;           //最大值
double  dLow;           //低限
double  dHigh;          //高限


//找数据中压力的最大值
dMax＝pmD->ppdData[pmD->iRowL][1];//假设第一个压力为最大值
for(i＝pmD->iRowL＋1;i<＝pmD->iRowH;i＋＋)
{
    pmD->ppdData[i][1]>dMax? dMax＝pmD->ppdData[i][1]:dMax;
}


//计算最低限与最高限
dLow＝dMax * LangmuirInitial.dLow;
dHigh＝dMax * LangmuirInitial.dHigh;


//(1)分离出吸附/脱附分支＋(2)删除数据头尾
//遍历数据,找到[dLow,dHigh]之间的数据段
nCount＝1;
for(i＝pmD->iRowL＋1;i<＝pmD->iRowH;i＋＋)
{
    //吸附分支
    if(1＝＝LangmuirInitial.iBranch)
    {
        if(pmD->ppdData[i][1]>pmD->ppdData[i-1][1] && pmD->ppdData[i][2]>pmD->
ppdData[i-1][2] && pmD->ppdData[i-1][1]>dLow &&  pmD->ppdData[i][1]<dHigh)
        {
            if(1＝＝iFirstFlag)
            {
                nStart＝i-1;
                iFirstFlag＝0;
            }
            nCount＋＋;           //包含了下一个点
        }
    }
    //脱附分支
    if(0＝＝LangmuirInitial.iBranch)
    {
        if(pmD->ppdData[i][1]<pmD->ppdData[i-1][1] && pmD->ppdData[i][2]<pmD->
ppdData[i-1][2] && pmD->ppdData[i-1][1]<dHigh &&  pmD->ppdData[i][1]>dLow)
```

```
            {
                if(1==iFirstFlag)
                {
                    nStart=i-1;
                    iFirstFlag=0;
                }
                nCount++;
            }
        }
}//for(i=pmD->iRowL+1;i<=pmD->iRowH;i++)
```

//(3)检查数据个数
```
if(nCount<LangmuirInitial.nLinearCount)
{
    //线性化点数太少,返回-5
    return  LangmuirErrors[5].iErrCode;
}
```

//记录截取的数据段起始点
```
pLangmuir->iStart=nStart;
pLangmuir->iEnd=nStart+nCount-1;
```

//分配内存,用于线性回归系数计算
```
DVector(&X,ARRAY_BASE,ARRAY_BASE+nCount-1);
DVector(&Y,ARRAY_BASE,ARRAY_BASE+nCount-1);
```

//(4)转换数据,取出 X 轴与 Y 轴的有效数据
```
for(i=ARRAY_BASE;i<ARRAY_BASE+nCount;i++)
{
    X[i]=pmD->ppdData[nStart+i-1][1];//第 1 列,压力数据
    Y[i]=pmD->ppdData[nStart+i-1][2];//第 2 列,吸附体积数据
    X[i]=X[i] * 100000/Constants[STANDARD_PRESSURE].dValue;//转换为相对压力
    Y[i]=X[i] * 1000/Y[i];//转换为 Pi/Va
}
```
//(5)回归参数计算
```
LeastSquareForLinear(X,Y,nCount,&(pLangmuir->LP));
pLangmuir->dC=pLangmuir->LP.dSlope/pLangmuir->LP.dIntercept;
pLangmuir->dMoles=1000/pLangmuir->LP.dSlope;
 pLangmuir->dSurfaceArea = 1/pLangmuir->LP.dSlope * Constants[0].dValue *
pAdsorbate->dCSA * 1.0E-20;
```

```
    pLangmuir-> dSAError = pLangmuir-> dSurfaceArea * pLangmuir-> LP. dSlopeError/
pLangmuir->LP. dSlope;
    printf("Langmuir 方法计算结果:\n");
    printf("---------------------------------------------------------\n");
    printf("斜率 S: S ± Serr =%12.8lf ±%12.8lf(g·mol^-1)\n",pLangmuir->
LP. dSlope,pLangmuir->LP. dSlopeError);
    printf("截距 I: I ± Ierr =%12.8lf ±%12.8lf(g·mol^-1)\n",pLangmuir->
LP. dIntercept,pLangmuir->LP. dInterceptError);
    printf("常数 C:%12.8lf\n",pLangmuir->dC);
    printf("线性相关系数 R:%6.3lf\n",pLangmuir->LP. dCorrelationCoe);
    printf("单分子层最大吸附体积:%8.5lf(mmol·g^-1)\n",pLangmuir->dMoles);
    printf("Langmuir 比表面积:%8.4lf ±%8.4lf(m^2·g^-1)\n",pLangmuir->dSur-
faceArea,pLangmuir->dSAError);
    printf("---------------------------------------------------------\n");
    //释放内存
    if(X!=NULL)
    {
        FreeDVector(&X,ARRAY_BASE,ARRAY_BASE+nCount-1);
    }
    if(Y!=NULL)
    {
        FreeDVector(&Y,ARRAY_BASE,ARRAY_BASE+nCount-1);
    }
    //成功,返回 0
    return  LangmuirErrors[0]. iErrCode;
}
```

每次运行程序前，按图 2-9 中左图与中间图所示，选择主菜单"生成（B）"中的子菜单"清理项目名（N）"，本例中为"清理 Langmuir（N）"，再选择主菜单"生成（B）"中的子菜单"清理解决方案（C）"。

运行程序

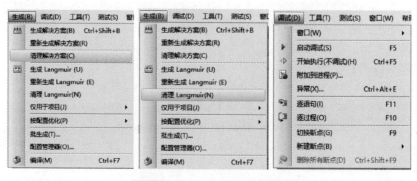

图 2-9 运行程序过程示意图

然后再按"F5"键运行，或者选择图 2-9 中右图主菜单"调试（D）"中的子菜单"启动调试（S）"运行程序。

通过"F5"键运行后，如果程序中没有"system（"pause"）；"语句，则程序不会停留，屏幕会一闪结束，此时可以通过按"Ctrl＋F5"键运行，程序即可保持在运行结果界面，如图 2-10 所示；另外一种方法是在程序中加入"system（"pause"）；"语句，此时，无论按"F5"键还是按"Ctrl＋F5"键，程序运行结果都会保持。可以在图 2-10 所示界面用鼠标左键点击左上角的图标，在弹出式菜单中选择"属性"，如图 2-11 所示，在弹出的图 2-12 所示窗口中根据需要进行设置，例如显示区域的位置、大小、字体、颜色等。

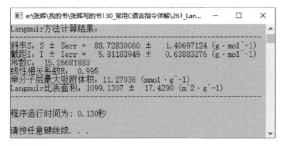

图 2-10　采用 Langmuir 方法处理 NaY 型分子筛吸附氮气数据运算结果图

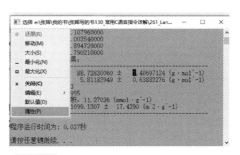

图 2-11　运行结果属性窗口调用过程图

图 2-12　运行结果窗口属性设置界面图

第3章
BET 方程及 C 程序

1938 年，Stephen Brunauer、Paul Hugh Emmett 和 Edward Teller 将单层分子吸附的 Langmuir 理论扩展至多分子层，提出了适用于多层分子吸附系统的理论，利用该理论推导出的方程用三人名字的首字母命名，称为 BET 方程。在 BET 方程推导过程中，假设的多层分子吸附系统一般使用不与吸附剂发生化学反应的吸附质，因此，主要利用 BET 方程计算物理吸附过程中吸附剂的比表面积。

BET 方程

3.1　BET 方程

BET 方程推导过程各物理量如表 3-1 所示。

▫　表 3-1　BET 方程推导过程各物理量列表

物理量符号	意义	量纲	备注
E_1	第一层吸附能	$J \cdot mol^{-1}$	The adsorption energy in the first layer
E_i	第 i 层吸附能	$J \cdot mol^{-1}$	The adsorption energy in the second and above layers
E_L	吸附质凝结能	$J \cdot mol^{-1}$	Condensation energy of adsorptive to liquid adsorbate
N_i	被 i 层吸附层覆盖的活性位个数	无	The adsorption sites covered by the i-th layers of adsorbed molecules
v_{ai}	第 i 层的吸附速率	不确定	Adsorption rate in the i-th layer
v_{di}	第 i 层的脱附速率	不确定	Desorption rate in the i-th layer
k_{ai}	第 i 层的吸附速率常数	不确定	Adsorption rate constant in the i-th layer
k_{di}	第 i 层的脱附速率常数	不确定	Desorption rate constant in the i-th layer
P_i	绝对压力	Pa	Absolute pressure
P_0	饱和蒸气压	Pa	Saturated vapor pressure
P_r	相对压力	无	Relative pressure
θ	表面覆盖度	无	Surface coverage
R	普适气体常数,8.314	$J \cdot mol^{-1} \cdot K^{-1}$	The universal gas constant
T	吸附温度	K	The adsorption temperature
k_2	第 i 层速率常数($i \geqslant 2$)	不确定	The rate constant in the i-th layer($i \geqslant 2$)
C	吸附/脱附速率常数	无	Adsorption/desorption rate constant

物理量符号	意义	量纲	备注
N_a	被吸附质占据的吸附位点数	无	The number of adsorption sites occupied by adsorbate
N_w	所有的吸附位点数	无	The whole adsorption sites
V_a	某一相对压力下吸附的吸附质体积	mL	The volume of adsorbate adsorbed at certain relative pressure
V_m	单分子层最大吸附体积	mL	Maximum adsorption volume of monolayer
S	回归直线的斜率	不确定	The slope of a regression line
I	回归直线的截距	不确定	The intercept of a regression line
V_x	设定体积值	mL	The set volume value
V_p	总孔容体积	mL	The total pore volume
W_{mol}	吸附质的摩尔质量	$g \cdot mol^{-1}$	Molecular weight of adsorbate
ρ_L	液态吸附质的密度	$g \cdot mL^{-1}$	Density of liquid adsorbate
ρ_s	固体吸附剂的密度	$g \cdot mL^{-1}$	Density of adsorbent
d_p	平均孔直径	nm	Mean pore diameter
A_{BET}	BET 比表面积	$m^2 \cdot g^{-1}$	The BET specific surface area
L	平均粒径	nm	Mean particle size

BET 方程的推导过程基于以下假设：

① 吸附剂表面能量均匀，裸露在吸附剂表面的吸附位具有相同的吸附能 E_1；

② 被吸附的吸附质分子之间没有相互作用；

③ 第二层和所有高层（$E_2, E_3, \cdots\cdots, E_i$）的吸附能等于吸附质的凝结能，即 $E_2 = E_3 = \cdots\cdots = E_i = E_L$，$E_L$ 代表吸附质气体的凝结能，下标"L"代表 Liquid。

如图 3-1 所示，N_0 表示没有被覆盖的吸附位个数，N_1 表示被 1 层吸附质分子覆盖的吸附位个数，N_2 表示被 2 层吸附质分子覆盖的吸附位个数，N_3 表示被 3 层吸附质分子覆盖的吸附位个数，$\cdots$，N_i 表示被 i 层吸附质分子覆盖的吸附位个数，当吸附达到平衡时，$N_0, N_1, N_2, N_3, \cdots, N_i$ 均为常数。

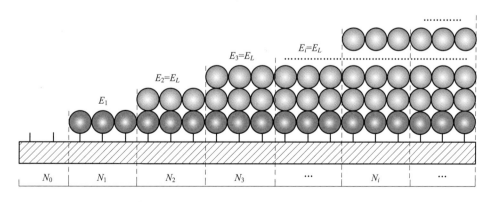

图 3-1 BET 方程多分子层吸附模型示意图

$i=0$ 时，气体的相对压力为 P_r，气体分子碰撞吸附剂表面的次数与相对压力 P_r 成正比，同时也与吸附剂表面的未占据的吸附位 N_0 成正比，吸附速率 v_{a1} 与相对压力 P_r 和 N_0 的关系满足 $v_{a1}=k_{a1}P_rN_0$，k_{a1} 为第一层吸附速率常数。当吸附剂表面已有 N_1 个吸附位被占据时，分子逃离表面束缚成为自由分子的速率 v_{d1} 与吸附能 E_1 呈指数衰减规律，即吸附能 E_1 越大，脱附所需要的温度 T 越高，脱附速率 v_{d1} 与已占据吸附位个数 N_1 和吸附能 E_1 的关系满足 $v_{d1}=k_{d1}N_1\exp(-E_1/RT)$，$k_{d1}$ 为第一层脱附速率常数。当吸附与脱附平衡时，吸附速率 v_{a1} 与脱附速率 v_{d1} 相等，满足式(3-1)。

$$k_{a1}P_rN_0=k_{d1}N_1\exp\left(-\frac{E_1}{RT}\right) \qquad \text{式(3-1)}$$

$i=1$ 时，吸附过程包括四个子过程：

① 气体分子在裸露固体表面的吸附，形成第一吸附层，$v_{a1}=k_{a1}P_rN_0$；

② 气体分子在第一吸附层的吸附，形成第二吸附层，$v_{a2}=k_{a2}P_rN_1$；

③ 吸附分子从第一吸附层的解吸，$v_{d1}=k_{d1}N_1\exp(-E_1/RT)$；

④ 吸附分子从第二吸附层的解吸，$v_{d2}=k_{d2}N_2\exp(-E_2/RT)$。

当吸附平衡时，吸附层的形成速率与吸附层的消失速率相等，如式(3-2)所示，将式(3-1)代入式(3-2)得式(3-3)。

$$k_{a1}P_rN_0+k_{a2}P_rN_1=k_{d1}N_1\exp\left(-\frac{E_1}{RT}\right)+k_{d2}N_2\exp\left(-\frac{E_2}{RT}\right) \qquad \text{式(3-2)}$$

$$k_{a2}P_rN_1=k_{d2}N_2\exp\left(-\frac{E_2}{RT}\right) \qquad \text{式(3-3)}$$

同样道理，对于第 i 层，根据吸附与脱附平衡得到式(3-4)，式(3-4)变换为式(3-5)。

$$k_{ai}P_rN_{i-1}=k_{di}N_i\exp\left(-\frac{E_i}{RT}\right) \qquad \text{式(3-4)}$$

$$N_i=\frac{k_{ai}}{k_{di}}P_rN_{i-1}\exp\left(\frac{E_i}{RT}\right) \qquad \text{式(3-5)}$$

由于大于等于第二层的各层吸附能均为凝结能 E_L，吸附平衡时，$N_0,N_1,N_2,N_3,\cdots,N_i$ 均为常数，因此，脱附速率与吸附速率的比值保持不变，设其比值为 k_2，如式(3-6)所示，代入式(3-5)得式(3-7)。

$$k_2=\frac{k_{d2}}{k_{a2}}=\frac{k_{d3}}{k_{a3}}=\cdots=\frac{k_{di}}{k_{ai}} \qquad \text{式(3-6)}$$

$$N_i=\frac{P_r}{k_2}N_{i-1}\exp\left(\frac{E_L}{RT}\right)=\left[\frac{P_r}{k_2}\exp\left(\frac{E_L}{RT}\right)\right]N_{i-1} \qquad \text{式(3-7)}$$

令

$$x=\frac{P_r}{k_2}\exp\left(\frac{E_L}{RT}\right) \qquad \text{式(3-8)}$$

将式(3-8)代入式(3-7)进行变量替换后得式(3-9)。

$$N_i=xN_{i-1}(i\geqslant 2) \qquad \text{式(3-9)}$$

对式(3-9)递推展开至第一吸附层，得式(3-10)。第一层的吸附能为 E_1，即将 $i=1$

和 E_1 代入式(3-5)，对应式(3-11)。将式(3-11) 代入式(3-10)，得式(3-12)。

$$N_i = x N_{i-1} = x(x N_{i-2}) = x^2(x N_{i-3}) = \cdots = x^{i-1} N_1 \qquad \text{式(3-10)}$$

$$N_1 = \frac{k_{a1}}{k_{d1}} P_r N_0 \exp\left(\frac{E_1}{RT}\right) \qquad \text{式(3-11)}$$

$$N_i = x^{i-1} \frac{k_{a1}}{k_{d1}} P_r N_0 \exp\left(\frac{E_1}{RT}\right) = \left[\frac{x^i}{\dfrac{P_r}{k_2}\exp\left(\frac{E_L}{RT}\right)}\right] \frac{k_{a1}}{k_{d1}} P_r N_0 \exp\left(\frac{E_1}{RT}\right)$$

$$= x^i N_0 k_2 \frac{k_{a1}}{k_{d1}} \exp\left(\frac{E_1 - E_L}{RT}\right) \qquad \text{式(3-12)}$$

引入大于 0 的常数 C，如式(3-13) 所示，代入式(3-12) 简化得式(3-14)。

$$C = k_2 \frac{k_{a1}}{k_{d1}} \exp\left(\frac{E_1 - E_L}{RT}\right) \qquad \text{式(3-13)}$$

$$N_i = C x^i N_0 \qquad \text{式(3-14)}$$

固体表面所有吸附位个数用 N_w 表示，被吸附的总分子个数用 N_a 表示，不同吸附层对应的吸附位 N_i 之和应等于 N_w，则式(3-15) 和式(3-16) 成立。

$$N_w = \sum_{i=0}^{\infty} N_i = N_0 + \sum_{i=1}^{\infty} N_i \qquad \text{式(3-15)}$$

$$N_a = \sum_{i=0}^{\infty} i N_i = \sum_{i=1}^{\infty} i N_i \qquad \text{式(3-16)}$$

吸附的分子个数与吸附体积成正比，则式(3-17) 成立，将式(3-15) 与式(3-16) 代入式(3-17) 得式(3-18)，将式(3-14) 代入式(3-18) 得式(3-19)。

$$\frac{N_a}{N_w} = \frac{V_a}{V_m} \qquad \text{式(3-17)}$$

$$\frac{V_a}{V_m} = \frac{N_a}{N_w} = \frac{\displaystyle\sum_{i=1}^{\infty} i N_i}{N_0 + \displaystyle\sum_{i=1}^{\infty} N_i} \qquad \text{式(3-18)}$$

$$\frac{V_a}{V_m} = \frac{C N_0 \displaystyle\sum_{i=1}^{\infty} i x^i}{N_0 + C N_0 \displaystyle\sum_{i=1}^{\infty} x^i} \qquad \text{式(3-19)}$$

根据 Tailor 公式可知，$1/(1-x)$ 的展开式为 $1 + x + x^2 + x^3 + \cdots$，则式(3-20) 与式(3-21) 成立。

$$\frac{1}{1-x} - 1 = \frac{1-(1-x)}{1-x} = \frac{x}{1-x} = x + x^2 + x^3 + \cdots + x^{\infty} = \sum_{i=1}^{\infty} x^i \quad \text{式(3-20)}$$

$$\sum_{i=1}^{\infty} i x^i = x + 2x^2 + 3x^3 + \cdots + i x^i = x \frac{\mathrm{d}}{\mathrm{d}x} \sum_{i=1}^{\infty} x^i = x \frac{\mathrm{d}}{\mathrm{d}x}\left(\frac{x}{1-x}\right) = \frac{x}{(1-x)^2}$$

$$\text{式(3-21)}$$

将式(3-20) 和式(3-21) 代入式(3-19)，得式(3-22)。该式说明，当 $x \to 1$ 时，

$Cx \to C$，分子保持常数不变，分母中 $1-x$ 趋于无限小，V_a 趋于无穷大，这与实验测试中当绝对压力 P_i 趋于饱和压力 P_0 时对应的结果一致，即 $P_i = P_0$，相对压力 $P_r = P_i / P_0 = 1$。因此，$x = 1$ 与 $P_r = 1$ 对应，将 $x = 1$ 对应 $P_r = 1$ 代入式(3-8)中得式(3-23)，即式(3-8)中的常数部分满足关系式 $k_2 = \exp(E_L / RT)$，将该关系式代入式(3-8)可以得出 x 与相对压力 P_r 是一一对应的，如式(3-24)所示。因此，式(3-22)可以变换为式(3-25)，该式称为 BET 方程或 BET 吸附等温线方程，对式(3-25)进行变换可以得到 BET 的线性方程式(3-26)。

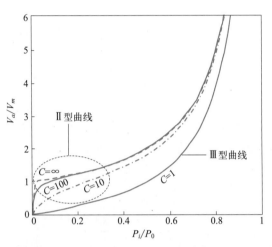

BET 方程应用

图 3-2　不同 C 值对应 BET 吸附等温线类型图

　　由式(3-25)可知，当 C 值较大时（吸附热较高），BET 方程对应 II 型吸附等温线，当 C 值较小时（吸附热较低），BET 方程对应 III 型吸附等温线，如图 3-2 所示。当 $P_r \ll 1$ 并且 C 值很大时，$1-P_r \approx 1$，$C-1 \approx C$，BET 方程可以简化为 Langmuir 方程，如式(3-27)所示。

$$\frac{V_a}{V_m} = \frac{Cx}{(1-x)(1-x+Cx)} \qquad \text{式(3-22)}$$

$$1 = \frac{1}{k_2} \exp\left(\frac{E_L}{RT}\right) \qquad \text{式(3-23)}$$

$$x = P_r = \frac{P_i}{P_0} \qquad \text{式(3-24)}$$

$$\frac{V_a}{V_m} = \frac{CP_r}{(1-P_r)(1-P_r+CP_r)} = \frac{CP_r}{(1-P_r)(1+CP_r-P_r)} = \frac{CP_r}{(1-P_r)\left[1+(C-1)P_r\right]}$$
$$\text{式(3-25)}$$

$$\frac{P_r}{V_a(1-P_r)} = \frac{1}{V_m C} + \frac{C-1}{V_m C} P_r \qquad \text{式(3-26)}$$

$$\frac{V_a}{V_m} = \frac{CP_r}{(1-P_r)\left[1+(C-1)P_r\right]} \xrightarrow[\substack{1-P_r \approx 1 \\ C-1 \approx C}]{} \frac{CP_r}{1+CP_r} \qquad \text{式(3-27)}$$

当 $V_a = V_m$ 时，式（3-22）简化为式（3-28），求解得式（3-29）。

$$1 = \frac{Cx}{(1-x)(1-x+Cx)} \qquad 式（3-28）$$

$$x = P_r = \frac{1}{\sqrt{C}+1} \qquad 式（3-29）$$

由式（3-26）可知，以 P_r 为自变量，$P_r/[V_a(1-P_r)]$ 为因变量作图得到的曲线，称为 BET 曲线，$(C-1)/V_m C$ 为斜率，$1/(V_m C)$ 为截距，即式（3-30）和式（3-31）。对 BET 曲线进行最小二乘拟合后得到回归直线的斜率 S 和截距 I，再通过式（3-32）和式（3-33）计算得到单层最大吸附量 V_m 和常数 C，进而计算吸附剂的 BET 比表面积 SA_{BET}，即式（3-34）。

$$S = \frac{C-1}{V_m C} \qquad 式（3-30）$$

$$I = \frac{1}{V_m C} \qquad 式（3-31）$$

$$V_m = \frac{1}{S+I} \qquad 式（3-32）$$

$$C = \frac{S}{I} + 1 \qquad 式（3-33）$$

$$SA_{BET} = \frac{V_m}{V_{mol}} \times N_A \times CSA \times 10^{-20} （\text{m}^2）$$

$$SA_{BET} = \frac{1}{S+I} \times \frac{1（\text{mL}）}{22414（\text{mL} \cdot \text{mol}^{-1}）} \times N_A \times CSA \times 10^{-20}（\text{m}^2） \qquad 式（3-34）$$

BET 方法已经被国际纯粹与应用化学联合会（International Union of Pure and Applied Chemistry，IUPAC）认证为表征多孔材料比表面积的标准方法，尽管不断发展的密度泛函理论（Density Functional Theory，DFT）方法在微观层面也可以求解比表面积，但 BET 方法在未来数十年仍将在多孔材料测量方面发挥至关重要的作用，BET 方法与 Langmuir 方法相同，在计算比表面积时会由于选择的数据段不同导致计算结果相异明显。针对上述问题有两种解决思路。

第一种是遵循 Rouquerol 1999 年提出检验选择区域计算得到的 BET 比表面积有效性的标准，称为 Rouquerol 准则（Rouquerol criteria），包含四方面内容：

① 所选择数据段计算得到的 BET 常数 C 应该为正值；

② 绘制以 P_r 为自变量，以 $V_a/(1-P_r)$ 为因变量，称为 B 点 BET 曲线，也称之为 Rouquerol 曲线图，所选择数据段在 Rouquerol 曲线图上应严格递增；

③ 所选择数据段计算得到的单层最大吸附点需要处于所选择数据段范围内；

④ 所选择数据段对应的 BET 方程线性度好。

Rouquerol 准则

Rouquerol 准则计算比表面积已被 IUPAC 和国际标准化组织（International Organization for Standardization，ISO）采用，应用 Rouquerol 准则求解 BET 比表面积的方法称为 B 点 BET 方法，但是该法依然存在一定不足，即针对某些吸附等温

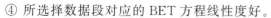

线，可能会存在多个符合 Rouquerol 准则的区域，无法确定多个有效区域内的最优区域。

对于大部分吸附剂，BET 曲线在相对压力 0.05～0.35 范围内呈现良好的线性关系，但在低于相对压力 0.05 或高于相对压力 0.35 范围内偏离线性关系。

第二种解决思路是在相对压力 0.05～0.35 范围内根据 BET 曲线计算 V_m 与 C。但为了保证计算结果准确，对于不同的吸附剂应该仔细选择 BET 曲线线性区间的起点和终点。例如，对于石墨化炭黑，推荐使用相对压力 0.04～0.145 范围内的 BET 曲线。

在 BET 曲线上任选的一点还可以通过插值计算该点对应的吸附量 V_x，再通过式(3-35) 将其转化为液态体积 V_p，以得到该点对应的总孔隙体积（当最后吸附点的相对压力小于设定值时，总孔隙体积按最后吸附点的吸附量计算）。假设孔为圆柱形孔，如图 3-3 所示，设孔高度为 h，通过简单推导得式(3-36)，将单位转化为 nm，公式中需乘以 1000，计算得到平均孔径。对于固体颗粒，V_p 为颗粒体积，当为单位质量时，通过式(3-37) 计算其平均粒径 L。

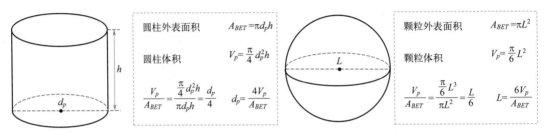

图 3-3　孔径和固体颗粒平均粒径计算过程示意图

$$V_p = (V_x / 22414) \times W_{mol} / \rho_a \qquad \text{式}(3\text{-}35)$$

$$d_p = \frac{4 \times V_p}{A_{BET}} \times 10^3 \qquad \text{式}(3\text{-}36)$$

$$L = \frac{6V_p}{A_{BET}} = \frac{6m}{\rho_s A_{BET}} \times 10^3 = \frac{6}{\rho_s A_{BET}} \times 10^3 \qquad \text{式}(3\text{-}37)$$

3.2　单点 BET

单点 BET

多点 BET 拟合直线与 Y 轴截距为 $1/(V_m C)$，如图 3-4 所示，当 $C \gg 1$ 时，$1/(V_m C) \approx 0$，与 Y 轴交于 0 点，此时 $C-1 \approx C$，BET 方程可简化为式(3-38)，整理后得式(3-39)。该式表明，只要指定某一测量点（P_{ri}，V_{ai}），即相对压力 P_r 与吸附量 V_a 均已知，即可求得单分子层最大吸附体积 V_m，进而利用式(3-34)计算比表面积。当选定用于计算的数据点后（图中标注"★"点），与原点连接即可得到单点 BET 直线，如图 3-4 中的点画线，该线段的方程即为式(3-39)，该线段与 X 轴形成夹角的余切值为 V_m，该方法称为单点 BET 法。但是，并不是任何一点都可以计算 V_m 值，其相对压力需保持在 0.04～0.145（ISO 9277 标准采用 0.2～0.3）范围内。

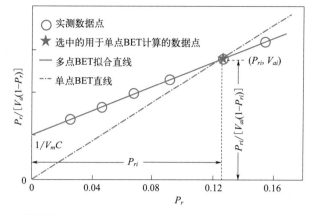

图 3-4 单点 BET 直线与多点 BET 拟合关系示意图

$$\frac{P_r}{V_a(1-P_r)} = \frac{1}{V_mC} + \frac{C-1}{V_mC}P_r = 0 + \frac{C}{V_mC}P_r = \frac{P_r}{V_m} \qquad \text{式}(3\text{-}38)$$

$$V_m = V_a(1-P_r) \qquad \text{式}(3\text{-}39)$$

表 3-2 为无孔氧化铝吸附氮气数据列表，下面结合数据详细说明单点 BET 方法的计算步骤。

⊡ 表 3-2　无孔氧化铝吸附氮气数据列表

序号	相对压力 P_r	吸附氮气体积 $V_a/(\text{mL}\cdot\text{g}^{-1}\text{STP})$	序号	相对压力 P_r	吸附氮气体积 $V_a/(\text{mL}\cdot\text{g}^{-1}\text{STP})$
1	5.00E-03	0.42	21	3.00E-01	0.89
2	1.00E-02	0.48	22	3.20E-01	0.91
3	2.00E-02	0.54	23	3.40E-01	0.93
4	3.00E-02	0.57	24	3.60E-01	0.96
5	4.00E-02	0.59	25	3.80E-01	0.98
6	5.00E-02	0.61	26	4.00E-01	1
7	6.00E-02	0.63	27	4.20E-01	1.02
8	7.00E-02	0.65	28	4.40E-01	1.04
9	8.00E-02	0.66	29	4.60E-01	1.06
10	9.00E-02	0.675	30	4.80E-01	1.08
11	1.00E-01	0.69	31	5.00E-01	1.1
12	1.20E-01	0.71	32	5.50E-01	1.17
13	1.40E-01	0.73	33	6.00E-01	1.24
14	1.60E-01	0.75	34	6.50E-01	1.33
15	1.80E-01	0.77	35	7.00E-01	1.43
16	2.00E-01	0.79	36	7.50E-01	1.54
17	2.20E-01	0.81	37	8.00E-01	1.72
18	2.40E-01	0.83	38	8.50E-01	1.95
19	2.60E-01	0.85	39	9.00E-01	2.4
20	2.80E-01	0.87	40	9.50E-01	3.7

（1）判断给定压力值是否在设定压力范围内　将给定压力值转换为相对压力，判断其是否在 0.04～0.145 范围内。例如：给定绝对压力 20mmHg，换算成相对压力为 20mmHg/760mmHg＝0.026，低于规定范围下限值 0.04，不能采用单点 BET 方法计算；给定点相对压力为 0.85，超出上限范围 0.145，不符合单点 BET 计算要求；给定点绝对压力为 7000Pa，换算为相对压力为 7000Pa/101325Pa＝0.069，介于 0.04 和 0.145 之间，可以用于单点 BET 计算。

（2）对给定压力值线性插值计算吸附体积　若给定某一绝对压力值为 70Torr[1]，对应相对压力为 70 Torr/760 Torr＝0.0921，介于 0.04 和 0.145 之间，查表 3-2 可知，与该相对压力邻近的数据为第 10 和第 11 个点，第 10 个数据点对应值为（0.09，0.675），第 11 个数据点对应值为（0.1，0.69），根据线性插值公式，可计算得到给定压力值为 0.0921 对应的吸附体积为 $0.67815(\text{mL} \cdot \text{g}^{-1})$。

$$0.675+(0.0921-0.09)\times\frac{0.69-0.675}{0.1-0.09}=0.675+0.0021\times1.5=0.67815$$

（3）根据给定压力值及其对应吸附体积计算 V_m　给定相对压力值为 0.0921，对应吸附体积为 $0.67815(\text{mL} \cdot \text{g}^{-1})$，根据式(3-39) 计算 V_m。

$$V_m=V_a(1-P_r)=0.67815\times(1-0.0921)\approx0.61569(\text{mL} \cdot \text{g}^{-1})$$

（4）根据 V_m 计算比表面积

$$SA_{BET}=\frac{0.61569(\text{mL} \cdot \text{g}^{-1}\text{STP})}{22414(\text{mL} \cdot \text{mol}^{-1}\text{STP})}\times6.02\times10^{23}(\text{mol}^{-1})\times16.2(\text{Å}^2)\times10^{-20}(\text{m}^2 \cdot \text{Å}^{-2})$$
$$=2.67889\text{m}^2 \cdot \text{g}^{-1}$$

3.3　B 点 BET

材料表面的化学性质（中性、正电荷和负电荷等）、几何特性（无孔、粗糙和光滑等）、孔隙类型（片状孔、柱状孔和墨水瓶孔等）、孔大小（大孔、中孔和微孔等）等因素对 BET 方程的适用性起着重要作用。BET 方程适用于无孔、大孔和中孔材料比表面积的计算，严格来讲不适用于微孔吸附剂的表征，具体包括以下几点。

（1）微孔填充　当相对压力低于 0.1 时，氮分子在材料微孔内的填充为主要吸附机制，使得单层吸附与微孔填充难以分离，在比表面积计算时将微孔填充的氮分子包含在单层吸附的氮分子中，因此，在微孔存在的情况下，BET 曲线的线性范围明显向相对压力较低的方向移动。

（2）毛细凝聚　BET 方法对估算中孔尺寸小于 4nm 分子筛的比表面积也有问题，当相对压力处于孔壁上发生单层-多层吸附形成的压力范围时，会观察到氮气在孔中的凝结，称为毛细凝聚，这导致单分子层数量的显著高估。在非常狭窄的圆柱形微孔（约 0.5～0.7nm）

---

[1]　1Torr＝133.3224Pa

中，由于孔道的极端曲率和探针分子相对较大的尺寸，导致吸附剂被覆盖的面积明显小于可用的总面积。在更宽的微孔（>0.7nm）中，位于孔中心的许多分子不接触表面，导致对比表面积的过高估计。上述因素均会使比表面积计算偏差变大，增加了不确定性。

（3）探针类型　氮气作为测定材料比表面积的一种探针，具有较强的四极矩，当遇到一些载体或多组分催化剂时，会与其表面的羟基发生作用，极化作用增强，有效横截面积小于 16.2Å^2，对于完全羟基化的表面，氮分子的横截面积会达到 13.5Å^2，此时，采用单原子的氩分子替代氮分子会有较好的效果。但是，对于其他类材料，由于氩分子没有四极矩和较高的沸点温度（87.27K），氩的横截面积（14.2Å^2）对吸附剂表面结构的差异不敏感，高度依赖于吸附剂的表面化学性质，难以作为探针表征材料的比表面积。

因此，采用 BET 方法从微孔吸附剂吸附等温线得到的比表面积不能反映真实的内表面积，应视为一种等效 BET 面积。在这种情况下，必须界定 BET 曲线的线性范围。对于微孔材料，如何找到 BET 曲线对应的线性范围？不同分析人员由于选择数据点的个数和位置不同，导致计算结果差异较大，如何降低这种人为因素呢？B 点 BET 方法提供了一种基于 Rouquerol 准则的计算流程。

基于 Rouquerol 准则具体内容包含以下 4 点：

① C 值为正值。BET 曲线与 Y 轴截距出现负值，表明选择的数据点超出 BET 方程有效范围。

② $V_a(1-P_r)$ 随 P_r 的增加而增加。以 P_r 为横轴，以 $V_a(1-P_r)$ 为纵轴作图，如图 3-5 所示，随 P_r 增加，曲线先增加后下降，当 $V_a(1-P_r)$ 值达到最大时，对应 A 点，A 点的压力值 P_{rA} 是选择 BET 计算数据点的上限，相对压力大于 P_{rA} 的数据全部剔除。

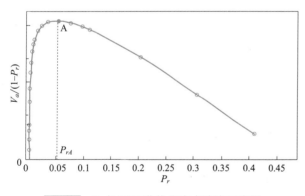

B 点 BET

图 3-5　B 点 BET 曲线最高点确定示意图

③ 所选择数据段计算得到的单层最大吸附点需要处于该区域范围内。通过 BET 曲线计算得到单层最大吸附量 V_m，根据单层最大吸附量 V_m 计算对应的相对压力 P_{rm}，称（P_{rm}，V_m）为单层最大吸附点，单层最大吸附点要处于所选择数据段内，见如图 3-6。

④ 所选择数据段对应的 BET 方程线性度要好。所选择数据段对应的 BET 方程线性度用线性相关系数 R 衡量，线性度越好，R 越大，计算结果越准确，反之计算偏差越大。因此，在满足前三个准则的基础上应保证线性度尽可能好。

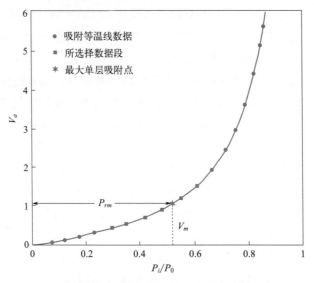

图 3-6 · 有效单层最大吸附点示意图

下面以表 3-2 为例，详细说明 B 点 BET 法计算的具体过程。

① 确定数据区间。选择相对压力区间（P_{min}，P_{max}），P_{min} 代表相对压力最小值，P_{max} 代表相对压力最大值，本例选择 $P_{min} = 0.005$，$P_{max} = 0.55$，取出第 1 对至第 32 对数据作为计算源数据。

② 查找 $V_a(1-P_r)$ 为最大值时对应数据点。根据 Rouquerol 准则，所选择区域在 Rouquerol 曲线图上应严格递增，保持第 1 至第 32 对数据的相对压力 P_r 不变，根据 P_r 与 V_a 计算对应的 $V_a(1-P_r)$，得到该数据段对应的 Rouquerol 曲线数据段，如表 3-3 所示，从表中可以看出，第 16 个相对压力点对应 $V_a(1-P_r)$ 值最大，为了保证严格递增，舍去第 17 个点及其以后的所有数据点，选取第 1 至第 16 个点的数据进行 B 点 BET 法计算。记录这 16 个点中吸附量的最小值 $V_{a\min} = 0.42$ 和最大值 $V_{a\max} = 0.79$，对应相对压力的最小值 $P_{a\min} = 0.005$ 和最大值 $P_{a\max} = 2.00\text{E-}01$。

表 3-3 无孔氧化铝吸附氮气数据按 B 点 BET 法处理结果表

序号	相对压力 P_r	$V_a(1-P_r)/(\text{mL} \cdot \text{g}^{-1}\text{STP})$	序号	相对压力 P_r	$V_a(1-P_r)/(\text{mL} \cdot \text{g}^{-1}\text{STP})$
1	5.00E-03	4.18E-01	10	9.00E-02	6.14E-01
2	1.00E-02	4.75E-01	11	1.00E-01	6.21E-01
3	2.00E-02	5.29E-01	12	1.20E-01	6.25E-01
4	3.00E-02	5.53E-01	13	1.40E-01	6.28E-01
5	4.00E-02	5.66E-01	14	1.60E-01	6.30E-01
6	5.00E-02	5.80E-01	15	1.80E-01	6.31E-01
7	6.00E-02	5.92E-01	16	2.00E-01	6.32E-01
8	7.00E-02	6.05E-01	17	2.20E-01	6.32E-01
9	8.00E-02	6.07E-01	18	2.40E-01	6.31E-01

序号	相对压力 P_r	$V_a(1-P_r)/(\text{mL} \cdot \text{g}^{-1}\text{STP})$	序号	相对压力 P_r	$V_a(1-P_r)/(\text{mL} \cdot \text{g}^{-1}\text{STP})$
19	2.60E-01	6.29E-01	30	4.80E-01	5.62E-01
20	2.80E-01	6.26E-01	31	5.00E-01	5.50E-01
21	3.00E-01	6.23E-01	32	5.50E-01	5.27E-01
22	3.20E-01	6.19E-01	33	6.00E-01	4.96E-01
23	3.40E-01	6.14E-01	34	6.50E-01	4.66E-01
24	3.60E-01	6.14E-01	35	7.00E-01	4.29E-01
25	3.80E-01	6.08E-01	36	7.50E-01	3.85E-01
26	4.00E-01	6.00E-01	37	8.00E-01	3.44E-01
27	4.20E-01	5.92E-01	38	8.50E-01	2.93E-01
28	4.40E-01	5.82E-01	39	9.00E-01	2.40E-01
29	4.60E-01	5.72E-01	40	9.50E-01	1.85E-01

③ 计算选定点的 BET 曲线数据。提取第 1 至第 16 个点对应数据，相对压力 P_r 保持不变，计算 $P_r/[V_a(1-P_r)]$ 的值，形成表 3-4。

▱ 表 3-4 无孔氧化铝吸附氮气 BET 曲线数据计算表

序号	相对压力 P_r	$P_r/[V_a(1-P_r)]/(\text{g} \cdot \text{mL}^{-1}\text{STP})$	序号	相对压力 P_r	$P_r/[V_a(1-P_r)]/(\text{g} \cdot \text{mL}^{-1}\text{STP})$
1	5.00E-03	0.011965	9	8.00E-02	0.131752
2	1.00E-02	0.021044	10	9.00E-02	0.146520
3	2.00E-02	0.037793	11	1.00E-01	0.161031
4	3.00E-02	0.054259	12	1.20E-01	0.192061
5	4.00E-02	0.070621	13	1.40E-01	0.223001
6	5.00E-02	0.086281	14	1.60E-01	0.253968
7	6.00E-02	0.101317	15	1.80E-01	0.285081
8	7.00E-02	0.115798	16	2.00E-01	0.316456

④ 计算斜率、截距、最大吸附量、常数与相关系数。以表 3-4 中的第 2 列 P_r 为 X，第 3 列 $P_r/[V_a(1-P_r)]$ 为 Y，对 X 与 Y 进行一元线性回归，线性回归计算各公式中的参数定义如表 3-5 所示。表 3-6 给出了回归过程中间计算结果，由于采用的数据量较大，可能会存在舍断误差。

▱ 表 3-5 线性回归分析单一自变量与单一因变量函数关系参数列表

参数符号	物理意义	备注
x_i	自变量 X 第 i 次测量值	The i-th measurement of X
y_i	因变量 Y 第 i 次测量值	The i-th measurement of Y
n	测量次数	Number of measurements
x_{ave}	自变量 X 的平均值	The average of X

参数符号	物理意义	备注
y_{ave}	因变量 Y 的平均值	The average of Y
σ_x	自变量 X 的标准差（或均方差）	The standard deviation of X
σ_y	因变量 Y 的标准差（或均方差）	The standard deviation of Y
$Cov(x,y)$	自变量 X 与因变量 Y 的协方差	The covariance of X and Y
R	回归直线的线性相关系数	The linear correlation coefficient of a regression line
S	回归直线的斜率	The slope of a regression line
I	回归直线的截距	The intercept of a regression line

☐ 表 3-6　无孔氧化铝吸附氮气数据一元线性回归计算数据列表

序号	X	Y	X^2	Y^2	$X \times Y$
1	5.00E-03	0.011965	0.000025	0.0001432	0.0000598
2	1.00E-02	0.021044	0.0001	0.0004428	0.0002104
3	2.00E-02	0.037793	0.0004	0.0014283	0.0007559
4	3.00E-02	0.054259	0.0009	0.0029441	0.0016278
5	4.00E-02	0.070621	0.0016	0.0049874	0.0028249
6	5.00E-02	0.086281	0.0025	0.0074445	0.0043141
7	6.00E-02	0.101317	0.0036	0.0102652	0.0060790
8	7.00E-02	0.115798	0.0049	0.0134092	0.0081059
9	8.00E-02	0.131752	0.0064	0.0173587	0.0105402
10	9.00E-02	0.146520	0.0081	0.0214682	0.0131868
11	1.00E-01	0.161031	0.01	0.0259309	0.0161031
12	1.20E-01	0.192061	0.0144	0.0368876	0.0230474
13	1.40E-01	0.223001	0.0196	0.0497294	0.0312201
14	1.60E-01	0.253968	0.0256	0.0644999	0.0406349
15	1.80E-01	0.285081	0.0324	0.0812710	0.0513145
16	2.00E-01	0.316456	0.04	0.1001442	0.0632911
平均值	0.0846875	0.1380593			
和			0.170525	0.4383544	0.2733159

$$\sigma_x = \sqrt{\frac{\sum_{i=1}^{n} x_i^2}{n} - x_{ave}^2} = \sqrt{\frac{0.170525}{16} - 0.0846875^2} = 0.059041$$

$$\sigma_y = \sqrt{\frac{\sum_{i=1}^{n} y_i^2}{n} - y_{ave}^2} = \sqrt{\frac{0.4383544}{16} - 0.1380593^2} = 0.09130597$$

$$Cov(x,y) = \frac{\sum\limits_{i=1}^{n} x_i y_i}{n} - x_{ave} y_{ave} = \frac{0.2733159}{16} - 0.0846875 \times 0.1380593 = 0.005390347$$

$$R = \frac{Cov(x,y)}{\sigma_x \sigma_y} = \frac{\sum\limits_{i=1}^{n} x_i y_i - n x_{ave} y_{ave}}{\sqrt{\sum\limits_{i=1}^{n} x_i^2 - n x_{ave}^2} \sqrt{\sum\limits_{i=1}^{n} y_i^2 - n y_{ave}^2}} = \frac{0.005390347}{0.059041 \times 0.09130597} = 0.9999168$$

$$S = \frac{\sum\limits_{i=1}^{n} x_i y_i - n x_{ave} y_{ave}}{\sum\limits_{i=1}^{n} x_i^2 - n x_{ave}^2} = \frac{0.2733159 - 16 \times 0.0846875 \times 0.1380593}{0.170525 - 16 \times 0.0846875^2}$$

$$= 1.546355 (\text{g} \cdot \text{mL}^{-1} \text{STP})$$

$$I = y_{ave} - x_{ave} S = 0.1380593 - 0.0846875 \times 1.546355 = 0.007102361 (\text{g} \cdot \text{mL}^{-1} \text{STP})$$

$$V_m = \frac{1}{S+I} = \frac{1}{1.546355 + 0.007102361} = 0.6437253 (\text{mL} \cdot \text{g}^{-1} \text{STP})$$

$$C = \frac{S}{I} + 1 = \frac{1.546355}{0.007102361} + 1 = 218.7241$$

⑤ 计算最大吸附量 V_m 对应相对压力 P_{rm}。将 BET 方程中的 P_r 用变量 x 替换，$1/V_m C$ 用 I 替换，$(C-1)/V_m C$ 用 S 替换，V_a 用求得的最大吸附量 V_m 替换，得式(3-40)，整理后为式(3-41)。

$$\frac{x}{V_m(1-x)} = I + Sx \qquad\qquad 式(3-40)$$

$$Sx^2 + \left(\frac{1}{V_m} - S + I\right)x - I = 0 \qquad\qquad 式(3-41)$$

令 $a=S$，$b=1/V_m - S + I$，$c=-I$，则式(3-41)转化为一元二次方程。

$$ax^2 + bx + c = 0 \qquad\qquad 式(3-42)$$

其解分别为 x_1 和 x_2，相对压力不能为负值，只有正根 x_1 满足要求。

$$x_1 = \frac{-b + \sqrt{b^2 - 4ac}}{2a} \qquad\qquad 式(3-43)$$

$$x_2 = \frac{-b - \sqrt{b^2 - 4ac}}{2a} \qquad\qquad 式(3-44)$$

将第④步计算的结果代入式(3-43)。

$a = 1.546355$

$b = \dfrac{1}{0.6437253} - 1.546355 + 0.007102361 = 0.01420502$

$$c = -0.007102361$$

$$x_1 = \frac{-b + \sqrt{b^2 - 4ac}}{2a} = \frac{-0.01420502 + \sqrt{0.01420502^2 - 4 \times 1.546355 \times (-0.007102361)}}{2 \times 1.546355}$$

$$= 0.063333847$$

则对应 $V_m = 0.6437253(\mathrm{mL \cdot g^{-1}})$ 时的相对压力 $P_{rm} = 0.063333847$。

⑥ 核对常数 C、V_m 和线性相关系数 R

$C = 218.7241 > 0$，满足物理定义要求；

$V_m = 0.6437253(\mathrm{mL \cdot g^{-1}})$，$V_{a\min} = 0.42 < V_m < V_{a\max} = 0.79$；

$P_{rm} = 0.063333847$，$P_{a\min} = 0.005 < P_{rm} < P_{a\max} = 2.00\mathrm{E}\text{-}01$，在指定的范围内；

$R = 0.9999168$，数据的线性度非常好。

⑦ 重新计算最小相对压力。该步骤的目的是通过减少第③步中所选数据段（该例中是第 1 至第 16 个点对应数据）的个数来提高线性度。若第④步计算所选数据段对应的线性度（该例中 $R = 0.9999168$）足够好，且满足 Rouquerol 准则，则⑦⑧两个步骤是非必要的，直接根据第⑤步计算得到的 V_m 和第⑨步计算比表面积即可。计算数据中最大相对压力点为第 16 个点，即 $P_{r\max} = 0.2$，取其 1/11 作为最小下限（设定的比例并不固定，也可以取 1/10，只要保证最后计算结果符合准则即可），即 $P_{r\min} = P_{r\max} \times 1 \div 11 = 0.2 \times 1 \div 11 = 0.0182$，重新界定数据范围，选取第 3 至第 16 个点作为计算数据点，此时吸附量的最小值和最大值为 $V_{a\min} = 0.54$ 和最大值 $V_{a\max} = 0.79$，对应相对压力的最小值为 $P_{a\min} = 0.02$ 和最大值 $P_{a\max} = 2.00 \times 10^{-1}$，重复步骤③、④、⑤的计算过程。

$$S = 1.537082(\mathrm{g \cdot mL^{-1} STP})$$

$$I = 0.0083036(\mathrm{g \cdot mL^{-1} STP})$$

$$R = 0.9999662$$

$$V_m = 0.6470876(\mathrm{mL \cdot g^{-1}})$$

$$C = 186.1105$$

则对应 $V_m = 0.6470876(\mathrm{mL \cdot g^{-1}})$ 时的相对压力 $P_r = 0.0682956$。

⑧ 核对常数 C、最大单层吸附量 V_m 和线性相关系数 R

$C = 186.1105 > 0$，满足物理定义要求；

$V_m = 0.6470876(\mathrm{mL \cdot g^{-1}})$，$V_{a\min} = 0.54 < V_m < V_{a\max} = 0.79$；

$P_{rm} = 0.063333847$，$P_{a\min} = 0.02 < P_{rm} < P_{a\max} = 2.00\mathrm{E}\text{-}01$，在指定的范围内；

$R = 0.9999662 > 0.9975$，数据的线性度非常好。

⑨ 根据 V_m 计算比表面积

$$SA_{BET} = \frac{0.6470876(\mathrm{mL \cdot g^{-1} STP})}{22414(\mathrm{mL \cdot mol^{-1} STP})} \times 6.02 \times 10^{23}(\mathrm{mol^{-1}}) \times 16.2(\mathrm{\mathring{A}^2}) \times 10^{-20}(\mathrm{m^2 \cdot \mathring{A}^{-2}}) = 2.815498(\mathrm{m^2 \cdot g^{-1}})$$

运行结果图如图 3-7 所示。

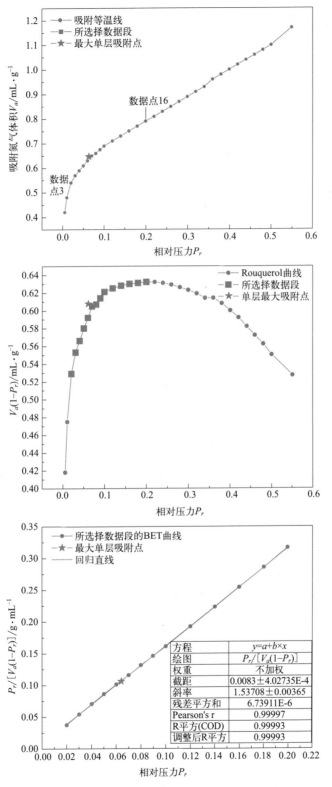

图 3-7　B点法计算结果示意图

3.4 多点 BET

多点 BET 是由分析人员选定起始点和终止点，一般情况下，不同吸附剂吸附氮气产生的Ⅱ类曲线，其 BET 曲线在相对压力 0.05～0.35 范围内线性度较好，同时，多点 BET 起始点的选择要遵循较低相对压力线性范围、常数 C 不为负值和优良的线性度三点要求，下面是详细计算步骤。

（1）选择数据点 采用 B 点法使用的无孔氧化铝吸附氮气数据，选择第 11 至第 20 个数据点，相对压力为 0.05～0.18，介于 0.05～0.35 之间。

（2）计算选定点的 BET 曲线数据 提取第 11 至第 20 个点对应数据，相对压力 P_r 保持不变，计算 $P_r/[V_a(1-P_r)]$ 的值，形成表 3-7。

▣ 表 3-7 无孔氧化铝吸附氮气多点 BET 曲线数据计算表

序号	相对压力 P_r	$P_r/[V_a(1-P_r)]$ /(g·mL⁻¹STP)	序号	相对压力 P_r	$P_r/[V_a(1-P_r)]$ /(g·mL⁻¹STP)
11	5.00E-02	0.086281	16	1.00E-01	0.161031
12	6.00E-02	0.101317	17	1.20E-01	0.192061
13	7.00E-02	0.115798	18	1.40E-01	0.223001
14	8.00E-02	0.131752	19	1.60E-01	0.253968
15	9.00E-02	0.146520	20	1.80E-01	0.285081

（3）计算斜率、截距、最大吸附量、常数与相关系数 以表 3-7 中的第 2 列 P_r 为 X，第 3 列 $P_r/[V_a(1-P_r)]$ 为 Y，对 X 与 Y 进行一元线性回归。表 3-8 给出了回归过程中间计算结果。

▣ 表 3-8 无孔氧化铝吸附氮气数据一元线性回归计算数据列表

序号	X	Y	X^2	Y^2	$X \times Y$
11	0.05	0.0862813	0.0025	0.0074445	0.0043141
12	0.06	0.1013171	0.0036	0.0102652	0.0060790
13	0.07	0.1157982	0.0049	0.0134092	0.0081059
14	0.08	0.1317523	0.0064	0.0173587	0.0105402
15	0.09	0.1465201	0.0081	0.0214682	0.0131868
16	0.1	0.1610306	0.01	0.0259309	0.0161031
17	0.12	0.1920615	0.0144	0.0368876	0.0230474
18	0.14	0.223001	0.0196	0.0497294	0.0312201
19	0.16	0.2539683	0.0256	0.0644999	0.0406349
20	0.18	0.2850808	0.0324	0.0812710	0.0513145
平均值	0.105	0.1696811			
和			0.1275	0.3282645	0.2045460

$$\sigma_x = \sqrt{\frac{\sum\limits_{i=1}^{n} x_i^2}{n} - x_{ave}^2} = \sqrt{\frac{0.1275}{10} - 0.105^2} = 0.0415331$$

$$\sigma_y = \sqrt{\frac{\sum\limits_{i=1}^{n} y_i^2}{n} - y_{ave}^2} = \sqrt{\frac{0.3282645}{10} - 0.1696811^2} = 0.0635198$$

$$Cov(x,y) = \frac{\sum\limits_{i=1}^{n} x_i y_i}{n} - x_{ave} y_{ave} = \frac{0.204546}{10} - 0.105 \times 0.1696811 = 0.0026381$$

$$R = \frac{Cov(x,y)}{\sigma_x \sigma_y} = \frac{\sum\limits_{i=1}^{n} x_i y_i - n x_{ave} y_{ave}}{\sqrt{\sum\limits_{i=1}^{n} x_i^2 - n x_{ave}^2} \sqrt{\sum\limits_{i=1}^{n} y_i^2 - n y_{ave}^2}} = \frac{0.0026381}{0.0415331 \times 0.0635198} = 0.9999644$$

$$S = \frac{\sum\limits_{i=1}^{n} x_i y_i - n x_{ave} y_{ave}}{\sum\limits_{i=1}^{n} x_i^2 - n x_{ave}^2} = \frac{0.204546 - 10 \times 0.105 \times 0.1696811}{0.1275 - 10 \times 0.105^2} = 1.529323 \ (\text{g} \cdot \text{mL}^{-1} \text{STP})$$

$$I = y_{ave} - x_{ave} S = 0.1696811 - 0.105 \times 1.529323 = 0.0091022 (\text{g} \cdot \text{mL}^{-1} \text{STP})$$

$$V_m = \frac{1}{S+I} = \frac{1}{1.529323 + 0.0091022} = 0.6500152 (\text{mL} \cdot \text{g}^{-1} \text{STP})$$

$$C = \frac{S}{I} + 1 = \frac{1.529323}{0.0091022} + 1 = 169.01767$$

（4）核对常数 C、最大单层吸附量 V_m 和线性相关系数 R

$C = 169.01767 > 0$，满足物理定义要求；

对应 $V_m = 0.6500152 \text{mL} \cdot \text{g}^{-1}$ 时的相对压力 $P_r = 0.0714251$，相对压力介于 $0.05 \sim$ 0.18 之间；

$R = 0.9999644$，数据的线性度非常好。

（5）根据 V_m 计算比表面积

$$SA_{BET} = \frac{0.6500152 (\text{mL} \cdot \text{g}^{-1} \text{STP})}{22414 (\text{mL} \cdot \text{mol}^{-1} \text{STP})} \times 6.02 \times 10^{23} (\text{mol}^{-1}) \times 16.2 (\text{Å}^2) \times 10^{-20} (\text{m}^2 \cdot \text{Å}^{-2}) = 2.82824 \text{m}^2 \cdot \text{g}^{-1}$$

图 3-8 为多点 BET 法计算结果示意图，图 3-8 中左侧部分为吸附等温线，标注"■"的数据对应第 11 个点到第 20 个点之间的数据，取该部分数据进行多点 BET 线性似合，得到图 3-8 中右侧拟合直线，标注"●"的数据与左侧的"■"数据一一对应，从图中计算结果可知线性相关系数 R 达到 0.99996，即 99.996%，完全线性相关。

为了便于读者更好地理解单点 BET 方法、B 点 BET 方法以及多点 BET 方法，给出三种方法计算比表面积的工艺流程图，如图 3-9 所示。

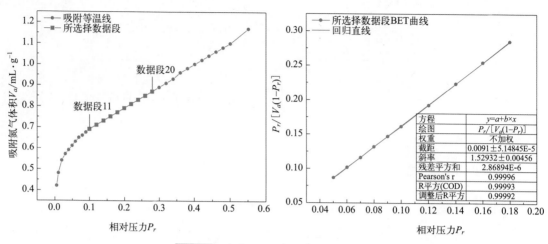

图 3-8 多点 BET 法计算结果示意图

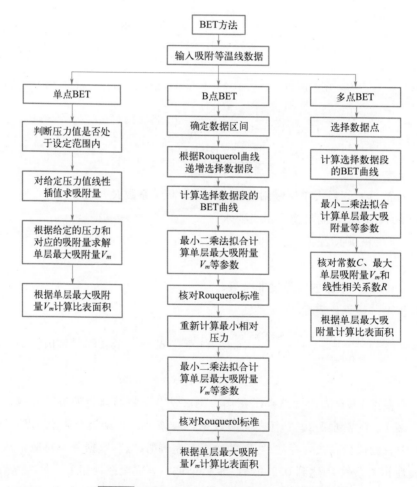

图 3-9 BET 方法计算比表面积工艺流程图

3.5　C 程序源代码

```c
#include <windows.h>
#include <stdio.h>
#include <stddef.h>
#include <stdlib.h>
#include <tchar.h>
#include <math.h>
#include <malloc.h>
#include <time.h>
#include <memory.h>


//数组起始地址
#define    ARRAY_BASE   0


//计算用常数
#define    AVOGADRO_NUMBER   6.023E23        //阿伏加德罗常数,6.023×10^23
#define    CROSS_SECTION_N2  16.2            //氮原子的横截面积,16.2A^2
#define    MOLAR_VOLUME_GAS  22.414          //标况下的气体摩尔体积,22.414L/mol


//BET 计算过程出错信息
static struct  tagBETError
{
  int  iErrCode;                            //错误号
  TCHAR  * szErrDescription;                //错误描述
}
BETErrors[]=
{
//iErrCode  szErrDesciption
    0,         TEXT("成功!"),
    -1,        TEXT("数据点要大于等于 2!"),
    -2,        TEXT("打开文件失败!"),
    -3,        TEXT("内存分配失败!"),
    -4,        TEXT("数组下限要低于数组上限!"),
    -5,        TEXT("设定值不在单点 BET 指定范围!"),
    -6,        TEXT("设定界限不在多点 BET 指定范围!"),
    -7,        TEXT("BET 结构体没有初始化!"),
};
```

```
//回归分析参数结构体
typedef   struct   tagLinearParameter{
    double   dCorrelationCoe;//回归直线的线性相关系数(Correlation coefficient)
    double   dSlope;//回归直线的斜率(Slope of regression line)
    double   dIntercept;//回归直线的截距(Intercept of regression line)
}LINEAR_PARAMETER;

//BET 结果
typedef   struct tagBETResult{
    double   dSV;                    //设定值,Set Value
    double   dSBETLow;               //单点 BET 下限
    double   dSBETHigh;              //单点 BET 上限
    double   dMBETLowSV;             //多点 BET 下限设定值
    double   dMBETHighSV;            //多点 BET 上限设定值
    double   dMBETLowLimit;          //多点 BET 下限
    double   dMBETHighLimit;         //多点 BET 上限
    double   dBBETLowSV;             //B 点 BET 下限设定值
    double   dBBETHighSV;            //B 点 BET 上限设定值
    double   dSlope;                 //斜率
    double   dIntercept;             //截距
    double   dCorrel;                //相关系数
    double   dCorrelLimit;           //设定相关系数最大值
    double   dVolMax;                //单层最大吸附量,mL/g
    double   dC;                     //BET 常数 C
}BET_RESULT;


int   DVector(double ** ppdV,int   iL,int   iH);
int   FreeDVector(double ** ppdV,int   iL,int   iH);
int   BETFunction(double * pdX,double * pdY,int n,int   Flag,BET_RESULT * pbetr);
int   SingleBET(double * pdX,double * pdY,int n,BET_RESULT * pbetr);
int   MultipleBET(double * pdX,double * pdY,int n,BET_RESULT * pbetr);
int   BBET(double * pdX,double * pdY,int n,BET_RESULT * pbetr);
int   GetXY(const char * pstrFileName,double ** ppdXHead,double ** ppdYHead,int
* pnDataCount);
int   LeastSquareForLinear(double * pdXHead,   double * pdYHead,int nDataCount,
LINEAR_PARAMETER * plpData);


int   main(int   argc,char * argv[])
{
```

```
clock_t  StartTime=0;           //开始时间
clock_t  EndTime=0;             //结束时间
double   dDiffTime=0.0;         //时间差
int  iReturnValue;              //返回值
int  nDataCount=0;              //要处理的数据的行数
double  *pdXHead=NULL;          //X列数据首指针,相当于X轴
double  *pdYHead=NULL;          //Y列数据首指针,相当于Y轴


//相对压力,单位(无量纲)
double  X[]={0.005,0.01,0.02,0.03,0.04,0.05,0.06,0.07,0.08,0.09,
    0.1,  0.12,0.14,0.16,0.18,0.2,0.22,0.24,0.26,0.28,
    0.3,  0.32,0.34,0.36,0.38,0.4,0.42,0.44,0.46,0.48,
    0.5,  0.55,0.6, 0.65,0.7,0.75,0.8,  0.85,0.9,0.95};
//吸附量数据,单位(mL/g)
double  Y[]={0.42,0.48,0.54,0.57,0.59,0.61,0.63,0.65,0.66,0.675,
    0.69,0.71,0.73,0.75,0.77,0.79,0.81,0.83,0.85,0.87,
    0.89,0.91,0.93,0.96,0.98,1,  1.02,1.04,1.06,1.08,
    1.1,1.17,  1.24,1.33,1.43,1.54,1.72,1.95,2.4,3.7};
//BET结果初始化
BET_RESULT  betr={0};
//单点BET初始值
betr.dSV=0.0921;

betr.dSBETLow=0.04;

betr.dSBETHigh=0.145;
//多点BET初始值
betr.dMBETLowSV=0.05;

betr.dMBETHighSV=0.18;

betr.dMBETLowLimit=0.05;

betr.dMBETHighLimit=0.35;

betr.dCorrelLimit  =0.9975;
//B点BET初始值
betr.dBBETLowSV=0.005;          //B点BET下限设定值
betr.dBBETHighSV=0.55;          //B点BET上限设定值
//开始时间
StartTime=clock();


//读入要拟合的数据
    iReturnValue = GetXY((const char *)"BET_data.txt", &pdXHead, &pdYHead,
&nDataCount);                   //返回读文件的结果
```

```
    //如果打开文件失败,使用程序内数据
    if(iReturnValue)
    {

        nDataCount=sizeof(X)/sizeof(X[ARRAY_BASE]);
        BETFunction(X,Y,nDataCount,1,&betr);                //单点 BET
        BETFunction(X,Y,nDataCount,2,&betr);                //B 点 BET
        BETFunction(X,Y,nDataCount,3,&betr);                //多点 BET
    }
    else
    {
        BETFunction(pdXHead,pdYHead,nDataCount,1,&betr);    //单点 BET
        BETFunction(pdXHead,pdYHead,nDataCount,2,&betr);    //B 点 BET
        BETFunction(pdXHead,pdYHead,nDataCount,3,&betr);    //多点 BET
    }
    //终止时间
    EndTime=clock();
    //计算消耗时间
    dDiffTime=(double)(EndTime-StartTime)/CLOCKS_PER_SEC; //运行时间差
    printf("\n 程序运行时间:%.3lf 秒\n\n",dDiffTime);
    system("pause");
    return  0;
}


//功能:分配 double 型内存
//iL  -->数组下限
//iH  -->数组上限
//pdV -->指向 double 型内存(数组)的指针
//返回值:错误码
int  DVector(double**ppdV,int  iL,int  iH)
{
    double  *pdVector;

    //数组下限大于数组上限,返回-4
    if(iL> iH)
    {
        return  BETErrors[4].iErrCode;
    }

    //分配内存,多分配 ARRAY_BASE*sizeof(double)个字节的内存
```

```
    pdVector=(double * )calloc((size_t)(iH-iL+1+ARRAY_BASE),sizeof(double));

    //内存分配失败,返回-3
    if(NULL==pdVector)
    {
        return  BETErrors[3].iErrCode;
    }

    //多 ARRAY_BASE * sizeof(double)个字节的内存
    ( * ppdV)=pdVector-iL+ARRAY_BASE;
    //成功,返回 0
    return  BETErrors[0].iErrCode;
}


//功能:释放(double * )内存区
int  FreeDVector(double ** ppdV,int  iL,int  iH)
{
    free((char * )(( * ppdV)+iL-ARRAY_BASE));
    ( * ppdV)=NULL;
    //成功,返回 0
    return  BETErrors[0].iErrCode;
}


//功能:采用最小二乘法对数据进行一元一次回归分析(线性回归)
//pdXHead      -->X 数据序列头指针
//pdYHead      -->Y 数据序列头指针
//nDataCount -->数据个数
//plpData      -->回归分析参数结构体指针
//返回值        -->错误码,非 0 表示有错误
int  LeastSquareForLinear(double * pdXHead,  double * pdYHead,int nDataCount,
LINEAR_PARAMETER * plpData)
{
    int  i;
    double  dSumOfX=0.0;                    //X 的加和
    double  dSumOfY=0.0;                    //Y 的加和
    double  dSumOfX2=0.0;                   //X 平方的加和
    double  dSumOfY2=0.0;                   //Y 平方的加和
    double  dSumOfXY=0.0;                   //X 与 Y 积的加和
    double  dSumOfYMYFit2=0.0;              //观测值 Y 与回归拟合 Y 之差的平方和
```

```
    double    dXAverage=0.0;                //X 的平均值
    double    dYAverage=0.0;                //Y 的平均值
    double    dSigmaX=0.0;                  //X 的标准差(或均方差)
    double    dSigmaY=0.0;                  //因变量 Y 的标准差
    double    dCovXY=0.0;                   //自变量 X 与因变量 Y 的协方差
    double    dCorrelationCoe=0.0;          //回归直线的线性相关系数
    double    dSlope=0.0;                   //回归直线的斜率
    double    dIntercept=0.0;               //回归直线的斜率


    if(nDataCount<2)
        return  BETErrors[1].iErrCode;    //数据个数不能小于 2,至少 2 个

    for(i=ARRAY_BASE;i<=ARRAY_BASE+nDataCount-1;i++)
    {
        dSumOfX+=*(pdXHead+i);
        dSumOfY+=*(pdYHead+i);
        dSumOfX2+=pow(*(pdXHead+i),2);
        dSumOfY2+=pow(*(pdYHead+i),2);
        dSumOfXY+=(*(pdXHead+i))*(*(pdYHead+i));
    }


    //计算自变量 X 的平均值(Average of X)
    dXAverage=dSumOfX/nDataCount;
    //计算因变量 Y 的平均值(Average of Y)
    dYAverage=dSumOfY/nDataCount;
    //自变量 X 的标准差(或均方差)(Standard deviation of X)
    dSigmaX=sqrt(dSumOfX2/nDataCount-pow(dXAverage,2));
    //因变量 Y 的标准差(或均方差)(Standard deviation of Y)
    dSigmaY=sqrt(dSumOfY2/nDataCount-pow(dYAverage,2));
    //自变量 X 与因变量 Y 的协方差(Covariance of X and Y)
    dCovXY=dSumOfXY/nDataCount-dXAverage*dYAverage;
    //回归直线的线性相关系数(Correlation coefficient)
    plpData->dCorrelationCoe=dCorrelationCoe=dCovXY/(dSigmaX*dSigmaY);
    //计算回归直线的斜率(Slope of regression line)
    plpData->dSlope=dSlope=(dSumOfXY-nDataCount*dXAverage*dYAverage)/
(dSumOfX2-nDataCount*pow(dXAverage,2));
    //计算回归直线的截距(Intercept of regression line)
    plpData->dIntercept=dIntercept=dYAverage-dXAverage*dSlope;
    //成功,返回 0
    return  BETErrors[0].iErrCode;
}
```

```
//功能:根据选择进行不同类型 BET 方法的计算
//pdX      -->相对压力
//pdY      -->吸附体积量
//n        -->数据个数
//Flag     -->BET 方法选择,1 为单点 BET,2 为 B 点 BET,3 为多点 BET
//pbetr    -->BET 计算结果
//返回值:错误码
int  BETFunction(double * pdX,double * pdY,int n,int  Flag,BET_RESULT * pbetr)
{
    int  i;
    //检测数据个数
    if(n<2)
    {
        return  BETErrors[1].iErrCode;
    }
    //BET 结果结构体为空,表示没有初始化
    if(NULL==pbetr)
    {
        return  BETErrors[7].iErrCode;
    }
    //保证程序的健壮性,对输入数的绝对值取模运算
    i=abs(Flag)%3;
    //单点 BET
    if(1==i)
    {
        printf("-------------------------------------------------\n");
        printf("单点 BET:%d\n-------------------------------------------------\n",Flag);
        SingleBET(pdX,pdY,n,pbetr);
    }
    //B 点 BET
    if(2==i)
    {
        printf("-------------------------------------------------\n");
        printf("B 点 BET:%d\n-------------------------------------------------\n",Flag);
        BBET(pdX,pdY,n,pbetr);
    }
    //多点 BET,取模得 0 表示 3 的倍数
    if(0==i)
    {
```

```
        printf("--------------------------------------------------\n");
        printf("多点 BET:%d\n--------------------------------------------------\n",Flag);
        MultipleBET(pdX,pdY,n,pbetr);
    }


    //成功,返回 0
    return  BETErrors[0].iErrCode;
}


//功能:单点 BET 方法
//pdX     -->相对压力
//pdY     -->吸附体积量
//n       -->数据个数
//pbetr  -->BET 计算结果
//返回值:错误码
int  SingleBET(double * pdX,double * pdY,int n,BET_RESULT * pbetr)
{
    int  pos;              //与设定相对压力大的最近点位置
    int  left;             //左边界点
    int  right;            //右边界点
    double  dTemp;         //临时变量
    double  a,b,c;         //方程 ax^2+bx+c 中的系数 a、b、c
    double  slope,intercept;
    //设定值不在指定范围
    if(pbetr->dSV>pbetr->dSBETHigh‖pbetr->dSV<pbetr->dSBETLow)
    {
        return  BETErrors[5].iErrCode;
    }
    //查找设定值的位置
    pos=ARRAY_BASE;
    while(pbetr->dSV>pdX[pos] && pos<ARRAY_BASE+n)
    {
        printf("i=%d\tPr=%lf\tVa=%lf\n",pos,pdX[pos],pdY[pos]);
        pos++;
    }
    //对查找结果进行判断,左边界
    if(ARRAY_BASE==pos)
    {
        left=ARRAY_BASE;
```

```
        right＝ARRAY_BASE＋1;
    }
    //右边界
    else if(ARRAY_BASE＋n＝＝pos)
    {
        left＝ARRAY_BASE＋n-2;
        right＝ARRAY_BASE＋n-1;
    }
    //中间
    else
    {
        left＝pos-1;
        right＝pos；
    }
    dTemp＝(pdY[right]-pdY[left])/(pdX[right]-pdX[left]);//比例因子
    dTemp＝pdY[left]＋dTemp＊(pbetr->dSV-pdX[left]);//相对压力对应的吸附量
    pbetr->dVolMax＝(1.0-pbetr->dSV)＊dTemp;//最大单层吸附量,此处 dTemp＝Va
    printf("左边界点:X[%d]＝%.4lf\t Y[%d]＝%.4lf\n",left,pdX[left],left,pdY
[left]);
    printf("右边界点:X[%d]＝%.4lf\t Y[%d]＝%.4lf\n",right,pdX[right],right,
pdY[right]);
    printf("相对压力:Pr＝%lf\t 对应体积:Va＝%lf\n",pbetr->dSV,dTemp);
    slope＝1/pbetr->dVolMax;
    intercept＝0.0;
    a＝slope;//a＝slope
    b＝1/pbetr->dVolMax-slope＋intercept;//b＝1/Vm-S＋I
    c＝-intercept;//c＝-I
    dTemp＝(-b＋sqrt(b＊b-4＊a＊c))/(2＊a)//解析求大于 0 的解
    printf("单层最大体积:Vm＝%lf\t 对应压力:%lf\n",pbetr->dVolMax,dTemp);
    printf("单点 BET 比表面积:S＝%lf\n",pbetr->dVolMax/MOLAR_VOLUME_GAS/1000 ＊
AVOGADRO_NUMBER＊CROSS_SECTION_N2＊1.0E-20);
    return  BETErrors[0].iErrCode;//成功,返回 0
}


//功能:B 点 BET 方法
//pdX      -->相对压力
//pdY      -->吸附体积量
//n        -->数据个数
//pbetr  -->BET 计算结果
```

```
//返回值:错误码
int  BBET(double * pdX,double * pdY,int n,BET_RESULT * pbetr)
{
    int  i;                        //循环变量
    int  start;                    //起始数据点位置
    int  end;                      //终止数据点位置
    int  first;                    //第一个点位置
    int  last;                     //最后一个点位置
    int  iPrMax;                   //对应 Va * (1-Pr)最大值时的相对压力位置
    int  iPrMin;                   //iPrMin=iPrMax * 1/11
    double  * Pr=NULL;             //相对压力
    double  * PrV=NULL;            //体积的倒数 Pr/[Va(1-Pr)]
    TCHAR  cChar;                  //临时字符变量
    double  dTempMax,dTemp;        //临时变量
    double  a,b,c;                 //方程 ax^2+bx+c 中的系数 a、b、c
    double  slope,intercept;
    LINEAR_PARAMETER  lp={0};      //线性回归结构体初始化


    //一、根据上下限选定位置点
    start=ARRAY_BASE+n;            //下限初值
    end=ARRAY_BASE-1;             //上限初值
    first=ARRAY_BASE;             //起始点位置
    last=ARRAY_BASE+n-1;          //最后点位置
    for(i=ARRAY_BASE;i<ARRAY_BASE+n;i++)
    {
        pbetr->dBBETLowSV<=pdX[first+last-i]? start=first+last-i:start;
        pbetr->dBBETHighSV>=pdX[i]? end=i:end;
    }
    //保证数据个数>=2
    if(end-start+1<2)
    {
        return  BETErrors[1].iErrCode;
    }
    printf("设定下限 =%lf \t 设定上限 =%lf \n",pbetr-> dBBETLowSV,pbetr-> dB-
BETHighSV);
    printf("start[%d]=%lf\tstart[%d]=%lf\n",start,  pdX[start],start,pdY
[start]);
    printf("end[%d]=%lf\tend[%d]=%lf\n",end,  pdX[end],end,pdY[end]);
```

```
//二、计算 Va * (1-Pr)的最大值
dTempMax=pdY[start] * (1.0-pdX[start]);//Va * (1-Pr)
iPrMax=start;
for(i=start+1;i<=end;i++)
{
    dTemp=pdY[i] * (1.0-pdX[i]);//Va * (1-Pr)
    //printf("i=%d,X[%d]=%lf,Y[%d]=%lf,Va * (1-Pr)=%lf\n",i,i,pdX[i],
i,pdY[i],dTemp);
    if(dTemp>dTempMax)
    {
        iPrMax=i;
        dTempMax=dTemp;
    }
}
printf("Va * (1-Pr)at %d Max\t X[%d]=%lf,Y[%d]=%lf,Va * (1-Pr)=%lf\n",
iPrMax,iPrMax,pdX[iPrMax],iPrMax,pdY[iPrMax],dTempMax);


//三、计算 Va * (1-Pr)最大时对应相对压力的 1/11,重新计算下限值
dTemp=pdX[iPrMax] * 1.0/11.0;
iPrMin=end+1;
first=start;                    //起始点位置
last=iPrMax;                    //最后点位置
for(i=first;i<=last;i++)
{
    dTemp<=pdX[first+last-i] ? iPrMin=first+last-i:iPrMin;
}
printf("i=%d,X[%d]=%lf,Y[%d]=%lf\n",iPrMin,iPrMin,pdX[iPrMin],
iPrMin,pdY[iPrMin]);
//四、根据选定范围线性回归计算斜率、截距、常数
DVector(&Pr,ARRAY_BASE,ARRAY_BASE+iPrMax-iPrMin);//分配内存,用于线性回归系
数计算
DVector(&PrV,ARRAY_BASE,ARRAY_BASE+iPrMax-iPrMin);
for(i=iPrMin;i<=iPrMax;i++)
{
    Pr[ARRAY_BASE+i-iPrMin]=pdX[i];
    PrV[ARRAY_BASE+i-iPrMin]=pdX[i]/(pdY[i] * (1-pdX[i]));
    printf("i=%d,Pr=%lf\t Pr/[Va * (1-Pr)]=%lf\n",i,Pr[ARRAY_BASE+i-
iPrMin],PrV[ARRAY_BASE+i-iPrMin]);
}
```

```
        LeastSquareForLinear(Pr,PrV,iPrMax-iPrMin+1,&lp);
        pbetr->dSlope=lp.dSlope;
        pbetr->dIntercept=lp.dIntercept;
        pbetr->dCorrel=lp.dCorrelationCoe;
        pbetr->dVolMax=1/(lp.dSlope+lp.dIntercept);
        pbetr->dC=lp.dSlope/lp.dIntercept+1;
        //输出斜率、截距和相关系数
        cChar=TEXT('<');
        (pbetr->dCorrel)>(pbetr->dCorrelLimit)? cChar=TEXT('>'):cChar;
         printf( " slope =% lf \ tintercept =% lf \ tR =% lf% c% lf \ n", lp.dSlope,
lp.dIntercept,lp.dCorrelationCoe,cChar,pbetr->dCorrelLimit);
        //输出体积、常数
        cChar=TEXT('<');
        (pbetr->dC)>0.0 ? cChar=TEXT('>'):cChar;
        slope=lp.dSlope;
        intercept=lp.dIntercept;
        a=slope;//a=slope
        b=1/pbetr->dVolMax-slope+intercept;//b=1/Vm-S+I
        c=-intercept;//c=-I
        dTemp=(-b+sqrt(b*b-4*a*c))/(2*a);//解析求大于 0 的解
        //printf("Volume =% lf\tC =%lf%c%lf \n",pbetr->dVolMax,pbetr->dC,cChar,
0.00);
        printf("单层最大体积:Vm=%lf\t 对应压力:%lf\tC =%lf%c%lf\n",pbetr->dVol-
Max,dTemp,pbetr->dC,cChar,0.00);
        printf("B 点 BET 比表面积:S=%lf\n",pbetr->dVolMax/MOLAR_VOLUME_GAS/1000 *
AVOGADRO_NUMBER * CROSS_SECTION_N2 * 1.0E-20);


        //释放内存和堆栈,放在最后释放
        if(Pr!=NULL)
        {
            FreeDVector(&Pr,ARRAY_BASE,ARRAY_BASE+end-start);
        }
        if(PrV!=NULL)
        {
            FreeDVector(&PrV,ARRAY_BASE,ARRAY_BASE+end-start);
        }
        return  BETErrors[0].iErrCode; //成功,返回 0
    }


    //功能:多点 BET 方法
```

```
//pdX      -->相对压力
//pdY      -->吸附体积量
//n        -->数据个数
//pbetr  -->BET 计算结果
//返回值:错误码
int  MultipleBET(double * pdX,double * pdY,int n,BET_RESULT * pbetr)
{
    int  i;                        //循环变量
    int  start;                    //起始数据点位置
    int  end;                      //终止数据点位置
    int  first;                    //第一个点位置
    int  last;                     //最后一个点位置
    double  dTemp;                 //临时变量
    double  a,b,c;                 //方程 ax^2+bx+c 中的系数 a、b、c
    double  slope,intercept;
    TCHAR  cChar;                  //临时字符变量
    LINEAR_PARAMETER  lp={0};      //线性回归结构体初始化
    double  * Pr=NULL;             //相对压力
    double  * PrV=NULL;            //体积的倒数 Pr/[Va(1-Pr)]


    //判断多点 BET 的设定值范围是否正确
    if(pbetr->dMBETHighSV<pbetr->dMBETLowSV)
    {
        dTemp=pbetr->dMBETHighSV;
        pbetr->dMBETHighSV=pbetr->dMBETLowSV;
        pbetr->dMBETLowSV=dTemp;
    }
    printf("MBET 下限:%lf\tMBET 上限:%lf\n",pbetr->dMBETLowSV,pbetr->dMBETH-
ighSV);
    //设定值不在指定范围
    if(pbetr->dMBETLowSV<pbetr->dMBETLowLimit‖pbetr->dMBETHighSV>pbetr->dM-
BETHighLimit)
    {
        return  BETErrors[6].iErrCode;
    }


    //查找指定范围内的数据,保证个数>=2
    start=ARRAY_BASE+n;            //下限初值
    end=ARRAY_BASE-1;             //上限初值
```

```
    first=ARRAY_BASE;                //起始点位置
    last=ARRAY_BASE+n-1;             //最后点位置
    for(i=ARRAY_BASE;i<ARRAY_BASE+n;i++)
    {
        pbetr->dMBETLowSV<=pdX[first+last-i] ? start=first+last-i:start;
        pbetr->dMBETHighSV>=pdX[i] ? end=i:end;
    }
    //找到的点数不满足多点 BET 计算要求
    if(end-start+1<2)
    {
        return  BETErrors[1].iErrCode;
    }
    printf("start[%d]=%lf\tstart[%d]=%lf\n",start,pdX[start],start,pdY
[start]);
    printf("end[%d]=%lf\tend[%d]=%lf\n",end,pdX[end],end,pdY[end]);
    DVector(&Pr,ARRAY_BASE,ARRAY_BASE+end-start);//分配内存,用于线性回归系数
计算
    DVector(&PrV,ARRAY_BASE,ARRAY_BASE+end-start);
    for(i=start;i<=end;i++)
    {
        Pr[ARRAY_BASE+i-start]=pdX[i];
        PrV[ARRAY_BASE+i-start]=pdX[i]/(pdY[i] * (1-pdX[i]));
        printf("Pr=%lf\tVolume=%lf\n",pdX[i],pdY[i]);
    }
    //对选出的数据进行线性回归
    LeastSquareForLinear(Pr,PrV,end-start+1,&lp);
    pbetr->dSlope=lp.dSlope;
    pbetr->dIntercept=lp.dIntercept;
    pbetr->dCorrel=lp.dCorrelationCoe;
    pbetr->dVolMax=1/(lp.dSlope+lp.dIntercept);
    pbetr->dC=lp.dSlope/lp.dIntercept+1;
    //输出斜率、截距和相关系数
    cChar=TEXT('<');
    (pbetr->dCorrel)>(pbetr->dCorrelLimit)? cChar=TEXT('>'):cChar;
    printf ( "slope =% lf \ tintercept =% lf \ tR =% lf% c% lf \ n", lp. dSlope,
lp. dIntercept,lp. dCorrelationCoe,cChar,pbetr->dCorrelLimit);
    //输出体积、常数
    cChar=TEXT('<');
    (pbetr->dC)>0. 0 ? cChar=TEXT('>'):cChar;
```

```c
        slope=lp.dSlope;
        intercept=lp.dIntercept;
        a=slope;//a=slope
        b=1/pbetr->dVolMax-slope+intercept;//b=1/Vm-S+I
        c=-intercept;//c=-I
        dTemp=(-b+sqrt(b*b-4*a*c))/(2*a);//解析求大于 0 的解
        printf("单层最大体积:Vm=%lf\t 对应压力:%lf\tC=%lf%c%lf\n",pbetr->dVol-
Max,dTemp,pbetr->dC,cChar,0.00);
        printf("多点 BET 比表面积:S=%lf\n",pbetr->dVolMax/MOLAR_VOLUME_GAS/1000*
AVOGADRO_NUMBER*CROSS_SECTION_N2*1.0E-20);
        //释放内存和堆栈,放在最后释放
        if(Pr!=NULL)
        {
            FreeDVector(&Pr,ARRAY_BASE,ARRAY_BASE+end-start);
        }
        if(PrV!=NULL)
        {
            FreeDVector(&PrV,ARRAY_BASE,ARRAY_BASE+end-start);
        }
        return   BETErrors[0].iErrCode;//成功,返回 0
    }


//功能:从文件读取数据到内存区
//pstrFileName --> 数据文件名指针
//ppdXHead       --> 自变量 X 序列首地址的地址指针
//ppdYHead       --> 自变量 Y 序列首地址的地址指针
//pnDataCount  --> 有效实数对变量的个数指针
//返回值           --> 错误码
    int  GetXY(const char*pstrFileName,double**ppdXHead,double**ppdYHead,int
*pnDataCount)
    {
        int  iRetValue;              //返回值
        int  iTempCount;             //文件中数据的行数
        double  dTempX=0.0;          //临时存储每一行的 X 值
        double  dTempY=0.0;          //临时存储每一行的 Y 值
        FILE  *pFile=NULL;           //文件指针
        iRetValue=fopen_s(&pFile,pstrFileName,"r");
        //打开文件失败,返回失败值
        if(iRetValue)
        {
```

```
        return  BETErrors[2].iErrCode;
}
//从文件中读取数据,计算数据行数 iTempCount,用于动态分配内存
for(iTempCount=0;!feof(pFile);iTempCount++)
{
        //如果读回的数据个数不是 2,则退出循环,说明结束
        //正常返回的值放在 dTempX 与 dTempY 内存中
        if(2!=fscanf_s(pFile,(const char * )"%lf %lf",&dTempX,&dTempY))
        {
                break;
        }
}
* pnDataCount=iTempCount;//将文件中数据行数赋值给外部变量
//分配内存给 X 自变量序列
( * ppdXHead)=(double * )calloc(iTempCount,sizeof(double));
if(NULL==( * ppdXHead))
{
        return  BETErrors[3].iErrCode;
}


//分配内存给 Y 因变量序列
( * ppdYHead)=(double * )calloc(iTempCount,sizeof(double));
if(NULL==( * ppdYHead))
{
        return  BETErrors[3].iErrCode;
}


//定位文件指针到文件头
fseek(pFile,0L,SEEK_SET);
//从文件中读取数据
for(iTempCount=0;!feof(pFile);iTempCount++)
{
        //如果读回的数据个数不是 2,则退出循环,说明结束;正常返回的值放在 X 与 Y 内存中
        if(2!= fscanf_s(pFile,(const char * )"%lg %lg",( * ppdXHead)+iTemp-
Count,( * ppdYHead)+iTempCount))
        {
                break;
        }
}
```

```
    fclose(pFile);

    //成功,返回 0
    return  BETErrors[0].iErrCode;
}
```

单点 BET、B 点 BET、多点 BET 程序运行结果图分别如图 3-10～图 3-12 所示。

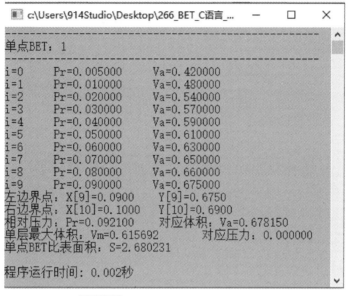

图 3-10 单点 BET 程序运行结果图

图 3-11 B 点 BET 程序运行结果图

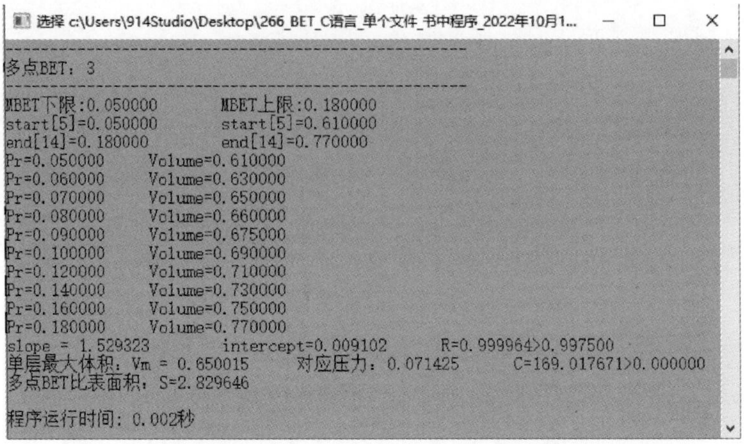

图 3-12　多点 BET 程序运行结果图

1940 年，Temkin 和 Pyzhev 假设多层吸附系统吸附层中分子的吸附热是表面覆盖度 θ 的线性函数，推导出 Temkin 方程。1993 年，Yang 推导出 Temkin 方程的统计力学表达式，将其代入 Clausius-Clapeyron 方程，证实微分吸附热随覆盖度的增加而线性减小。Temkin 方程在推导中忽略了吸附剂吸附体积值（对于化学吸附是吸附浓度值）极高和极低的部分，因此，Temkin 方程适用于计算吸附平衡数据的中段部分。目前，Temkin 方程主要用于对吸附平衡数据拟合建模，研究对应的吸附机理和评估吸附剂的性能。

4.1　分子运动速率

分子运动速率

⊡　表 4-1　Temkin 方程推导过程各物理量列表

物理量符号	意义	量纲	备注
k_B	玻尔兹曼常数，1.38×10^{-23}	$J\cdot mol^{-1}\cdot K^{-1}$	Boltzmann constant
m	一个分子的质量	g	The mass of a molecular
M	摩尔质量	$g\cdot mol^{-1}$	The mass of a mole of molecules
R	普适气体常数，8.314	$J\cdot mol^{-1}\cdot K^{-1}$	The universal gas constant
T	吸附温度	K	The adsorption temperature
v_a	吸附速率	不确定	Adsorption rate
v_d	脱附速率	不确定	Desorption rate
θ	表面覆盖度	无	Surface coverage
P_i	绝对压力/压强	Pa	Absolute pressure
P_r	相对压力/压强	无	Relative pressure
d	分子直径	m	Molecular diameter
E_a	吸附活化能	$J\cdot mol^{-1}$	Activation energy of adsorption
E_d	脱附活化能	$J\cdot mol^{-1}$	Activation energy of desorption
k_a	吸附速率常数	不确定	Adsorption rate constant
k_d	脱附速率常数	不确定	Desorption rate constant
k	速率常数	无	Rate constant
q	吸附热	$J\cdot mol^{-1}$	Heat of adsorption

Temkin 方程推导过程中各参数含义见表 4-1，分子运动速率包括分子平均相对运动速率 $\bar{u}$ 和分子平均运动速率 $\bar{v}$，当气体分子以不同大小速率沿各个方向运动时，$\vec{v}$ 为气体分子运动的速度矢量，$\vec{v}$ 在 x，y，z 方向的速度分量分别为 v_x，v_y，v_z。在平衡状态下，气体分子的速度遵循麦克斯韦速度分布定律。麦克斯韦速度分布定律指出，气体分子在 x，y，z 三个方向对应速度分量 v_x，v_y，v_z 的概率密度函数为式(4-1)、式(4-2) 和式(4-3)，速度矢量 $\vec{v}$ 在 $\vec{v} \sim \vec{v} + \mathrm{d}\vec{v}$，即 $v_x \sim v_x + \mathrm{d}v_x$、$v_y \sim v_y + \mathrm{d}v_y$、$v_z \sim v_z + \mathrm{d}v_z$ 区间内的概率表示为式(4-4)。由于气体分子在各个方向的运动是独立的，因此，速度矢量 $\vec{v}$ 的速度分布函数 $f(v_x, v_y, v_z)$ 与三个速度分量的概率密度函数的积 $f(v_x) f(v_y) f(v_z)$ 相等，即 $f(v_x, v_y, v_z) = f(v_x) f(v_y) f(v_z)$，式(4-4) 整理后得式(4-5)，$|\vec{v}|$ 表示速度矢量 $\vec{v}$ 的模。

$$f(v_x) = \left(\frac{m}{2\pi k_B T}\right)^{1/2} \mathrm{e}^{-\frac{m v_x^2}{2 k_B T}} \qquad \text{式(4-1)}$$

$$f(v_y) = \left(\frac{m}{2\pi k_B T}\right)^{1/2} \mathrm{e}^{-\frac{m v_y^2}{2 k_B T}} \qquad \text{式(4-2)}$$

$$f(v_z) = \left(\frac{m}{2\pi k_B T}\right)^{1/2} \mathrm{e}^{-\frac{m v_z^2}{2 k_B T}} \qquad \text{式(4-3)}$$

$$f(\vec{v})\mathrm{d}\vec{v} = f(v_x, v_y, v_z) \mathrm{d}v_x \mathrm{d}v_y \mathrm{d}v_z \qquad \text{式(4-4)}$$

$$f(\vec{v})\mathrm{d}\vec{v} = f(v_x) f(v_y) f(v_z) \mathrm{d}v_x \mathrm{d}v_y \mathrm{d}v_z$$
$$= \left(\frac{m}{2\pi k_B T}\right)^{3/2} \mathrm{e}^{-\frac{m(v_x^2 + v_y^2 + v_z^2)}{2 k_B T}} \mathrm{d}v_x \mathrm{d}v_y \mathrm{d}v_z = \left(\frac{m}{2\pi k_B T}\right)^{3/2} \mathrm{e}^{-\frac{m|\vec{v}|^2}{2 k_B T}} \mathrm{d}\vec{v} \qquad \text{式(4-5)}$$

气体分子的平均运动速率 $\bar{v}$ 根据麦克斯韦速度分布定律定义为式(4-6)，即分子运动速度 $\vec{v}$ 与速度概率 $f(\vec{v})\mathrm{d}\vec{v}$ 的积分，其中，分子运动速率 v 为标量，分子运动速度 $\vec{v}$ 为矢量，分子平均运动速率 $\bar{v}$ 是每个气体分子相对于坐标系运动速率的统计量。

$$\bar{v} = \int_{-\infty}^{+\infty} v f(\vec{v})\mathrm{d}\vec{v} = \iiint v \left(\frac{m}{2\pi k_B T}\right)^{3/2} \mathrm{e}^{-\frac{m(v_x^2 + v_y^2 + v_z^2)}{2 k_B T}} \mathrm{d}v_x \mathrm{d}v_y \mathrm{d}v_z \qquad \text{式(4-6)}$$

假设矢量 $\vec{v}_1$ 和 $\vec{v}_2$ 是气体分子 1 与气体分子 2 的速度，分子 1 相对于分子 2 的速度为 $\vec{v}_1 - \vec{v}_2$，两个气体分子的运动相对独立，则气体分子的平均相对运动速率 $\bar{u}$ 定义为式(4-7)，式中，$|\vec{v}_1 - \vec{v}_2|$ 为标量，$\bar{u}$ 是分子之间相对速率的统计量。

$$\bar{u} = \iint |\vec{v}_1 - \vec{v}_2| f(\vec{v}_1) f(\vec{v}_2) \mathrm{d}\vec{v}_1 \mathrm{d}\vec{v}_2 \qquad \text{式(4-7)}$$

引入分子相对运动速度 $\vec{u}$ 与 $\vec{u}'$，令

$$\begin{cases} \vec{u} = \vec{v}_1 - \vec{v}_2 \\ \vec{u}' = \vec{v}_1 + \vec{v}_2 \end{cases} \qquad \text{式(4-8)}$$

则变换式(4-8) 得式(4-9)。

$$\begin{cases} \vec{v}_1 = (1/2)(\vec{u} + \vec{u}') \\ \vec{v}_2 = (1/2)(\vec{u}' - \vec{u}) \end{cases} \qquad \text{式(4-9)}$$

式(4-9) 中 $\vec{v}_1$ 和 $\vec{v}_2$ 在 x、y、z 三个方向的速度分量表达式如式(4-10) 所示。

$$\begin{cases} v_{1x} = (1/2)(u_x + u'_x) \\ v_{2x} = (1/2)(u'_x - u_x) \end{cases} \begin{cases} v_{1y} = (1/2)(u_y + u'_y) \\ v_{2y} = (1/2)(u'_y - u_y) \end{cases} \begin{cases} v_{1z} = (1/2)(u_z + u'_z) \\ v_{2z} = (1/2)(u'_z - u_z) \end{cases} \qquad \text{式(4-10)}$$

对式(4-10) 两边微分得式(4-11)、式(4-12) 和式(4-13)。

$$\mathrm{d}v_{1x}\mathrm{d}v_{2x} = \begin{vmatrix} \dfrac{\partial v_{1x}}{\partial u_x} & \dfrac{\partial v_{2x}}{\partial u_x} \\[2mm] \dfrac{\partial v_{1x}}{\partial u'_x} & \dfrac{\partial v_{2x}}{\partial u'_x} \end{vmatrix} \mathrm{d}u_x \mathrm{d}u'_x = \begin{vmatrix} \dfrac{1}{2} & -\dfrac{1}{2} \\[2mm] \dfrac{1}{2} & \dfrac{1}{2} \end{vmatrix} \mathrm{d}u_x \mathrm{d}u'_x = \dfrac{1}{2}\mathrm{d}u_x \mathrm{d}u'_x \quad \text{式(4-11)}$$

$$\mathrm{d}v_{1y}\mathrm{d}v_{2y} = \begin{vmatrix} \dfrac{\partial v_{1y}}{\partial u_y} & \dfrac{\partial v_{2y}}{\partial u_y} \\[2mm] \dfrac{\partial v_{1y}}{\partial u'_y} & \dfrac{\partial v_{2y}}{\partial u'_y} \end{vmatrix} \mathrm{d}u_y \mathrm{d}u'_y = \begin{vmatrix} \dfrac{1}{2} & -\dfrac{1}{2} \\[2mm] \dfrac{1}{2} & \dfrac{1}{2} \end{vmatrix} \mathrm{d}u_y \mathrm{d}u'_y = \dfrac{1}{2}\mathrm{d}u_y \mathrm{d}u'_y \quad \text{式(4-12)}$$

$$\mathrm{d}v_{1z}\mathrm{d}v_{2z} = \begin{vmatrix} \dfrac{\partial v_{1z}}{\partial u_z} & \dfrac{\partial v_{2z}}{\partial u_z} \\[2mm] \dfrac{\partial v_{1z}}{\partial u'_z} & \dfrac{\partial v_{2z}}{\partial u'_z} \end{vmatrix} \mathrm{d}u_z \mathrm{d}u'_z = \begin{vmatrix} \dfrac{1}{2} & -\dfrac{1}{2} \\[2mm] \dfrac{1}{2} & \dfrac{1}{2} \end{vmatrix} \mathrm{d}u_z \mathrm{d}u'_z = \dfrac{1}{2}\mathrm{d}u_z \mathrm{d}u'_z \quad \text{式(4-13)}$$

将式(4-9)、式(4-11)、式(4-12) 和式(4-13) 代入式(4-7)，得式(4-14)，气体分子相对速度 $\vec{u}$ 的模 $|\vec{u}|$ 为气体分子相对速率 u，$\vec{u}$ 为矢量，u 为标量，故式(4-14) 整理后得式(4-15)。

$$\overline{u} = \iint |\vec{u}| \left(\frac{m}{2\pi k_B T}\right)^{3/2} \mathrm{e}^{-\frac{m\vec{v}_1^2}{2k_B T}} \left(\frac{m}{2\pi k_B T}\right)^{3/2} \mathrm{e}^{-\frac{m\vec{v}_2^2}{2k_B T}} \mathrm{d}v_{1x}\mathrm{d}v_{1y}\mathrm{d}v_{1z}\mathrm{d}v_{2x}\mathrm{d}v_{2y}\mathrm{d}v_{2z}$$

$$\text{式(4-14)}$$

$$\overline{u} = \iiint u \left(\frac{m}{2\pi k_B T}\right)^{3/2} \mathrm{e}^{-\frac{m\frac{1}{4}(\vec{u}^2 + \vec{u}'^2 + 2\vec{u}\,\vec{u}')}{2k_B T}} \left(\frac{m}{2\pi k_B T}\right)^{3/2} \mathrm{e}^{-\frac{m\frac{1}{4}(\vec{u}^2 + \vec{u}'^2 - 2\vec{u}\,\vec{u}')}{2k_B T}} \frac{1}{8}\mathrm{d}u_x \mathrm{d}u_y \mathrm{d}u_z \mathrm{d}u'_x \mathrm{d}u'_y \mathrm{d}u'_z$$

$$= \iiint u \left(\frac{m}{2\pi k_B T}\right)^{3/2} \mathrm{e}^{-\frac{m\frac{1}{2}\vec{u}^2}{2k_B T}} \left(\frac{m}{2\pi k_B T}\right)^{3/2} \mathrm{e}^{-\frac{m\frac{1}{2}\vec{u}'^2}{2k_B T}} \mathrm{d}\left(\frac{u_x}{\sqrt{2}}\right)\mathrm{d}\left(\frac{u_y}{\sqrt{2}}\right)\mathrm{d}\left(\frac{u_z}{\sqrt{2}}\right)\mathrm{d}\left(\frac{u'_x}{\sqrt{2}}\right)\mathrm{d}\left(\frac{u'_y}{\sqrt{2}}\right)\mathrm{d}\left(\frac{u'_z}{\sqrt{2}}\right)$$

$$= \iint u f\left(\frac{\vec{u}}{\sqrt{2}}\right) f\left(\frac{\vec{u}'}{\sqrt{2}}\right) \mathrm{d}\left(\frac{\vec{u}}{\sqrt{2}}\right) \mathrm{d}\left(\frac{\vec{u}'}{\sqrt{2}}\right)$$

$$= \sqrt{2} \iint \frac{u}{\sqrt{2}} f\left(\frac{\vec{u}}{\sqrt{2}}\right) f\left(\frac{\vec{u}'}{\sqrt{2}}\right) \mathrm{d}\left(\frac{\vec{u}}{\sqrt{2}}\right) \mathrm{d}\left(\frac{\vec{u}'}{\sqrt{2}}\right)$$

$$= \sqrt{2} \int \frac{u}{\sqrt{2}} f\left(\frac{\vec{u}}{\sqrt{2}}\right) \mathrm{d}\left(\frac{\vec{u}}{\sqrt{2}}\right) \int f\left(\frac{\vec{u}'}{\sqrt{2}}\right) \mathrm{d}\left(\frac{\vec{u}'}{\sqrt{2}}\right) \qquad \text{式(4-15)}$$

将 $\vec{u}'/\sqrt{2}$ 视为速度矢量，则 $f(\vec{u}'/\sqrt{2})$ 表示该速度矢量的概率密度函数，$f(\vec{u}'/\sqrt{2})\mathrm{d}(\vec{u}'/\sqrt{2})$ 为速度矢量 $\vec{u}'/\sqrt{2}$ 对应的概率，根据归一化原理，速率概率从负无穷到正无穷的积分为 1，如式(4-16)。

$$\int_{-\infty}^{+\infty} f\left(\frac{\vec{u}'}{\sqrt{2}}\right) \mathrm{d}\left(\frac{\vec{u}'}{\sqrt{2}}\right) = 1 \qquad \text{式(4-16)}$$

将式(4-16) 代入式(4-15)，得式(4-17)。

$$\bar{u} = \sqrt{2} \int \frac{u}{\sqrt{2}} f\left(\frac{\vec{u}}{\sqrt{2}}\right) \mathrm{d}\left(\frac{\vec{u}}{\sqrt{2}}\right) \qquad \text{式(4-17)}$$

由于积分与变量符号无关，用矢量 $\vec{v}$ 代替 $\vec{u}/\sqrt{2}$，标量 v 代替 $u/\sqrt{2}$，故式(4-17) 可改写为式(4-18)，式(4-18) 与式(4-6) 同形，表明气体分子平均相对运动速率 $\bar{u}$ 是平均运动速率 $\bar{v}$ 的 $\sqrt{2}$ 倍。

$$\bar{u} = \sqrt{2} \int v f(\vec{v}) \, \mathrm{d}\vec{v} = \sqrt{2}\,\bar{v} \qquad \text{式(4-18)}$$

分子运动速率 v 表示分子运动速度 $\vec{v}$ 的大小，与分子运动方向无关，对式(4-4) 积分，得到分子运动速率 v 对应的概率密度函数，如式(4-19) 所示。由于不同方向分子运动速率均遵循麦克斯韦速度分布定律，v 为大于等于 0 的正值，积分限由负无穷到正无穷改为由零到正无穷，将笛卡儿坐标系微体积元 $\mathrm{d}v_x \mathrm{d}v_y \mathrm{d}v_z$ 转换为球坐标系微体积元 $v^2 \mathrm{d}v \mathrm{d}\theta \mathrm{d}\phi$，此处只对 θ 和 ϕ 方向进行积分，微元体变量为 $v^2 \sin\theta \mathrm{d}\theta \mathrm{d}\phi$，式(4-19) 改写为式(4-20)。

$$f(v) = \int_{-\infty}^{+\infty} f(v_x) f(v_y) f(v_z) \mathrm{d}v_x \mathrm{d}v_y \mathrm{d}v_z \qquad \text{式(4-19)}$$

$$f(v) = \left(\frac{m}{2\pi k_B T}\right)^{3/2} \mathrm{e}^{-\frac{mv^2}{2k_B T}} v^2 \int_0^\pi \sin\theta \mathrm{d}\theta \int_0^{2\pi} \mathrm{d}\phi = 4\pi \left(\frac{m}{2\pi k_B T}\right)^{3/2} \mathrm{e}^{-\frac{mv^2}{2k_B T}} v^2 \qquad \text{式(4-20)}$$

分子的平均运动速率可用式(4-21) 计算，将式(4-20) 代入式(4-21) 得式(4-22)。

$$\bar{v} = \int_0^\infty f(v) v \mathrm{d}v \qquad \text{式(4-21)}$$

$$\bar{v} = \int_0^\infty 4\pi \left(\frac{m}{2\pi k_B T}\right)^{3/2} \mathrm{e}^{-\frac{mv^2}{2k_B T}} v^2 v \mathrm{d}v \qquad \text{式(4-22)}$$

令 $a = \dfrac{m}{2k_B T}$

$$\bar{v} = 4\pi \left(\frac{a}{\pi}\right)^{\frac{3}{2}} \int_0^\infty e^{-av^2} v^3 \mathrm{d}v = \frac{2}{\sqrt{a\pi}} \int_0^\infty e^{-(av^2)}(av^2)\mathrm{d}(av^2)$$

$$= \frac{2}{\sqrt{a\pi}}(-1 - av^2)e^{-av^2}\bigg|_{av^2=0}^{av^2=\infty} = \frac{2}{\sqrt{a\pi}} \qquad \text{式(4-23)}$$

将 $a = \dfrac{m}{2k_B T}$ 代入式（4-23），得气体分子的平均运动速率 $\bar{v}$ 如式（4-24）所示。

$$\bar{v} = \sqrt{\frac{8k_B T}{\pi m}} = \sqrt{\frac{8RT}{\pi M}} \qquad \text{式(4-24)}$$

4.2 吸附速率与脱附速率

吸附速率与脱附速率

　　如图 4-1 所示，设分子 A 在空间运动，分子直径为 d，平均相对运动速率为 $\bar{u}$，则在 t 时间内分子运动经过的体积 $\pi d^2 \bar{u}t$ 中，会碰撞到 B、C、D、E 分子，设单位体积内气体分子个数为 n_V，则 t 时间内 A 分子与其他分子发生碰撞的平均次数为 $\pi d^2 \bar{u}t n_V$，气体的绝对压强为 P_i，由理想气体状态方程可知 $P_i = n_V RT$，根据式（4-18）和式（4-24）可知，单位时间内的平均碰撞次数 $\bar{z}$ 与 P_i 的关系式为式（4-25）。

$$\bar{z} = \frac{\pi d^2 \bar{u} t n_V}{t} = \pi d^2 \sqrt{2}\,\bar{v}\,\frac{P_i}{RT} = \pi d^2 \sqrt{2}\sqrt{\frac{8RT}{\pi M}}\frac{P_i}{RT} = \pi d^2 4\frac{P_i}{\sqrt{\pi MRT}} = 4\pi d^2 \frac{P_i}{\sqrt{\pi m k_B T}}$$

$$\text{式(4-25)}$$

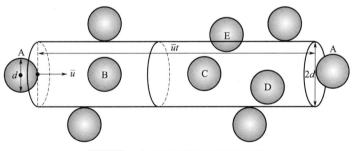

图 4-1 分子平均碰撞频率示意图

　　吸附过程实际是分子与材料表面发生碰撞并被材料表面活性位捕获的过程。吸附速率 v_a 和脱附速率 v_d 受分子与材料表面的平均碰撞次数 $\bar{z}$、吸附过程的活化能 E_a 和材料表面活性位的比例 $1-\theta$ 等因素影响，如式（4-26）所示；由于平均碰撞次数 $\bar{z}$ 与 P_i 的关系如式（4-25）所示，两式联立表明吸附速率 v_a 正比于气体绝对压强 P_i，引入常数 k_1，则

吸附速率 v_a 为式（4-27），脱附速率 v_d 为式（4-28），覆盖度随时间变化 $\mathrm{d}\theta/\mathrm{d}t$ 为式（4-29）。

$$v_a \propto \overline{z}(1-\theta)\mathrm{e}^{-\frac{E_a}{RT}} \propto 4\pi d^2 \frac{P_i}{\sqrt{\pi m k_B T}}(1-\theta)\mathrm{e}^{-\frac{E_a}{RT}} \qquad \text{式（4-26）}$$

$$v_a = 4\pi d^2 k_1 \frac{P_i}{\sqrt{\pi m k_B T}}(1-\theta)\mathrm{e}^{-\frac{E_a}{RT}} \qquad \text{式（4-27）}$$

$$v_d = k_2 \theta \mathrm{e}^{-\frac{E_d}{RT}} \qquad \text{式（4-28）}$$

$$\frac{\mathrm{d}\theta}{\mathrm{d}t} = v_a - v_d = 4\pi d^2 k_1 \frac{P_i}{\sqrt{\pi m k_B T}}(1-\theta)\mathrm{e}^{-\frac{E_a}{RT}} - k_2 \theta \mathrm{e}^{-\frac{E_d}{RT}} \qquad \text{式（4-29）}$$

当达到吸附平衡时，覆盖度 θ 随时间变化为 0，式（4-29）简化为式（4-30），式（4-30）整理为式（4-31）。

$$\frac{4\pi d^2 k_1}{\sqrt{\pi m k_B T}} P_i (1-\theta)\mathrm{e}^{-\frac{E_a}{RT}} = k_2 \theta \mathrm{e}^{-\frac{E_d}{RT}} \qquad \text{式（4-30）}$$

$$\frac{\dfrac{4\pi d^2 k_1}{\sqrt{\pi m k_B T}}\mathrm{e}^{-\frac{E_a}{RT}}}{k_2 \mathrm{e}^{-\frac{E_d}{RT}}} = \frac{\theta}{P_i(1-\theta)} \qquad \text{式（4-31）}$$

吸附活化能 E_a 与脱附活化能 E_d 随覆盖度 θ 变化而变化，E_a 和 E_d 的表达式分别为式（4-32）和式（4-33），E_a^0 与 E_d^0 为常数，$f_1(\theta)$ 和 $f_2(\theta)$ 分别为覆盖度 θ 的函数。

$$E_a = E_a^0 + f_1(\theta) \qquad \text{式（4-32）}$$

$$E_d = E_d^0 - f_2(\theta) \qquad \text{式（4-33）}$$

将式（4-32）和式（4-33）代入式（4-31）得式（4-34）。

$$\frac{\theta}{P_i(1-\theta)} = \frac{\dfrac{4\pi d^2}{\sqrt{\pi m k_B T}}k_1 \mathrm{e}^{-\frac{[E_a^0 + f_1(\theta)]}{RT}}}{k_2 \mathrm{e}^{-\frac{[E_d^0 - f_2(\theta)]}{RT}}} = \frac{\dfrac{4\pi d^2}{\sqrt{\pi m k_B T}}k_1 \mathrm{e}^{-\frac{E_a^0}{RT}}\mathrm{e}^{-\frac{f_1(\theta)}{RT}}}{k_2 \mathrm{e}^{-\frac{E_d^0}{RT}}\mathrm{e}^{\frac{f_2(\theta)}{RT}}} \qquad \text{式（4-34）}$$

令

$$k_a = \frac{4\pi d^2}{\sqrt{\pi m k_B T}}k_1 \mathrm{e}^{-\frac{E_a^0}{RT}}\mathrm{e}^{-\frac{f_1(\theta)}{RT}} \qquad \text{式（4-35）}$$

$$k_d = k_2 \mathrm{e}^{-\frac{E_d^0}{RT}}\mathrm{e}^{\frac{f_2(\theta)}{RT}} \qquad \text{式（4-36）}$$

$$k = \frac{k_a}{k_d} \qquad \text{式（4-37）}$$

将式（4-35）、式（4-36）和式（4-37）代入式（4-34），得式（4-38）。

$$k=\frac{k_a}{k_d}=\left[\frac{4\pi d^2}{\sqrt{\pi m k_B T}}\frac{k_1}{k_2}\mathrm{e}^{-\frac{(E_a^0-E_d^0)}{RT}}\right]\mathrm{e}^{-\frac{[f_1(\theta)+f_2(\theta)]}{RT}}=\frac{\theta}{P_i(1-\theta)}$$ 式(4-38)

（1）Langmuir 方程　当 $f_1(\theta)$ 和 $f_2(\theta)$ 为常数时，k 为常数，将绝对压力 P_i 换算为相对压力 P_r，式(4-38)转化为 Langmuir 方程表达式，说明吸附量不受材料表面覆盖度 θ 的影响。

（2）Temkin 方程　当 $f_1(\theta)$ 和 $f_2(\theta)$ 与 θ 成线性关系时，例如，$f_1(\theta)=a\theta$，$f_2(\theta)=b\theta$，式(4-38)转化为 Temkin 方程表达式，说明吸附过程热量变化随着材料表面覆盖度 θ 的增加呈线性函数变化规律。

（3）Freundlich 方程　当 $f_1(\theta)$ 和 $f_2(\theta)$ 与 θ 成对数关系时，例如，$f_1(\theta)=a\ln\theta$，$f_2(\theta)=b\ln\theta$，式(4-38)转化为 Freundlich 方程表达式，说明吸附过程热量变化随着材料表面覆盖度 θ 的增加呈对数变化规律。

4.3　Temkin 方程

Temkin 方程

吸附热 q 与吸附活化能和脱附活化能的关系为式(4-39)，设 $q_0=E_d^0-E_a^0$，q_0 为常数，整理式(4-39)为式(4-40)。

$$q=-(E_a-E_d)=E_d-E_a=E_d^0-f_2(\theta)-E_a^0-f_1(\theta)=E_d^0-E_a^0-f_1(\theta)-f_2(\theta)$$

式(4-39)

$$q=E_d^0-E_a^0-f_1(\theta)-f_2(\theta)=q_0-f_1(\theta)-f_2(\theta)$$ 式(4-40)

Langmuir 方程中，假设吸附速率常数 k_a 与脱附速率常数 k_d 的比值为一恒定值 C，如式(4-41)所示，但是，Temkin 和 Freundlich 认为参数 C 还随吸附热 q 变化而变化，用 k 表示，关系式如式(4-42)所示。按热力学符号标准，吸热时 q 为正值，放热时 q 为负值，由于吸附过程造成分子能量损失，向环境释放能量，因此，吸附为放热过程，q 为负值。k^ϕ 为常数，称为指前因子，R 为普适气体常数，T 为吸附温度。吸附热 q 是表面覆盖度 θ 的函数，Langmuir、Temkin 和 Freundlich 的根本区别在于 q 是如何随 θ 而变化的。Langmuir 假定 k 为固定不变值，说明对于所有的覆盖度 θ，吸附热 q 始终保持不变；Freundlich 假定吸附热 q 随覆盖度 θ 的增加呈指数衰减；Temkin 假设吸附热 q 随覆盖度 θ 的增加线性降低，因此，对于 Temkin 方程可令式(4-40)中的 $f_1(\theta)+f_2(\theta)$ 等于 $q_0\alpha\theta$，q_0 是一个常数，对应 $\theta=0$ 时的吸附热，α 是 q 随覆盖度 θ 变化率，也为常数，式(4-40)可变换为式(4-43)。

$$C=k=\frac{k_a}{k_d}=\frac{\theta}{P_r(1-\theta)}$$ 式(4-41)

$$C=k=k^\phi \mathrm{e}^{-\frac{E_a-E_d}{RT}}$$ 式(4-42)

$$q=q_0-f_1(\theta)-f_2(\theta)=q_0-q_0\alpha\theta=q_0(1-\alpha\theta)$$ 式(4-43)

将式(4-41) 和式(4-43) 代入式(4-42) 之中，可以得到式(4-44)。

$$k = k^\phi e^{\frac{q_0(1-\alpha\theta)}{RT}} = \frac{\theta}{P_r(1-\theta)} \qquad 式(4-44)$$

对式(4-44) 两边取对数，可以得到式(4-45)。

$$\ln k^\phi + \frac{q_0(1-\alpha\theta)}{RT} = \ln k^\phi + \frac{q_0}{RT} - \frac{q_0\alpha}{RT}\theta = \ln\frac{\theta}{(1-\theta)} - \ln P_r \qquad 式(4-45)$$

等式两边乘 $\frac{RT}{q_0\alpha}$，进一步整理得式(4-46)。

$$\frac{RT}{q_0\alpha}\ln k^\phi + \frac{1}{\alpha} + \frac{RT}{q_0\alpha}\ln P_r = \theta + \frac{RT}{q_0\alpha}\ln\frac{\theta}{(1-\theta)} \qquad 式(4-46)$$

令

$$A = \frac{RT}{q_0\alpha} \qquad 式(4-47)$$

通常，A 值介于 0.01~0.05，特别是当覆盖度 θ 接近于 0.5 时，对于吸附平衡数据的中段部分，$A\ln\frac{\theta}{(1-\theta)}$ 近似为 0，$\frac{RT}{q_0\alpha}\ln k^\phi \gg \frac{1}{\alpha}$，式(4-46) 可简化为式(4-48)。

$$\theta = \frac{RT}{q_0\alpha}\ln P_r + \frac{RT}{q_0\alpha}\ln k^\phi + \frac{1}{\alpha} \qquad 式(4-48)$$

令

$$B = \frac{RT}{q_0\alpha}\ln k^\phi + \frac{1}{\alpha} \approx \frac{RT}{q_0\alpha}\ln k^\phi \qquad 式(4-49)$$

则式(4-48) 整理得式(4-50)。

$$\theta = A\ln P_r + B \qquad 式(4-50)$$

将 A 和 B 代入式(4-50) 得式(4-51)，即为 Temkin 方程，其中 k^ϕ 和 α 为常数，覆盖度 θ 可以用体积比 V_a/V_m、质量比 W_a/W_m 和摩尔比 M_a/M_m 表示。

$$\frac{V_a}{V_m} = \frac{W_a}{W_m} = \frac{M_a}{M_m} = \theta = \frac{RT}{q_0\alpha}\ln(k^\phi P_r) \qquad 式(4-51)$$

当覆盖度 θ 以体积比 V_a/V_m 表示时，令 $\frac{q_0\alpha}{V_m}$ 为常数 a，代入式(4-51) 得式(4-52)。

$$V_a = \frac{RT}{a}\ln(k^\phi P_r) \qquad 式(4-52)$$

以 $\ln P_r$ 为 X 轴，以吸附量 V_a 为 Y 轴作图，当覆盖度在 0.5 附近时可以得到一条直线，该直线方程为线性形式的 Temkin 方程，若用体积比 V_a/V_m 表示覆盖度 θ，则线性形式的 Temkin 方程如式(4-53) 所示；若用质量比 W_a/W_m 表示覆盖度 θ，则线性形式的 Temkin 方程如式(4-54) 所示；若用摩尔比 M_a/M_m 表示覆盖度 θ，则线性形式的

Temkin 方程如式(4-55) 所示。

$$V_a = \frac{RT}{a}\ln P_r + \frac{RT}{a}\ln(k^\phi) \qquad \text{式(4-53)}$$

$$W_a = \frac{RT}{a}\ln P_r + \frac{RT}{a}\ln(k^\phi) \qquad \text{式(4-54)}$$

$$M_a = \frac{RT}{a}\ln P_r + \frac{RT}{a}\ln(k^\phi) \qquad \text{式(4-55)}$$

特定吸附过程的机理分析和吸附剂性能评价在许多领域具有重要意义，目前主要有两个思路，第一个思路是利用吸附平衡数据直接表征，如根据 Langmuir 方法、BET 方法等表征吸附剂比表面积，根据 HK 方法、DFT 方法等表征吸附剂孔径分布。第二个思路是利用理论方程对吸附平衡数据进行拟合建模，如 Langmuir 方程、Freundlich 方程、Temkin 方程、Sips 方程、Redlich-Peterson 方程等，找到符合吸附平衡数据的理论方程，进而分析吸附过程的机理和评价吸附剂性能。

以 Langmuir 方程和 Temkin 方程为例详细说明如何利用理论模型对吸附平衡数据建模，Langmuir 方程和对应的线性形式如式(4-56) 和式(4-57) 所示，Temkin 方程和对应的线性形式如式(4-58) 式(4-59) 所示。

$$V_a = V_m \frac{CP_r}{1+CP_r} \qquad \text{式(4-56)}$$

$$\frac{P_r}{V_a} = \frac{1}{CV_m} + \frac{1}{V_m}P_r \qquad \text{式(4-57)}$$

$$V_a = \frac{RT}{a}\ln(k^\phi P_r) \qquad \text{式(4-58)}$$

$$V_a = \frac{RT}{a}\ln P_r + \frac{RT}{a}\ln(k^\phi) \qquad \text{式(4-59)}$$

对于 Langmuir 方程，V_m 和 C 是未知的；对于 Temkin 方程，k^ϕ 和 a 是未知的。确定这几个参数传统的方法是最小二乘法线性拟合，将吸附平衡数据由 Langmuir 方程线性形式或 Temkin 方程线性形式进行变换，得到相应的曲线，利用最小二乘法回归曲线得到对应的回归直线斜率和截距，进而求解未知参数。但是该方法在线性度较差时会存在较大误差，同时，最小二乘法线性拟合只适用于小于两个未知参数的理论模型，对于三个及以上未知参数的理论方程，如 Redlich-Peterson 方程，最小二乘法线性拟合并不适用。为了解决上述缺陷，改进方法是利用 Langmuir 和 Temkin 的非线性方程，即式(4-56) 和式(4-58)，直接对吸附平衡数据进行非线性拟合，该方法无须对吸附平衡数据进行线性形式变化，计算过程简洁，不受未知参数个数限制，同时计算结果更加精确。两种求参方法对比如图 4-2 所示。目前，已存在多种非线性拟合工具包供科研工作者使用，但是多数科研工作者只是简单调用，并不了解非线性拟合的底层运算过程，基于此，给出基于 Levenberg-Marquardt 全局最优化方法进行非线性拟合的计算原理、计算过程和程序代码。

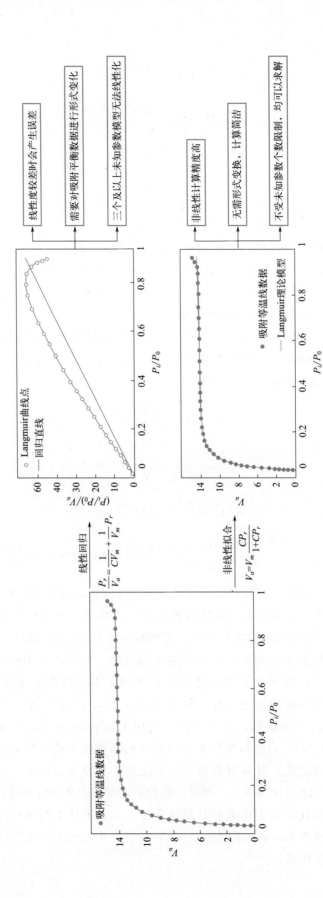

图 4-2 线性回归与非线性拟合求参方法对比示意图

4.4 Levenberg-Marquardt 最优化

非线性拟合也称为非线性回归，不同于线性回归只采用最小二乘法，非线性回归可以采用多种最优化方法，最常用的是 Levenberg-Marquardt 全局最优化方法（以下简称 L-M 方法）。该方法的基本思路是给定一组个数为 n 的实验吸附等温线数据 $[(P_1, V_1), (P_2, V_2), (P_3, V_3), \cdots, (P_n, V_n)]$，将吸附数据中的吸附量以一维向量的形式表示为 $[V_1, V_2, V_3, \cdots, V_n]$。对于 Langmuir 方程，给定未知参数组 $[V_m, C]$ 的初值；对于 Temkin 方程，给定未知参数组 $[k^\phi, a]$ 的初值，与吸附数据中的相对压力 $[P_1, P, P_3, \cdots, P_n]$ 一起代入式(4-56) 或式(4-58) 之中，计算得到一组理论吸附量数据 $[V_1', V_2', V_3', \cdots, V_n']$，同样以一维向量的形式表示。定义损失向量 $\vec{n} = [V_1 - V_1', V_2 - V_2', V_3 - V_3', \cdots, V_n - V_n']^T$，利用 L-M 方法迭代求解使损失向量的欧几里得范数（Euclidean norm）最小的最优参数组 $[V_m^*, C^*]$ 或 $[k^{\phi*}, a^*]$。损失向量的欧几里得范数如式(4-60) 所示，用 F 表示。

$$\min F = \boldsymbol{n}^T \boldsymbol{n} = \|\boldsymbol{n}\|_2^2 = \sum_{i=1}^{n} (V_1 - V_1')^2 \qquad 式(4\text{-}60)$$

L-M 方法是结合最速下降法和高斯牛顿法的一种最优化算法。对于最速下降法，沿着梯度负方向下降寻找目标值，迭代速度快，但可能会出现越过目标点的问题；对于高斯牛顿法，若设定初值距离目标值太远，迭代时间可能会过长。L-M 方法的原理是在高斯牛顿法的基础上引入因子 μ，在迭代开始时，先设定一个较小的 μ 值，若 F 在迭代过程中增大，说明离目标值比较远，增大 μ 值以加快迭代速度，若 F 的值在迭代过程中减小，减小 μ 值以减慢迭代速度提高寻找精度，有效克服了高斯牛顿法和最速下降法的缺点。L-M 方法的迭代公式如式(4-61) 和式(4-62) 所示。

$$(\boldsymbol{J}^T \boldsymbol{J} + \mu \boldsymbol{I}) d_{lm} = -\boldsymbol{J}^T F = \boldsymbol{g} \qquad 式(4\text{-}61)$$

$$[V_m^*, C^*]_{new} / [k^{\phi*}, a^*]_{new} = [V_m^*, C^*]_{old} / [k^{\phi*}, a^*]_{old} + d_{lm} \qquad 式(4\text{-}62)$$

当迭代到第 i 次时，此时的参数组为 $[V_{m,i}^*, C_i^*]$ 或 $[k_i^{\phi*}, a_i^*]$，将其与相对压力 $[P_1, P, P_3, \cdots, P_n]$ 一起代入式(4-56) 或式(4-58) 之中，得到第 i 次的理论吸附量数据 $[V_1', V_2', V_3', \cdots, V_n']_i$，对每个理论吸附量数据求梯度可以得到 Jacobi 矩阵 $\boldsymbol{J} = [\nabla V_1', \nabla V_2', \nabla V_3', \cdots, \nabla V_n']_i$，$\boldsymbol{J}^T$ 为 $\boldsymbol{J}$ 的转置矩阵，$\boldsymbol{I}$ 是单位矩阵，d_{lm} 是下降方向，$\boldsymbol{g}$ 为目标函数 F 的梯度，等于 $\boldsymbol{J}^T F$，设定一个精度值 ε，当迭代到第 i 次时 $\boldsymbol{g}$ 的欧几里得范数 $\|\boldsymbol{g}\|_2^2$ 小于 ε 时迭代结束，对应的参数组 $[V_m, C]$ 或 $[k^\phi, a]$ 即为最优参数。

4.5 Temkin 计算过程

表 4-2 为某吸附剂吸附氮气的吸附分支数据，用于进行 Temkin 计算，表格中压力

P_i 为绝对压力，但并不影响计算过程，绝对压力 P_i 除以标准压力 P_0 即为相对压力 P_r。该部分的流程如下，采用式（4-58）的 Temkin 方程作为理论吸附方程，利用 L-M 方法求解未知参数 k^ϕ 和 a，实现表 4-2 的吸附平衡数据理论建模。为了加深理解，C 程序代码中给出了采用 Langmuir 方程作为理论吸附方程的例子，读者还可以自行修改，加入 Freundlich 方程、Sips 方程、Redlich-Peterson 方程、Fritz-Schlunder 方程等。整体计算流程如图 4-3 所示。

⊡ 表 4-2　Temkin 计算过程数据列表

序号	绝对压力 P_i/mmHg	吸附体积 V_a/(mL STP)
1	2.3777	0.65391
2	4.75539	1.32069
3	5.94424	2.0088
4	7.13309	2.70622
5	8.91636	3.40656
6	12.48291	4.09611
7	15.45503	4.80157
8	21.9937	5.4742
9	41.01528	7.13077
10	82.62498	8.51261
11	159.9001	9.42751

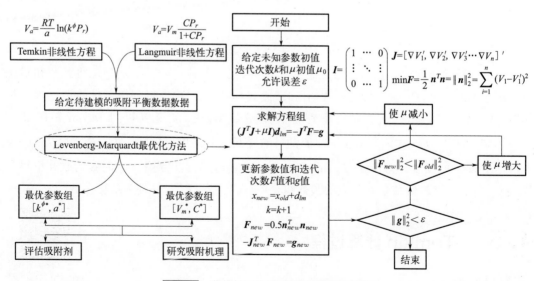

图 4-3　非线性回归求参计算流程示意图

4.6　C程序源代码

```c
#include <windows.h>
#include <stdio.h>
#include <stddef.h>
#include <stdlib.h>
#include <tchar.h>
#include <math.h>
#include <malloc.h>
#include <time.h>
#include <memory.h>
//数组起始地址
#define   ARRAY_BASE   1
//数学算法计算用常数
#define   TINY   1.0E-20
//工艺计算用常数
#define   AVOGADRO_NUMBER           6.023E23//阿伏加德罗常数,6.023×10^23
#define   CROSS_SECTION_N2          16.2//氮原子的横截面积,16.2A^2(Angstrom)
#define   UNIVERSAL_GAS_CONSTANT    8.314//普适气体常数,8.314J/(mol·K)
#define   SATURATION_TEMPERATURE    77.35//氮气的沸点温度,77.35K
#define   SURFACE_TENSION           0.00885//表面张力,0.00885J/m^2
#define   SAMPLE_MASS               0.3425//样品质量,0.3425g
#define   MOLAR_VOLUME_GAS          22.414//标准状况下的气体摩尔体积,24.414L/mol


//Temkin方法计算出错信息结构体
static struct  tagTemkinError
{
    inti  ErrCode;                      //错误号
    TCHAR  *szErrDescription;           //错误描述
}
TemkinErrors[]=
{
    //iErrCode  szErrDesciption
    0,          TEXT("成功!"),
    -1,         TEXT("指针为空!"),
    -2,         TEXT("打开文件失败!"),
    -3,         TEXT("数组下限大于数组上限!"),
```

```
    -4,      TEXT("内存分配失败!"),
    -5,      TEXT("低于线性化最小数据个数!"),
    -6,      TEXT("行数与列数不相等!"),
    -7,      TEXT("数据个数不能小于 2!"),
    -8,      TEXT("矩阵与转置矩阵行数与列数不对应!"),
    -9,      TEXT("矩阵不是方阵!"),
    -10,     TEXT("矩阵不是向量!"),
    -11,     TEXT("最大值为 0!"),
    -12,     TEXT("矩阵行数与列数不相等,无法拷贝!")
};
```

Temkin 数据结构

```
//回归分析参数结构体
typedef  struct  tagLinearParameter
{
    double  dCorrelationCoe;//回归直线的线性相关系数(Correlation coefficient)
    double  dSlope;//回归直线的斜率(Slope of regression line)
    double  dIntercept;//回归直线的截距(Intercept of regression line)
}LINEAR_PARAMETER;


//收敛条件
typedef struct tagLangmuirConvs
{
    double  dEpsilon;         //误差
    double  dIteration;       //迭代次数
}LANGMUIR_CONVS;


typedef struct tagTemkinConvs
{
    double  dEpsilon;         //误差
    double  dIteration;       //迭代次数
}TEMKIN_CONVS;

//矩阵
typedef   struct tagMatrix
{
    int  iRowL;               //行下限
    int  iRowH;               //行上限
    int  iColL;               //列下限
    int  iColH;               //列上限
    int  iRows;               //矩阵的行数
```

```c
    int   iCols;                //矩阵的列数
    double  **ppdData;          //指向数据的指针
}MATRIX;


//链表中矩阵节点
typedef struct tagMatrixNode
{
    MATRIX  * pm;
    struct  tagMatrixNode  * pmnNext;
}MATRIX_NODE;


//堆栈,指向矩阵链表的头
typedef struct tagStacks
{
    MATRIX_NODE   * pmnMNHead;//矩阵链表头
}STACKS;


//内存分配与矩阵操作
    int  IVector(int  ** ppiV,int  iL,int  iH);
    int  FreeIVector(int  ** ppiV,int  iL,int  iH);
    int  DVector(double  ** ppdV,int  iL,int  iH);
    int  FreeDVector(double  ** ppdV,int  iL,int  iH);
    int  DDVector(double  *** pppdData, int  iRowL, int iRowH, int iColL,  int
iColH);
    int  FreeDDVector(double  *** pppdData,int  iRowL, int iRowH, int iColL,  int
iColH);
    int  InitStack(STACKS  * psStack);
    int  FreeStack(STACKS  * psStack);
    //读取数据
    int  FileData2Matrix(const char  * pstrFileName,  MATRIX  ** ppmD,STACKS  *
psStack);
    //矩阵运算
    int  CreateMatrix(int  iRowL,int iRowH,int iColL,int  iColH,MATRIX  ** ppmMa-
trix,STACKS  * psStack,int iValue);
    int  PrintMatrix(MATRIX  * pmA,  TCHAR  * tcString);
    int  MatrixCopy(MATRIX  ** ppmDst,int iDstRL,int iDstRH,int iDstCL,int iDstCH,
MATRIX  * pmSrc,int iSrcRL,int iSrcRH,int iSrcCL,int iSrcCH);
    int  MatrixTranspose(MATRIX  * pmA,MATRIX  ** ppmA_T,STACKS  * psStack);
    int  MatrixASM(double dACoe,MATRIX  * pmA,double dBCoe,MATRIX  * pmB,MATRIX  **
ppmC,int  iASMFlag);
```

```
    int  MatrixInverseHouseholder(MATRIX  * pmA,MATRIX  ** ppmA_I,double  * dMa-
trixValue,STACKS  * psStack);
    int  MatrixNorm2(MATRIX  * pmA,double  * pdNorm);
    int  MatrixZeros(MATRIX  ** ppmA);
    int  MatrixMap(MATRIX  * pmX,MATRIX  ** ppmY,double( * pFunc)(double,double,
double),MATRIX  * pmLP);
    int  MatrixInverse(MATRIX  * pmA,MATRIX  ** ppmA_I,STACKS  * psStack);
    int  MatrixDuplicate(MATRIX  * pmA,MATRIX  ** ppmA_D,STACKS  * psStack);
    //数学算法
    int  LeastSquareForLinear(double  * pdXHead,  double  * pdYHead,int nData-
Count,LINEAR_PARAMETER * plpData);
    int  Jacobi(MATRIX  * pmX,  MATRIX  ** ppmJ,double( * pFunc)(double,double,
double),MATRIX  * pmLP);
    int  MatrixLowUp(MATRIX  ** ppmA,int  ** ppnIndex,  double  * pdEven);
    int  MatrixLUSolution(MATRIX  ** ppmA,int  ** ppiIndex,  MATRIX  ** ppmBX);
    //工艺方法
    double  Langmuir(double  dAmount,double dCons,double  dRelPres);
    double  Temkin(double  dSlope,double dIntercept,double  dRelPres);

    int  main(int  argc,char * argv[])
    {
        int  iRet;                      //函数返回值
        int  k=0;                       //循环变量
        clock_t    StartTime=0;         //开始时间
        clock_t    EndTime=0;           //结束时间
        double  dDiffTime=0.0;          //时间差
        double  dMuK=1.0;               //收敛比例因子
        double  dNormGk;                //导数的范数
        double  dNormFk;                //方程值 2 范数
        double  dNormFk2;               //方程值 2 范数的平方
        double  dNormFkNew;             //新的方程值 2 范数
        double  dNormFkNew2;            //新的方程值 2 范数的平方
        double  dMatrixValue=0.0;       //行列式的值

        LANGMUIR_CONVS  lcCondition={1.0E-6,1000};
        TEMKIN_CONVS  tcCondition={1.0E-6,1000};
        STACKS  S;                      //矩阵管理堆栈
        MATRIX  * pmTemp=NULL;          //临时矩阵
        MATRIX  * pmPP0=NULL;           //相对压力,P/P0
        MATRIX  * pmYObj=NULL;          //测量吸附体积量,Objective
        MATRIX  * pmFun=NULL;           //计算吸附体积量
```

程序框架

100

```
MATRIX    * pmFK＝NULL;              //计算－测量＝差,第 K 步的差值
MATRIX    * pmFKNew＝NULL;           //计算－测量＝差,第 K＋1 步的差值
MATRIX    * pmXK＝NULL;              //Solution,最佳参数的解
MATRIX    * pmGK＝NULL;              //导数,Gradient
MATRIX    * pmDK＝NULL;              //收敛方向,Direction
MATRIX    * pmJ＝NULL;               //Jacobi 矩阵,iRows×2
MATRIX    * pmJT＝NULL;              //Jacobi 矩阵的转置,Transpose,2×iRows
MATRIX    * pmH＝NULL;               //Hessian 矩阵,2×2
MATRIX    * pmHI＝NULL;              //Hessian 矩阵的逆,Inverse,2×2
MATRIX    * pmEye＝NULL;             //单位矩阵
```

//Langmuir 方法-->相对压力

```
double    LX [ ] = { 2.6761500E-07, 6.5667500E-07, 1.6879800E-06, 3.6784700E-06,
6.7634500E-06, 1.0833300E-05, 1.5762900E-05, 2.1356600E-05, 2.7411600E-05,
3.3852400E-05, 4.0605400E-05, 4.7469200E-05, 5.4424000E-05, 6.1387000E-05,
6.8403100E-05, 7.5388500E-05, 8.2385500E-05, 8.9426500E-05, 9.6483200E-05,
1.0355800E-04, 1.1071600E-04, 1.1793000E-04, 1.2547600E-04, 1.3305400E-04,
1.4106500E-04, 1.5064800E-04, 1.5962700E-04, 1.6934600E-04, 1.8025200E-04,
1.9263600E-04, 2.0722500E-04, 2.2494500E-04, 2.4676000E-04, 2.7403500E-04,
3.0900700E-04, 3.5337200E-04, 4.1036700E-04, 4.8217300E-04, 5.7493800E-04,
6.9220200E-04, 8.3752200E-04, 1.0182370E-03, 1.2412770E-03, 1.5189660E-03,
1.8693050E-03, 2.3165730E-03, 2.8922400E-03, 3.6396600E-03, 4.5872930E-03,
5.7791730E-03, 7.1904870E-03, 8.6131180E-03,  1.0596029E-02};
```

//Langmuir 方法-->气体吸附量

```
double    LY [ ] = { 3.0331467, 6.0623200, 9.0864936, 12.1038579, 15.1109282,
18.1113214, 21.1088119, 24.1068748, 27.1064233, 30.1148994, 33.1377287,
36.1592111, 39.1813936, 42.2021206, 45.2222903, 48.2420120, 51.2623148,
54.2822761, 57.3022367, 60.3208779, 63.3390817, 66.3569644, 69.3745358,
72.3905843, 75.4064968, 78.4211327, 81.4352233, 84.4494840, 87.4634607,
90.4743590, 93.4822661, 96.4864866, 99.4856391, 102.4785463, 105.4625496,
108.4345781, 111.3926320, 114.3317736, 117.3471278, 120.3486847, 123.3347532,
126.2995118, 129.2379612, 132.1409376, 134.9920904, 137.7676670, 140.4384711,
142.9613259, 145.2739055, 147.3804487, 149.1711512, 150.5673508, 152.1288541};
```

//Temkin 方法-->相对压力

```
double  TX [ ] = { 2.3777, 4.75539, 5.94424, 7.13309, 8.91636, 12.48291, 15.45503,
21.9937,41.01528,82.62498,159.9001};
```

//Temkin 方法-->气体吸附量

```
double   TY [ ] = { 0.65391, 1.32069, 2.0088, 2.70622, 3.40656, 4.09611, 4.80157,
5.4742,7.13077,8.51261,9.42751};
```

//开始时间

```
StartTime=clock();
InitStack(&S);
//读入数据文件
//iRet=FileData2Matrix((const char * )"LangmuirData. txt",&pmTemp,&S);
iRet=FileData2Matrix((const char * )"TemkinData. txt",&pmTemp,&S);
//如果没有找到文件,则从程序内部读入数据
if(iRet)
{
    int  i;              //循环变量
    int  n;              //X 数组个数
    n=sizeof(TX)/sizeof(TX[0]);
    //如果 pmTemp 为空,建立新的矩阵,分配内存
    if(NULL==pmTemp)
    {
        int  iRows=n;    //行数
        int  iCols=2;    //列数
        CreateMatrix(1,iRows,1,iCols,&pmTemp,&S,0);
    }
    //将程序内数据拷入分配的内存
    for(i=1;i<=n;i++)
    {
        //相对压力,无量纲
        pmTemp->ppdData[i][1]=TX[i-1];
        //气体吸附量,量纲(mL),根据需要换算为单位质量吸附量
        pmTemp->ppdData[i][2]=TY[i-1];
    }
}//if(iRet)
//输出数据,核实是否正确
PrintMatrix(pmTemp,TEXT("pmTemp"));

//创建相对压力矩阵 pmPP0
CreateMatrix(1,pmTemp->iRows,1,1,&pmPP0,&S,0);
//将临时矩阵的第 1 列拷入相对压力矩阵 pmPP0 中
MatrixCopy(&pmPP0,1,pmPP0->iRows,1,pmPP0->iCols,pmTemp,1,pmTemp->iRows,1,1);
//PrintMatrix(pmPP0,TEXT("pmPP0"));

//创建气体吸附量矩阵 pmYObj
CreateMatrix(1,pmTemp->iRows,1,1,&pmYObj,&S,0);
//将临时矩阵数据的第 2 列拷入气体吸附量矩阵 pmYObj 中
```

```
        MatrixCopy(&pmYObj,1,pmYObj->iRows,1,pmYObj->iCols,pmTemp,1,pmTemp->
iRows,2,2);
        //PrintMatrix(pmYObj,TEXT("pmYObj"));

        //(旧的)吸附量矩阵
        CreateMatrix(1,pmTemp->iRows,1,1,&pmFun,&S,0);
        //(旧的)吸附量差矩阵
        CreateMatrix(1,pmTemp->iRows,1,1,&pmFK,&S,0);
        //(新的)吸附量差矩阵
        CreateMatrix(1,pmTemp->iRows,1,1,&pmFKNew,&S,0);
        //Langmuir 参数矩阵,两个参数(两行),1 列
        CreateMatrix(1,2,1,1,&pmXK,&S,0);
        //对角线元素置 1.0
        pmXK->ppdData[1][1]=1.0;
        pmXK->ppdData[2][1]=1.0;
        //导数矩阵
        CreateMatrix(1,2,1,1,&pmGK,&S,0);
        //方向矩阵
        CreateMatrix(1,2,1,1,&pmDK,&S,0);
        //Jacobi 矩阵,iRows×2
        CreateMatrix(1,pmTemp->iRows,1,2,&pmJ,&S,0);
        //Jacobi 矩阵的转置,Transpose,2×iRows
        MatrixTranspose(pmJ,&pmJT,&S);

        //Hessian 矩阵,2×2
        CreateMatrix(1,2,1,2,&pmH,&S,0);
        //Hessian 矩阵的逆,Inverse,2×2
        CreateMatrix(1,2,1,2,&pmHI,&S,0);

        //循环计算参数的值
        k=0;
        while(k<lcCondition.dIteration)
        {
            //根据 Langmuir 参数由压力数据计算 Y 值
            //MatrixMap(pmPP0,&pmFun,Langmuir,pmXK);
            MatrixMap(pmPP0,&pmFun,Temkin,pmXK);
            //fk=计算值-测量值=差
            MatrixASM(1.0,pmFun,-1.0,pmYObj,&pmFK,1);
            //求 Jacobi 矩阵
            //Jacobi(pmPP0,&pmJ,Langmuir,pmXK);
```

```
Jacobi(pmPP0,&pmJ,Temkin,pmXK);
//求 Jacobi 矩阵的转置矩阵
MatrixTranspose(pmJ,&pmJT,&S);
MatrixASM(1.0,pmJT,1.0,pmFK,&pmGK,0);
//计算 Hessian 矩阵
MatrixASM(1.0,pmJT,1.0,pmJ,&pmH,0);
CreateMatrix(1,pmH->iRows,1,pmH->iCols,&pmEye,&S,1);
MatrixASM(1.0,pmH,dMuK,pmEye,&pmH,1);

//求 Hessian 的逆矩阵
//MatrixInverse(pmH,&pmHI,&S);
MatrixInverseHouseholder(pmH,&pmHI,&dMatrixValue,&S);
MatrixASM(-1.0,pmHI,1.0,pmGK,&pmDK,0);
MatrixNorm2(pmGK,&dNormGk);
//如果导数的范数小于设定误差,则退出循环
printf("外部循环次数-->迭代次数 k=%d\n 导数 gk=%.15lf\n",k,dNormGk);
if(dNormGk<lcCondition.dEpsilon)
{
    printf("\n 迭代次数 k=%d\n 导数 gk=%.15lf\n",k,dNormGk);
    break;
}
//计算新的 XK
MatrixASM(1.0,pmXK,1.0,pmDK,&pmXK,1);
//根据 Langmuir 函数值计算 pmFun 矩阵
//MatrixMap(pmPP0,&pmFun,Langmuir,pmXK);
MatrixMap(pmPP0,&pmFun,Temkin,pmXK);
//fk=计算值-测量值=差
MatrixASM(1.0,pmFun,-1.0,pmYObj,&pmFKNew,1);
//旧的 FK 的范数
MatrixNorm2(pmFK,&dNormFk);
dNormFk2=pow(dNormFk,2.0);
//新的 FKNew 的范数
MatrixNorm2(pmFKNew,&dNormFkNew);
dNormFkNew2=pow(dNormFkNew,2.0);
if(dNormFkNew2<dNormFk2)
{
    dMuK=0.2 * dMuK;
}
else
{
```

```
                dMuK＝10.0 * dMuK;
            }
        k＋＋;
    }//while(k<lcCondition.dIteration)
    //printf("\n 迭代次数 k＝%d\n 导数 gk＝%.15lf\n",k,dNormGk);
    PrintMatrix(pmXK,  TEXT("pmXK"));
    printf("\ntemkin_const1＝%lf\n",pmXK->ppdData[1][1]);
    printf("temkin_const2＝%lf\n",pmXK->ppdData[1][2]);
    //终止时间
    EndTime＝clock();
    //计算消耗时间
    dDiffTime＝(double)(EndTime-StartTime)/CLOCKS_PER_SEC;//运行时间差
    printf("\n 程序运行时间:%.3lf 秒 \n\n",dDiffTime);
    //按"F5"键运行时会停留在运行结果
    system("pause");
    return  0;
}
//功能:从文件读取数据到矩阵
//pstrFileName -->文件名字符串
//ppmD          -->存放数据(data)矩阵
//psStack       -->管理矩阵的堆栈指针
//返回值        -->错误码,非 0 表示有错误
int  FileData2Matrix(const char * pstrFileName,  MATRIX  * * ppmD, STACKS *
psStack)
{
    int  j,iRet;              //打开文件的返回值
    int  iRows;               //数据行数,即文件中数据的行数
    int  iCols;               //数据列数
    int  iNumFlagOld;         //前一字符数字标志
    int  iNumFlagNew;         //后一字符数字标志
    FILE  * pFile＝NULL;       //文件指针
    TCHAR  szLine[MAX_PATH]＝{0}; //存储行的临时字符串
    TCHAR  * pStr;            //待转换字符串头指针
    double    dTemp＝0.0;      //临时变量

    //打开数据文件
    iRet＝fopen_s(&pFile,pstrFileName,"r");
    if(iRet)
    {
        //打开文件失败,返回-2
```

从文件读数据
到矩阵

```
        return  TemkinErrors[2].iErrCode;
}


//巡检文件中数据有多少行、多少列
iRows＝0;
while(!feof(pFile))
{
    memset(szLine,0,MAX_PATH);
    pStr＝_fgetts(szLine,MAX_PATH,pFile);
    //如果是空行,跳过
    if(szLine[0]＝＝TEXT('\n')‖szLine[0]＝＝TEXT('\0'))
    {
        continue;
    }
    //第一次进入循环,取出第一行,对数据进行分析,计算有几列
    if(iRows＝＝0)
    {
        iCols＝0;
        iNumFlagOld＝0;//空格或tab标志,0表示为空格或tab
        iNumFlagNew＝0;
        //当指定的字符不为回车或换行时进行循环
        while(＊pStr)
        {
            //如果是空格或tab或换行
            if(TEXT(' ')＝＝＊pStr‖TEXT('\t')＝＝＊pStr‖TEXT('\n')＝＝＊pStr)
            {
                iNumFlagNew＝0; //标志为0
            }
            //是其他符号
            else
            {
                iNumFlagNew＝1;
                //前后符号标志进行异或,不同为1,相同为0
                if(iNumFlagNew^iNumFlagOld)
                {
                    iCols＋＋;
                }
            }
            //将新的赋值给旧的
            iNumFlagOld＝iNumFlagNew;
```

```
                pStr++;//指针向后移动
        }
    }//if(iRows==0)
    iRows++;
}//while(!feof(pFile))

//如果 * ppmD 为空,建立新的矩阵,分配内存
if(NULL==(*ppmD))
{
    CreateMatrix(1,iRows,1,iCols,ppmD,psStack,0);
}

//重新定位文件指针到文件头
fseek(pFile,0L,SEEK_SET);

//行数清 0
iRows=0;
while(!feof(pFile))
{
    memset(szLine,0,MAX_PATH);
    pStr=_fgetts(szLine,MAX_PATH,pFile);
    //如果是空行,跳过
    if(szLine[0]==TEXT('\n')‖szLine[0]==TEXT('\0'))
    {
        continue;
    }
    //行数递加
    iRows++;
    //对列进行处理,防止一行出现超过 iCols 列情况
    for(j=1;j<=iCols;j++)
    {
        dTemp=_tcstod(pStr,&pStr);
        (*ppmD)->ppdData[iRows][j]=dTemp;
    }//for(j=1;j<=iCols;j++)
}//while(!feof(pFile))

//关闭文件
fclose(pFile);

//成功,返回 0
```

```
            return   TemkinErrors[0].iErrCode;
    }
    //功能：创建矩阵，各元素置设定值
    //iRowL         -->矩阵行下限
    //iRowH         -->矩阵行上限
    //iColL         -->矩阵列下限
    //iColH         -->矩阵列上限
    //ppmMatrix  -->增加到栈中的矩阵
    //psStack     -->栈指针
    //iValue      -->iValue＝0,全部元素赋0;iValue＝1,对角线元素赋1,其余元素赋0
    //返回值-->错误码，非0表示有错误
    int   CreateMatrix(int   iRowL,int iRowH,int iColL,int   iColH,MATRIX   ＊＊ppmMa-
trix,STACKS  ＊psStack,int iValue)
    {
        int   iRet;
        int   iRows,iCols;
        //临时矩阵指针
        MATRIX   ＊pmTempM＝NULL;
        //临时矩阵节点指针
        MATRIX_NODE   ＊pmnTempMN＝NULL;

        //分配矩阵节点内存
        pmTempM＝(MATRIX＊)calloc(1,sizeof(MATRIX));
        //分配链表矩阵节点内存
        pmnTempMN＝(MATRIX_NODE＊)calloc(1,sizeof(MATRIX_NODE));
        //分配内存失败，返回-4
        if(NULL＝＝pmTempM‖NULL＝＝pmnTempMN)
        {
            free(pmTempM);
            pmTempM＝NULL;
            free(pmnTempMN);
            pmnTempMN＝NULL;
            return   TemkinErrors[4].iErrCode;
        }
        //矩阵内容赋值
        pmTempM->iRowL＝iRowL;
        pmTempM->iRowH＝iRowH;
        pmTempM->iColL＝iColL;
        pmTempM>iColH＝iColH;
        iRows＝iRowH-iRowL＋1;
```

创建矩阵

108

```c
    pmTempM->iRows＝iRows;
    iCols＝   iColH-iColL＋1;
    pmTempM->iCols＝iCols;
    //分配矩阵内存,全部元素置 0
    iRet＝DDVector(&(pmTempM->ppdData),iRowL,iRowH,iColL,iColH);


    //矩阵内存分配失败
    if(iRet!＝TemkinErrors[0].iErrCode)
    {
        //释放当前分配的地址
        FreeDDVector(&(pmTempM->ppdData),iRowL,iRowH,iColL,iColH);
        //释放前面已分配成功的地址
        free(pmTempM);
        pmTempM＝NULL;
        free(pmnTempMN);
        pmnTempMN＝NULL;
        return  TemkinErrors[4].iErrCode;
    }


    //对角线赋值 1
    //(1)如果行与列相等,对角线全部置 1
    //(2)如果行大于列,取列对角线全部置 1
    //(3)如果行小于列,取行对角线全部置 1
    if(iValue)
    {
        int  n;
        int  nMin;
        nMin＝(iRows>iCols)? iCols:iRows;
        for(n＝1;n<＝nMin;n＋＋)
        {
            pmTempM->ppdData[n][n]＝1.0;
        }
    }//if(iValue)


    //链表矩阵节点指针指向矩阵
    pmnTempMN->pm＝pmTempM;
    pmnTempMN->pmnNext＝psStack->pmnMNHead;
    psStack->pmnMNHead＝pmnTempMN;

     * ppmMatrix＝pmTempM;
```

```
        //成功,返回 0
        return  TemkinErrors[0].iErrCode;
    }


    //功能:在控制台界面打印输出矩阵
    //pmA        -->指向矩阵的指针
    //tcString--->矩阵名称
    //返回值      -->错误码,非 0 表示有错误
    int  PrintMatrix(MATRIX  * pmA,  TCHAR  * tcString)
    {
        int  i,j;

        //矩阵指针为空,返回-1
        if(NULL==pmA)
        {
            return  TemkinErrors[1].iErrCode;
        }


        //输出矩阵头
        printf("\nmatrix %S-->%d 行×%d 列\n",tcString,pmA->iRows,pmA->iCols);
        //输出矩阵内容
        for(i=1;i<=pmA->iRows;i++)
        {
            for(j=1;j<=pmA->iCols;j++)
            {
                //行满后输出回车进行换行
                double  dTemp;
                //先计算绝对值
                dTemp=  fabs(pmA->ppdData[i][j]);
                //根据绝对值判断用哪种格式输出
                if(dTemp>1.0E3 || dTemp<1.0E-1)
                {
                    j%pmA->iCols==0 ? printf("%e\n",pmA->ppdData[i][j]):printf("%
e\t",pmA->ppdData[i][j]);
                }
                else
                {
                    j%pmA->iCols==0 ? printf("%12.9lf\n",pmA->ppdData[i][j]):
printf("%12.9lf\t",pmA->ppdData[i][j]);
                }
            }
```

打印矩阵

```
    }

    //成功,返回 0
    return  TemkinErrors[0].iErrCode;
}
//功能:分配 int 型内存
//iL     -->数组下限
//iH     -->数组上限
//ppiV -->指向 int 型内存(数组)的指针
//返回值:错误码
int  IVector(int ** ppiV,int  iL,int  iH)
{
    int   * piVector;

    //数组下限大于数组上限,返回-3
    if(iL>iH)
    {
        return  TemkinErrors[3].iErrCode;
    }

    //分配内存,多分配 ARRAY_BASE * sizeof(double)个字节的内存
    piVector=(int * )calloc((size_t)(iH-iL+1+ARRAY_BASE),sizeof(int));

    //内存分配失败,返回-4
    if(NULL==piVector)
    {
        return  TemkinErrors[4].iErrCode;
    }

    //多余 ARRAY_BASE * sizeof(double)个字节的内存
    ( * ppiV)=piVector-iL+ARRAY_BASE;
    //成功,返回 0
    return  TemkinErrors[0].iErrCode;
}

//功能:释放(int * )内存区
int  FreeIVector(int ** ppiV,int  iL,int  iH)
{
    free((char * )(( * ppiV)+iL-ARRAY_BASE));
    ( * ppiV)=NULL;
```

内存分配与释放

```
    //成功,返回
    return   TemkinErrors[0].iErrCode;
}


//功能:分配(iH-iL+1+ARRAY_BASE)个 double 型内存
//iL      --> 数组下限
//iH      --> 数组上限
//pdV     --> 指向 double 型内存的指针
//返回值--> 错误码
int   DVector(double  ** ppdV,int  iL,int  iH)
{
    double  * pdVector;

    //数组下限大于数组上限,返回-3
    if(iL>iH)
    {
        return TemkinErrors[3].iErrCode;
    }


    //分配内存,多分配 ARRAY_BASE * sizeof(double)个字节的内存
    pdVector=(double * )calloc((size_t)(iH-iL+1+ARRAY_BASE),sizeof(double));
    //内存分配失败,返回-4
    if(NULL==pdVector)
    {
        return  TemkinErrors[4].iErrCode;
    }
    //多 ARRAY_BASE * sizeof(double)个字节的内存
    ( * ppdV)=pdVector-iL+ARRAY_BASE;

    //成功,返回 0
    return  TemkinErrors[0].iErrCode;
}


//功能:释放(double * )内存区
int  FreeDVector(double  ** ppdV,int  iL,int  iH)
{
    //判断指针是否为空
    if(NULL!=( * ppdV))
    {
        free((char * )(( * ppdV)+iL-ARRAY_BASE));
```

```
        (*ppdV)＝NULL;
    }
    //成功,返回 0
    return  TemkinErrors[0].iErrCode;
}


//功能:为矩阵分配内存
//iRowL-->矩阵行下限
//iRowH-->矩阵行上限
//iColL-->矩阵列下限
//iColH-->矩阵列上限
//pppdData-->指向(double＊＊)的指针
//返回值:错误码
int  DDVector(double  ＊＊＊pppdData,int   iRowL,int iRowH,int iColL,   int
iColH)
{
    int  i;
    int  nRows;//行数
    int  nCols;//列数
    double   ＊＊ppdM;//指向 Matrix 矩阵(double＊＊)型数据区的指针

    //数组下限大于等于数组上限,返回-3
    if(iRowL>iRowH‖iColL>iColH)
    {
        return  TemkinErrors[3].iErrCode;
    }

    //计算行数与列数
    nRows＝iRowH-iRowL＋1;            //行数
    nCols＝iColH-iColL＋1;            //列数

    //分配指向(double＊)的行指针
    ppdM＝(double   ＊＊)calloc((size_t)(nRows＋ARRAY_BASE),sizeof(double＊));
    //内存分配失败,返回-4
    if(NULL＝＝ppdM)
    {
        return  TemkinErrors[4].iErrCode;
    }

    //ppdM 指向的是数组的 0 单元
```

```
    ppdM+=ARRAY_BASE;
    ppdM-=iRowL;                    //向低地址偏移 iRowL 个 double 单位

    //分配矩阵存放数据的内存
    ppdM[iRowL]=(double * )calloc((size_t)(nRows * nCols+ARRAY_BASE),sizeof
(double));
    //内存分配失败,返回-4
    if(NULL==ppdM[iRowL])
    {
        return  TemkinErrors[4].iErrCode;
    }
    ppdM[iRowL]+=ARRAY_BASE;
    ppdM[iRowL]-=iColL;

    //矩阵行指针赋值
    for(i=iRowL+1;i<=iRowH;i++)
    {
        ppdM[i]=ppdM[i-1]+nCols;
    }

    ( * pppdData)=ppdM;
    //成功,返回 0
    return  TemkinErrors[0].iErrCode;
}


//功能:释放(double * * )内存区
int  FreeDDVector(double  * * * pppdData,int  iRowL,int iRowH,int iColL,  int
iColH)
{
    //释放指向列的数据指针
    free((char * )(( * pppdData)[iRowL]+iColL -ARRAY_BASE));
    //释放数据区
    free((char * )(( * pppdData)+iRowL-ARRAY_BASE));

    //成功,返回 0
    return  TemkinErrors[0].iErrCode;
}


//功能:初始化栈
//psStack-->栈指针
```

114

```
//返回值-->错误码,非 0 表示有错误
int  InitStack(STACKS * psStack)
{
    //将栈清 0
    memset(psStack,0,sizeof(STACKS));
    return  TemkinErrors[0].iErrCode;
}


//功能:释放栈
//psStack -->栈指针
//返回值-->错误码,非 0 表示有错误
int  FreeStack(STACKS * psStack)
{
    //定义临时链表矩阵节点
    MATRIX_NODE * pmnTempMN=NULL;

    //释放矩阵节点
    while(psStack->pmnMNHead!=NULL)
    {
        //将链表第一个矩阵节点赋给临时矩阵节点
        pmnTempMN=psStack->pmnMNHead;
        psStack->pmnMNHead=pmnTempMN->pmnNext;

        //释放矩阵
        FreeDDVector(&(pmnTempMN->pm->ppdData),pmnTempMN->pm->iRowL,pmnTempMN-
>pm->iRowH,pmnTempMN->pm->iColL,pmnTempMN->pm->iColH);
        //释放矩阵节点
        free(pmnTempMN->pm);
        pmnTempMN->pm=NULL;
        //释放链表矩阵节点
        free(pmnTempMN);
        pmnTempMN=NULL;
    }

    //成功,返回 0
    return  TemkinErrors[0].iErrCode;
}


//功能:采用最小二乘法对数据进行一元一次回归分析(线性回归)
//pdXHead     -->X 数据序列头指针
```

```
//pdYHead     -->Y 数据序列头指针
//nDataCount -->数据个数
//plpData     -->回归分析参数结构体指针
//返回值       -->错误码,非 0 表示有错误
int  LeastSquareForLinear(double  * pdXHead,  double  * pdYHead,int nDataCount,
LINEAR_PARAMETER  * plpData)
{
    int  i;
    double  dSumOfX=0.0;            //X 的加和
    double  dSumOfY=0.0;            //Y 的加和
    double  dSumOfX2=0.0;           //X 平方的加和
    double  dSumOfY2=0.0;           //Y 平方的加和
    double  dSumOfXY=0.0;           //X 与 Y 积的加和
    double  dSumOfYMYFit2=0.0;      //观测值 Y 与回归拟合 Y 之差的平方和
    double  dXAverage=0.0;          //X 的平均值
    double  dYAverage=0.0;          //Y 的平均值
    double  dSigmaX=0.0;            //X 的标准差(或均方差)
    double  dSigmaY=0.0;            //Y 的标准差(或均方差)
    double  dCovXY=0.0;             //自变量 X 与因变量 Y 的协方差
    double  dCorrelationCoe=0.0;    //回归直线的线性相关系数
    double  dSlope=0.0;             //回归直线的斜率
    double  dIntercept=0.0;         //回归直线的截距

    if(nDataCount<2)
        return  TemkinErrors[7].iErrCode;//数据个数不能小于 2,至少 2 个

    for(i=ARRAY_BASE;i<ARRAY_BASE+nDataCount;i++)
    {
        dSumOfX+= * (pdXHead+i);
        dSumOfY+= * (pdYHead+i);
        dSumOfX2+=pow( * (pdXHead+i),2);
        dSumOfY2+=pow( * (pdYHead+i),2);
        dSumOfXY+=( * (pdXHead+i)) * ( * (pdYHead+i));
    }

    //计算自变量 X 的平均值(Average of X)
    dXAverage=dSumOfX/nDataCount;
    //计算因变量 Y 的平均值(Average of Y)
    dYAverage=dSumOfY/nDataCount;
    //自变量 X 的标准差(或均方差)(Standard deviation of X)
    dSigmaX=sqrt(dSumOfX2/nDataCount-pow(dXAverage,2));
```

线性回归

//因变量 Y 的标准差(或均方差)(Standard deviation of Y)

dSigmaY＝sqrt(dSumOfY2/nDataCount-pow(dYAverage,2));

//自变量 X 与因变量 Y 的协方差(Covariance of X and Y)

dCovXY＝dSumOfXY/nDataCount-dXAverage＊dYAverage;

//回归直线的线性相关系数(Correlation coefficient)

plpData->dCorrelationCoe＝dCorrelationCoe＝dCovXY/(dSigmaX＊dSigmaY);

//计算回归直线的斜率(Slope of regression line)

 plpData-> dSlope ＝ dSlope ＝ (dSumOfXY-nDataCount＊dXAverage＊dYAverage)/(dSumOfX2-nDataCount＊pow(dXAverage,2));

//计算回归直线的截距(Intercept of regression line)

plpData->dIntercept＝dIntercept＝dYAverage-dXAverage＊dSlope;

//成功,返回 0

return   TemkinErrors[0].iErrCode;

}

//功能:拷贝矩阵

//ppmDst --> 目标矩阵指针的指针

//iDstRL --> 目标矩阵行下限

//iDstRH --> 目标矩阵行上限

//iDstCL --> 目标矩阵列下限

//iDstCH --> 目标矩阵列上限

//pmSrc --> 源矩阵指针

//iSrcRL --> 源矩阵行下限

//iSrcRH --> 源矩阵行上限

//iSrcCL --> 源矩阵列下限

//iSrcCH --> 源矩阵列上限

//返回值 --> 错误码,非 0 表示有错误

int MatrixCopy(MATRIX ＊＊ppmDst,int iDstRL,int iDstRH,int iDstCL,int iDstCH,

MATRIX ＊pmSrc,int iSrcRL,int iSrcRH,int iSrcCL,int iSrcCH)

{

    int i,j,ii,jj;

    //指针为空,返回-1

    if(NULL＝＝(＊ppmDst)‖NULL＝＝pmSrc)

    {

        return TemkinErrors[1].iErrCode;

    }

    if((iDstRH-iDstRL)!＝(iSrcRH-iSrcRL)‖(iDstCH-iDstCL)!＝(iSrcCH-iSrcCL))

    {

        return TemkinErrors[6].iErrCode;

    }

矩阵复制与转置

```
//将源矩阵中的选定内容拷至目标矩阵中指定位置
for(i=iSrcRL,ii=iDstRL;i<=iSrcRH;i++,ii++)
{
    for(j=iSrcCL,jj=iDstCL;j<=iSrcCH;j++,jj++)
    {
        (*ppmDst)->ppdData[ii][jj]=pmSrc->ppdData[i][j];
    }
}
//成功,返回 0
return   TemkinErrors[0].iErrCode;
}
//功能:转置矩阵
//pmA     --> 原矩阵指针
//ppmA_T --> 转置后的矩阵
//返回值 --> 错误码,非 0 表示有错误
int   MatrixTranspose(MATRIX  *pmA,MATRIX  **ppmA_T,STACKS  *psStack)
{
    int   i,j;

    //矩阵指针为空,返回-1
    if(NULL==pmA)
    {
        return   TemkinErrors[1].iErrCode;
    }

    //如果*ppmA_T为空,建立新的矩阵
    if(NULL==(*ppmA_T))
    {
        //转置矩阵的行<-->原矩阵的列;转置矩阵的列<-->原矩阵的行
        CreateMatrix(pmA->iColL,pmA->iColH,pmA->iRowL,pmA->iRowH,ppmA_T,
psStack,0);
    }

    //将原矩阵的值赋给转置矩阵
    for(i=1;i<=pmA->iRows;i++)
    {
        for(j=1;j<=pmA->iCols;j++)
        {
            (*ppmA_T)->ppdData [j][i]=pmA->ppdData [i][j];
        }
    }
```

```
    //成功,返回 0
    return  TemkinErrors[0].iErrCode;
}


//功能:矩阵加减运算、乘运算
//dACoe      -->A 矩阵的系数
//pmA        -->A 矩阵
//dBCoe      -->B 矩阵的系数
//pmB        -->B 矩阵
//ppmC       -->C 矩阵
//iASMFlag -->Add  Subtraction 标志,1 表示加减运算,0 表示乘运算
//返回值      -->错误码,非 0 表示有错误
int  MatrixASM(double dACoe,MATRIX  * pmA,double dBCoe,MATRIX  * pmB,MATRIX  **
ppmC,int  iASMFlag)
{
    //矩阵指针为空,返回-1
    if(NULL==pmA ‖ NULL==pmB ‖ NULL==( * ppmC))
    {
        return  TemkinErrors[1].iErrCode;
    }


    if(0==iASMFlag)
    //乘运算
    {
        int   i,j,k;
        double  dTemp;
        //矩阵与转置矩阵行数与列数不对应
        if(pmA->iCols!=pmB->iRows ||
            pmA->iRows!=( * ppmC)->iRows ||
            pmB->iCols!=( * ppmC)->iCols)
        {
            return  TemkinErrors[8].iErrCode;
        }
        //A 矩阵 * B 矩阵=C 矩阵
        //第一种方法
        //计算前先将 C 矩阵清 0
        MatrixZeros(ppmC);
        for(i=1;i<=pmA->iRows;i++)
        {
            for(k=1;k<=pmA->iCols;k++)
            {
```

```
                    dTemp＝dACoe * pmA->ppdData [i][k];
                    for(j＝1;j<＝pmB->iCols;j++)
                    {
                        //dTemp＝dACoe * pmA->ppdData [i][k];
                        (＊ppmC)->ppdData [i][j]+＝dTemp * dBCoe * pmB->ppdData[k][j];
                    }
            }//for(k＝1;k<＝pmA->iCols;k++)
        }//for(i＝1;i<＝pmA->iRows;i++)

        ////第二种方法
        //for(i＝1;i<＝pmA->iRows;i++)
        //{
        //   for(j＝1;j<＝pmB->iCols;j++)
        //   {
        //          for(k＝1;k<＝pmA->iCols;k++)
        //          {
        //              (＊ppmC)->ppdData[i][j]＝(＊ppmC)->ppdData[i][j]+dACoe *
pmA->ppdData[i][k] * dBCoe * pmB->ppdData[k][j];
        //          }//for(k＝1;k<＝pmA->iCols;k++)
        //   }//for(j＝1;j<＝pmB->iCols;j++)
        //}//for(i＝1;i<＝pmA->iRows;i++)
    }
    else
    //加减运算
    {
        int  i,j;
        //行数与列数不相等,返回-6
        if(pmA->iRows!＝pmB->iRows‖
            pmB->iRows!＝(＊ppmC)->iRows‖
            pmA->iCols!＝pmB->iCols‖
            pmB->iCols!＝(＊ppmC)->iCols)
        {
            return  TemkinErrors[6].iErrCode;
        }
        //矩阵对应位置元素相加减
        for(i＝1;i<＝pmA->iRows;i++)
        {
            for(j＝1;j<＝pmA->iCols;j++)
            {
                (＊ppmC)->ppdData [i][j]＝dACoe * pmA->ppdData[i][ j]+dBCoe *
pmB->ppdData[i][j];
```

```
                    }
               }
          }//if(0==iASMFlag)


     //成功,返回0
     return  TemkinErrors[0].iErrCode;
}


//功能:矩阵的逆
//pmA            -->原矩阵指针
//ppmA_I         -->矩阵的逆
//dMatrixValue   -->行列式的值
//psStack        -->管理矩阵的堆栈指针
//返回值          -->错误码,非0表示有错误
int  MatrixInverseHouseholder(MATRIX  * pmA,MATRIX  ** ppmA_I,double  * dMa-
trixValue,STACKS  * psStack)
{
     int  i,j,k,jj;//循环变量
     int  r;//行数,row
     int  c;//列数,col
     int  hc;//需要进行Householder变换的列数,Householder Column
     double  dTemp;//临时变量
     double  dU;//向量差的模
     double  dAlpha;//新向量首元素,单位向量的范数倍,符号与对应元素异号


     STACKS  S;
     MATRIX  * pmQ=NULL;
     MATRIX  * pmR=NULL;
     //矩阵指针为空,返回-1
     if(NULL==pmA)
     {
          return  TemkinErrors[1].iErrCode;
     }


     //矩阵不是方阵,返回-9
     if(pmA->iRows!=pmA->iCols)
     {
          return  TemkinErrors[9].iErrCode;
     }


     //如果*ppmA_I为空,建立新的矩阵
```

矩阵求逆

```c
if(NULL==(*ppmA_I))
{
    //逆矩阵的行<-->原矩阵的行;逆矩阵的列<-->原矩阵的列
    CreateMatrix(pmA->iRowL,pmA->iRowH,pmA->iColL,pmA->iColH,ppmA_I,psStack,0);
}
//初始化堆栈
InitStack(&S);

//建立A矩阵分解对应的Q与R矩阵
CreateMatrix(pmA->iRowL,pmA->iRowH,pmA->iColL,pmA->iColH,&pmQ,&S,0);
CreateMatrix(pmA->iRowL,pmA->iRowH,pmA->iColL,pmA->iColH,&pmR,&S,0);

//获得A矩阵的行与列
r=pmA->iRows;
c=pmA->iCols;

//将A矩阵的内容拷入R矩阵
for(i=1;i<=r;i++)
{
    for(j=1;j<=c;j++)
    {
        pmR->ppdData[i][j]=pmA->ppdData[i][j];
    }
}//for(i=1;i<=r;i++)

//将Q矩阵对角线元素置1,其余元素置0,形成单位对角矩阵
for(i=1;i<=pmQ->iRows;i++)
{
    for(j=1;j<=pmQ->iCols;j++)
    {
        pmQ->ppdData[i][j]=0.0;
        if(i==j)
        {
            pmQ->ppdData[i][j]=1.0;
        }
    }
}//for(i=1;i<=pmQ->iRows;i++)

//计算需要循环的列数
```

```
hc=(r==c)? c-1:c;

//Householder 变换,对矩阵各个列向量进行处理
for(k=1;k<=hc;k++)
{
    dU=0.0;//赋最小值 0.0
    //查找某一列的最大值
    for(i=k;i<=r;i++)
    {
        double   dTemp;//临时变量,退出 for 循环后消失
        dTemp=fabs(pmR->ppdData[i][k]);
        if(dTemp>dU)
        {
            dU=dTemp;
        }
    }
    //将 k 列归一化后求范数的平方,即源向量 x 范数的平方
    dAlpha=0.0;
    for(i=k;i<=r;i++)
    {
        dTemp=pmR->ppdData[i][k]/dU;
        dAlpha+=(dTemp * dTemp);
    }
    //如果对应元素大于,则改变符号,保证异号相减
    //正+正=正-(负),负+负=负-(正)
    if(pmR->ppdData[k][k]>0.0)
    {
        dU=-dU;
    }
    //符号×源向量 x 的范数
    dAlpha=dU * sqrt(dAlpha);
    //判断源向量 x 范数是否为 0
    if(fabs(dAlpha)+1.0==1.0)
    {
        return   TemkinErrors[12].iErrCode;
    }
    //源向量 x-目标向量 y=向量差 u,计算向量差的模||u||
    dU=sqrt(2.0 * dAlpha * (dAlpha-pmR->ppdData[k][k]));
    //向量差的模不为 0.0,分母不能为 0
    if((dU+1.0)!=1.0)
    {
```

```
//向量差除以模得到单位向量,此时 dU 为向量差的模
pmR->ppdData[k][k]=(pmR->ppdData[k][k]-dAlpha)/dU;
//将 k 后面的元素减去 0.0,均除以向量差的模
for(i=k+1;i<=r;i++)
{
    pmR->ppdData[i][k]=pmR->ppdData[i][k]/dU;
}


//计算 H×Q,结果用于后续的 RX=Q 求解
for(j=1;j<=r;j++)
{
    dTemp=0.0;
    for(jj=k;jj<=r;jj++)
    {
        dTemp=dTemp+pmR->ppdData[jj][k]*pmQ->ppdData[jj][j];
    }
    //计算第 k 行 k+1 列右边的数据
    for(i=k;i<=r;i++)
    {
        pmQ->ppdData[i][j]=pmQ->ppdData[i][j]-2.0*dTemp*pmR->ppd-
Data[i][k];
    }
ⅡX}//for(j=1;j<=r;j++)


//计算 H×A
//从第 k+1 开始,第 k 列为目标向量,不需计算
for(j=k+1;j<=c;j++)
{
    dTemp=0.0;
    //第 k 列与第 k+1 列对应项相乘,得到标量 dTemp
    for(jj=k;jj<=r;jj++)
    {
        dTemp=dTemp+pmR->ppdData[jj][k]*pmR->ppdData[jj][j];
    }
    //计算第 k 行 k+1 列右边的数据
    for(i=k;i<=r;i++)
    {
        pmR->ppdData[i][j]=pmR->ppdData[i][j]-2.0*dTemp*pmR->ppd-
Data[i][k];
    }
}
```

124

```
        }//for(j=k+1;j<=c;j++)

        //目标向量 y 第 k 列,[k][k]元素=dAlpha,其余元素为 0.0
        pmR->ppdData[k][k]=dAlpha;
        for(i=k+1;i<=r;i++)
        {
            pmR->ppdData[i][k]=0.0;
        }
    }//if((dU+1.0)!=1.0)
}//for(k=1;k<=hc;k++)


//将 Q 中的数据拷入 A_I 中,同时对 R 矩阵对角线元素相乘
dTemp=1.0;
for(i=1;i<=pmQ->iRows;i++)
{
    for(j=1;j<=pmQ->iCols;j++)
    {
        //对 R 矩阵对角线元素相乘
        if(i==j)
        {
            dTemp *=pmR->ppdData[i][j];
        }
        //将 Q 矩阵中数据拷入 A_I 中
        (*ppmA_I)->ppdData[i][j]=pmQ->ppdData[i][j];
    }
}//for(i=1;i<=pmQ->iRows;i++)
(*dMatrixValue)=dTemp;


//求解
for(k=1;k<=c;k++)
{
    for(i=c;i>=1;i--)
    {
        //每次临时值清 0
        dTemp=0.0;
        for(j=i+1;j<=c;j++)
        {
            dTemp=dTemp+pmR->ppdData[i][j]*(*ppmA_I)->ppdData[j][k];
        }
        (*ppmA_I)->ppdData[i][k]=(pmQ->ppdData[i][k]-dTemp)/pmR->ppdData
[i][i];
```

```
        }
    }//for(k=1;k<=c;k++)

    //放在最后释放堆栈
    FreeStack(&S);
    //成功,返回 0
    return  TemkinErrors[0].iErrCode;
}
//功能:向量的 2 范数,只针对 1 列的矩阵
//pmA      -->A 矩阵
//pdNorm -->矩阵的 2 范数
//返回值 -->错误码,非 0 表示有错误
int  MatrixNorm2(MATRIX  * pmA,double  * pdNorm)
{
    int  i,iRows;
    double  dMax=0.0;
    double  dMin=0.0;
    double  dTemp=0.0;
    double  dAlpha=0.0;

    //矩阵指针为空,返回-1
    if(NULL==pmA)
    {
        return  TemkinErrors[1].iErrCode;
    }

    //矩阵不是向量(单列),返回-10
    if(pmA->iCols>=2)
    {
        return  TemkinErrors[10].iErrCode;
    }

    //得到矩阵的行数
    iRows=pmA->iRows;
    dMax=0.0;//赋最小值 0.0
    //查找列的最大值
    for(i=1;i<=iRows;i++)
    {
        double  dTemp;//临时变量,退出 for 循环后消失
        dTemp=fabs(pmA->ppdData[i][1]);
```

矩阵 2 范数

```
        if(dTemp>dMax)
        {
            dMax=dTemp;
        }
    }//for(i=1;i<=iRows;i++)
    //将列归一化后求范数的平方,即源向量 x 范数的平方
    dAlpha=0.0;
    for(i=1;i<=iRows;i++)
    {
        dTemp=pmA->ppdData[i][1]/dMax;
        dAlpha+=(dTemp*dTemp);
    }
    //符号×源向量 x 的范数
    dAlpha=dMax*sqrt(dAlpha);
    //判断源向量 x 范数是否为 0
    if(fabs(dAlpha)+1.0==1.0)
    {
        //如果最大值为 0,返回-11
        return  TemkinErrors[11].iErrCode;
    }
    * pdNorm=dAlpha;

    //成功,返回 0
    return  TemkinErrors[0].iErrCode;
}


//功能:Jacobi 矩阵
//pmX     -->自变量
//ppmJ    -->Jacobi 矩阵
//pFunc   -->指向公式的函数指针
//pmLP    -->LANGMUIR 参数矩阵指针
//返回值  -->错误码,非 0 表示有错误
int  Jacobi(MATRIX  * pmX,  MATRIX  * * ppmJ,double( * pFunc)(double,double,
double),MATRIX * pmLP)
{
    int  i,j,iRows,iCols;
    double  dY1,  dY2;
    //矩阵指针为空,返回-1
    if(NULL==pmX || NULL==( * ppmJ) || NULL==pmLP)
    {
```

Jacobi 矩阵

```
        return  TemkinErrors[1].iErrCode;
    }
    //X 矩阵与 Y 矩阵的行不对应相等,返回-6
    if(pmX->iRows!=(*ppmJ)->iRows)
    {
        return  TemkinErrors[6].iErrCode;
    }
    //获得矩阵的行与列
    iRows=pmX->iRows;
    iCols=(*ppmJ)->iCols;
    for(j=1;j<=iCols;j++)
    {
        if(j==1)
        {
            //处理第一个参数
            for(i=1;i<=iRows;i++)
            {
                dY1=(*pFunc)(pmLP->ppdData[1][1]-0.000001,pmLP->ppdData[2][1],
pmX->ppdData[i][1]);
                dY2=(*pFunc)(pmLP->ppdData[1][1]+0.000001,pmLP->ppdData[2]
[1],pmX->ppdData[i][1]);
                //两个 Y 值相减得 Δy,除以 Δx,计算一阶导数
                (*ppmJ)->ppdData[i][j]=(dY2-dY1)/0.000002;//2×0.000001,2×Δx
            }//for(i=1;i<=iRows;i++)
        }
        if(j==2)
        {
            //处理第二个参数
            for(i=1;i<=iRows;i++)
            {
                dY1=(*pFunc)(pmLP->ppdData[1][1],pmLP->ppdData[2][1]-0.000001,
pmX->ppdData[i][1]);
                dY2=(*pFunc)(pmLP->ppdData[1][1],pmLP->ppdData[2][1]+
0.000001,pmX->ppdData[i][1]);
                //两个 Y 值相减得 Δy,除以 Δx,计算一阶导数
                (*ppmJ)->ppdData[i][j]=(dY2-dY1)/0.000002;//2×0.000001,2×Δx
            }//for(i=1;i<=iRows;i++)
        }
    }//for(j=1;j<=iCols;j++)

    //成功,返回 0
```

```
        return  TemkinErrors[0].iErrCode;
    }


//功能:将矩阵 X 的值通过公式计算得到矩阵 Y 的值
//pmX     -->X 数据,相对压力
//ppmY    -->利用公式计算得到的 Y 值
//pFun    -->指向公式的函数指针
//pmLP    -->解矩阵,待拟合的参数
//返回值 -->错误码,非 0 表示有错误
int  MatrixMap(MATRIX   * pmX,MATRIX   * * ppmY,double( * pFunc)(double,double,
double),MATRIX * pmLP)
{
    int  i;
    //矩阵指针为空,返回-1
    if(NULL==pmX‖NULL==( * ppmY)‖NULL==pmLP)
    {
        return  TemkinErrors[1].iErrCode;
    }


    //X 矩阵与 Y 矩阵的行与列不对应相等,返回-6
    if(pmX->iRows!=( * ppmY)->iRows‖pmX->iCols!=( * ppmY)->iCols)
    {
        return  TemkinErrors[6].iErrCode;
    }


    //X 矩阵元素为自变量,通过函数＋参数计算得到 Y 矩阵对应元素的值
    for(i=1;i<=pmX->iRows;i++)
    {
        ( * ppmY)->ppdData[i][1]=( * pFunc)(pmLP->ppdData[1][1],pmLP->ppdData[2]
[1],pmX->ppdData[i][1]);
    }


    //成功,返回 0
    return  TemkinErrors[0].iErrCode;
}


//功能:矩阵所有元素置 0.0
//ppmA-->方阵
//返回值-->错误码,非 0 表示有错误
int  MatrixZeros(MATRIX   * * ppmA)
{
```

矩阵元素运算

```
    int  i,j;

    //如果*ppmA为空,返回-1
    if(NULL==(*ppmA))
    {
        return  TemkinErrors[1].iErrCode;
    }

    //对每个元素赋0.0
    for(i=1;i<=(*ppmA)->iRows;i++)
    {
        for(j=1;j<=(*ppmA)->iCols;j++)
        {
            (*ppmA)->ppdData[i][j]=0.0;
        }//for(j=1;j<=(*ppmA)->iCols;j++)
    }//for(i=1;i<=(*ppmA)->iRows;i++)

    //成功,返回0
    return  TemkinErrors[0].iErrCode;
}

//功能:矩阵的逆
//pmA      -->原矩阵指针
//ppmA_I -->矩阵的逆
//返回值 -->错误码,非0表示有错误
int  MatrixInverse(MATRIX  *pmA,MATRIX  **ppmA_I,STACKS *psStack)
{
    int  i,j,n;                    //循环变量
    int  *piIndex=NULL;            //行变换记录
    double  dEven=0.0;             //行变换次数,奇数为-1,偶数为1
    STACKS  S;                     //堆栈
    MATRIX  *pmAD=NULL;            //A矩阵的复制矩阵
    MATRIX  *pmCol=NULL;

    //矩阵指针为空,返回-1
    if(NULL==pmA)
    {
        return  TemkinErrors[1].iErrCode;
    }
```

矩阵元素清零

矩阵 LU 求逆

比表面积计算方法与C程序设计案例教程

```
//矩阵不是方阵,返回-9
if(pmA->iRows!=pmA->iCols)
{
    return  TemkinErrors[9].iErrCode;
}


//如果 * ppmA_I 为空,建立新的矩阵
if(NULL==(*ppmA_I))
{
    //逆矩阵的行<-->原矩阵的行;逆矩阵的列<-->原矩阵的列
        CreateMatrix(pmA->iRowL,pmA->iRowH,pmA->iColL,pmA->iColH,ppmA_I,
psStack,0);
}
//初始化堆栈
InitStack(&S);
//分配内存,行数索引
IVector(&piIndex,pmA->iRowL,pmA->iRowH);
//pmA-->分解为上、下三角矩阵,pmAD
MatrixDuplicate(pmA,&pmAD,&S);//先复制 A 矩阵
MatrixLowUp(&pmAD,&piIndex,  &dEven);//对 A 的复制矩阵进行上、下三角分解


//求矩阵的逆
n=pmA->iRows;//矩阵的行数
CreateMatrix(1,n,1,1,&pmCol,&S,0);//创建单位列向量
for(j=1;j<=n;j++)
{
    //单位列向量
    for(i=1;i<=n;i++)
    {
        pmCol->ppdData[i][1]=0.0;
    }
    pmCol->ppdData[j][1]=1.0;
    //根据 A 矩阵分解后的上、下三角求解列向量
    MatrixLUSolution(&pmAD,&piIndex,&pmCol);
    //将列向量的解依次放入到解向量矩阵中
    for(i=1;i<=n;i++)
    {
        (*ppmA_I)->ppdData[i][j]=pmCol->ppdData[i][1];
    }
}//for(j=1;j<=n;j++)
```

```
                //释放内存
                FreeIVector(&piIndex,pmA->iRowL,pmA->iRowH);
                //放在最后释放堆栈
                FreeStack(&S);

                //成功,返回 0
                return  TemkinErrors[0].iErrCode;
        }


        //功能:复制矩阵
        //pmA         --> 原矩阵指针
        //ppmA_D      --> 复制后的矩阵
        //返回值      --> 错误码,非 0 表示有错误
        int  MatrixDuplicate(MATRIX  * pmA,MATRIX  ** ppmA_D,STACKS  * psStack)
        {
                int  i,j;
                //矩阵指针为空,返回-1
                if(NULL==pmA)
                {
                        return  TemkinErrors[1].iErrCode;
                }
                //如果 * ppmA_D 为空,建立新的矩阵
                if(NULL==( * ppmA_D))
                {
                        CreateMatrix( pmA-> iRowL, pmA-> iRowH, pmA-> iColL, pmA-> iColH, ppmA_D,
psStack,0);
                }
                //将原矩阵的值赋给复制矩阵
                for(i=1;i<=pmA->iRows;i++)
                {
                        for(j=1;j<=pmA->iCols;j++)
                        {
                                ( * ppmA_D)->ppdData [i][j]=pmA->ppdData [i][j];
                        }
                }
                //成功,返回 0
                return  TemkinErrors[0].iErrCode;
        }
        //功能:上三角与下三角矩阵分解
```

矩阵复制

矩阵上下三角分解

```
//ppmA        -->方阵,输入为原矩阵,输出为上、下三角矩阵之和
//ppnIndex  -->输出向量,记录矩阵分解后行的排列次序
//pd          -->输出变量为+1或-1,+1表示交换次数为偶数,-1为奇数
//返回值      -->错误码,非0表示有错误
int  MatrixLowUp(MATRIX  ** ppmA,int ** ppnIndex,  double  * pdEven)
{
    int  i,j,k,n,nMax;
    double  dBig,dDummy,dSum,dTemp;
    double  * pdRatio=NULL;

    //矩阵指针为空,返回-1
    if(NULL==( * ppmA))
    {
        return  TemkinErrors[1].iErrCode;
    }
    //矩阵不是方阵,返回-9
    if(( * ppmA)->iRows!=( * ppmA)->iCols)
    {
        return  TemkinErrors[9].iErrCode;
    }

    //获得方阵的行
    n=( * ppmA)->iRows;
    //建立动态内存,存放每一行的比例因子
    DVector(&pdRatio,1,n);

    //pdRatio=(double * )calloc(n,sizeof(double));
    //行交换次数,奇数为-1.0,偶数为1.0
     * pdEven=1.0;

    //按行循环,找到每一行的最大值,计算比例因子
    for(i=1;i<=n;i++)
    {
        dBig=0.0;
        for(j=1;j<=n;j++)
        {
            //找 i 行中最大值,取绝对值最大的数
            dTemp=fabs(( * ppmA)->ppdData[i][j]);
            if(dTemp>dBig)
            {
```

```
            dBig=dTemp;
        }
}//for(j=1;j<=n;j++)
//如果最大值为,则返回-11,报错
if(dBig==0.0)
{
        //最大值为 0,说明矩阵可以退化为非奇异阵
        return  TemkinErrors[11].iErrCode;
}
//计算每一行中最大值的倒数
pdRatio[i]=1.0/dBig;
}//for(i=1;i<=n;i++)

//Crout 方法的列循环
for(j=1;j<=n;j++)
{
    //处理 i<=j 的情况,相当于上三角矩阵
    for(i=1;i<=j;i++)
    {
        dSum=(*ppmA)->ppdData[i][j];
        for(k=1;k<i;k++)
        {
            dSum-=(*ppmA)->ppdData[i][k]*(*ppmA)->ppdData[k][j];
        }//for(k=1;k<i;k++)
        (*ppmA)->ppdData[i][j]=dSum;
    }//for(i=1;i<=j;i++)
    dBig=0.0;
    //处理 i>j 的情况,相当于下三角矩阵
    for(i=j+1;i<=n;i++)
    {
        dSum=(*ppmA)->ppdData[i][j];
        for(k=1;k<j;k++)
        {
            dSum-=(*ppmA)->ppdData[i][k]*(*ppmA)->ppdData[k][j];
        }
        (*ppmA)->ppdData[i][j]=dSum;
        if((dDummy=fabs(dSum)*pdRatio[i])>dBig)
        {
            dBig=dDummy;
            nMax=i;
        }
```

```
    }//for(i=j+1;i<=n;i++)

    //是否需要交换行
    if(j!=nMax)
    {
        //需要交换
        for(k=1;k<=n;k++)
        {
            dDummy=(*ppmA)->ppdData[nMax][k];
            (*ppmA)->ppdData[nMax][k]=(*ppmA)->ppdData[j][k];
            (*ppmA)->ppdData[j][k]=dDummy;
        }
        //改变 pdEven 的奇偶性
        *pdEven=-(*pdEven);
        //同步交换比例因子
        pdRatio[nMax]=pdRatio[j];
    }
    //记录当前行为原来的那一行
    (*ppnIndex)[j]=nMax;
    //如果主元素为 0,则矩阵是奇异的
    if((*ppmA)->ppdData[j][j]==0.0)
    {
        (*ppmA)->ppdData[j][j]=TINY;
    }
    //如果不是最后一列
    if(j!=n)
    {
        dDummy=1.0/(*ppmA)->ppdData[j][j];
        //i>j,行大于列情况下的数据重新归一化
        for(i=j+1;i<=n;i++)
        {
            (*ppmA)->ppdData[i][j]*=dDummy;
        }
    }//if(j!=n)
}//for(j=1;j<=n;j++)

//释放内存
FreeDVector(&pdRatio,1,n);
//成功,返回 0
return  TemkinErrors[0].iErrCode;
}
```

上下三角求解线性方程

```
//功能:上三角与下三角矩阵求解 n 维线性方程
//ppmA        -->方阵,输入为原矩阵,输出为上、下三角矩阵之和
//ppnIndex  -->输出向量,记录矩阵分解后行的排列次序
//ppmBX      -->输入时为 B,输出时为 X
//返回值      -->错误码,非 0 表示有错误
int  MatrixLUSolution(MATRIX  ** ppmA,int  ** ppiIndex,  MATRIX  ** ppmBX)
{
    int  i,j,ii=-1,ip,n;
    double  dSum;
    //矩阵指针为空,返回-1
    if(NULL==( * ppmA))
    {
        return  TemkinErrors[1].iErrCode;
    }
    //矩阵不是方阵,返回-9
    if(( * ppmA)->iRows!=( * ppmA)->iCols)
    {
        return  TemkinErrors[9].iErrCode;
    }
    //获得方阵的行
    n=( * ppmA)->iRows;

    //进行 LY=B 的回代计算
    for(i=1;i<=n;i++)
    {
        //得到行的索引值
        ip=( * ppiIndex)[i];
        dSum=( * ppmBX)->ppdData[ip][1];

        //从小到大顺序计算,第一行赋值
        ( * ppmBX)->ppdData[ip][1]=( * ppmBX)->ppdData[i][1];
        //当 ii 为非负值时,表示 B 的第一个非 0 元素位置
        if(ii>=0)
        {
            for(j=ii;j<=i-1;j++)
            {
             ·  dSum-=( * ppmA)->ppdData[i][j] * ( * ppmBX)->ppdData[j][1];
            }
        }
        else if(dSum)
        {
```

136

```
        //遇到非 0 元素,进入求和循环
        ii＝i;
    }
    (＊ppmBX)->ppdData[i][1]＝dSum;
}//for(i=1;i<=n;i＋＋)


//进行 UX＝Y 回代计算
for(i＝n;i>＝1;i--)
{
    //倒着计算
    dSum＝(＊ppmBX)->ppdData[i][1];
    for(j=i+1;j<=n;j＋＋)
    {
        dSum-＝(＊ppmA)->ppdData[i][j]＊(＊ppmBX)->ppdData[j][1];
    }
    //保存解向量 X 的一个分量
    (＊ppmBX)->ppdData[i][1]＝dSum/(＊ppmA)->ppdData[i][i];
}//for(i=n-1;i>＝1;i--)


//成功,返回 0
return  TemkinErrors[0].iErrCode;
}
//功能:非线性拟合 Langmuir 模型
//dAmount  -->最大吸附量(Adsorbed Gas Amount),Vm(单层最大吸附量,Max Volume of Mon-
olayer)
//dCons    -->速率常数(Constant),C
//dRelPres -->相对压力(Relative Pressure),Pr,无量纲
//返回值:吸附量(体积、质量、摩尔数)
double  Langmuir(double  dAmount,double dCons,double  dRelPres)
{
    double  dTemp;
    //Langmuir 计算公式:A_p＝A_m＊C＊P/(1+C＊P)
    dTemp＝dAmount＊dCons＊dRelPres/(1＋dCons＊dRelPres);
    return  dTemp;
}
//功能:非线性拟合的目标函数 Y＝dconstant_1＊ln(Pr)＋dconstant_2
//dconstant_1-->temkin 常数,表示式(4-59)中的 RT/a
//dconstant_2-->temkin 常数,表示式(4-59)中的 RTln(k)/a
//dRelPres-->相对压力(Relative Pressure),Pr,无量纲
//返回值:气体吸附量(Adsorbed Gas Volume),Va
```

非线性模型

```
double  Temkin(double dconstant_1,double dconstant_2,double  dRelPres)
{
    double  dY;
    //Temkin 计算公式:Y=dconstant_1 * ln(Pr)+dconstant_2
    dY=dconstant_2+dconstant_1 * log(dRelPres);//log()是指自然对数 ln()
    return  dY;
}
```

Temkin 方法 C 程序运行结果如图 4-4 所示。

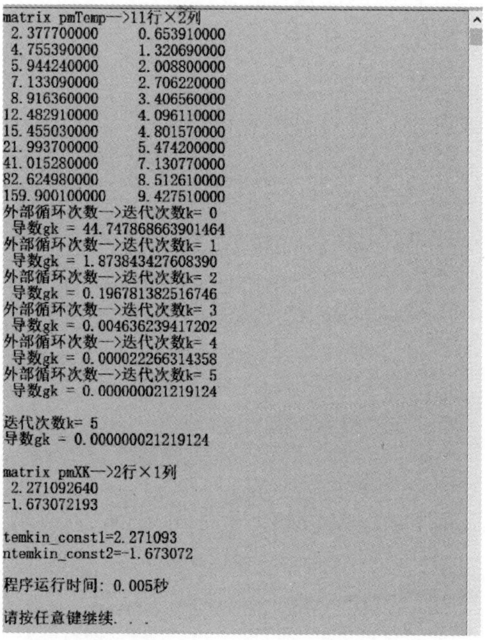

图 4-4　Temkin 方法 C 程序运行结果图

第 5 章
Freundlich 方程及 C 程序

1909 年，Herbert Freundlich 提出了一个吸附剂吸附气体量随气压等温变化的经验关系式，该经验式称为 Freundlich 吸附等温线或 Freundlich 方程，1997 年，Adamson 从理论上对 Freundlich 方程进行了推导，推导主要基于如下假设：

① 吸附剂的表面具有异质性；

② 固体表面的吸附位具有不同的吸附能量；

③ 吸附为单分子层吸附，一个吸附质分子可以占据几个吸附位；

④ 能量和活性位点呈指数分布；

⑤ 被吸附的气体分子是定域的，并且分子相互间没有作用力。

Freundlich 方程

基于上述假设，与 Langmuir 方程适用于发生在均匀表面或近似于均匀表面的非均匀表面的均匀吸附不同，Freundlich 方程适用于发生在粗糙表面上的非均匀吸附。目前，Freundlich 吸附等温线已经是吸附领域中应用最广泛的等温线之一。

5.1 Freundlich 方程

吸附质分子被固体表面捕获时，称为吸附，向环境释放能量；吸附质分子离开固体表面时，称为脱附，从环境吸收能量；吸附与脱附过程是动态平衡过程，这个过程总的热量变化称为吸附热，用 q 表示，吸附时放热，q 小于 0，脱附时吸热，q 大于 0。Freundlich 方程假定覆盖度 θ 随着吸附热 q 的增加呈指数减少趋势，如式(5-1) 和式(5-2) 所示，关系曲线如图 5-1 所示，其中 q_m 为吸附热常数，定义为当覆盖度为 $e^{-1} = 0.3679$ 时对应的吸附热。当吸附饱和时，覆盖度 θ 为 1，此时没有吸附质分子与固体表面发生吸附作用，吸附热 q 为 0；当吸附热 q 为常数 q_m 时，覆盖度 θ 为 0.3679，此时认为吸附脱附达到一个平衡状态；当覆盖度 θ 接近于 0 时，固体表面未吸附任何吸附质分子，此时吸附热 q 为无穷大，表现为很强的吸附能力，易于捕获吸附质分子。

$$\theta = e^{-\frac{q}{q_m}} \qquad\qquad 式(5-1)$$

$$q = -q_m \ln\theta \qquad\qquad 式(5-2)$$

Freundlich 方程推导过程所用变量如表 5-1 所示。

▣ 表 5-1 Freundlich 方程推导过程各物理量列表

物理量符号	意义	量纲	备注
θ	表面覆盖度	无	Surface coverage

物理量符号	意义	量纲	备注
q	吸附热	$J \cdot mol^{-1}$	The heat of adsorption
q_m	吸附热常数	$J \cdot mol^{-1}$	Adsorption heat constant
$K(C)$	吸附/脱附速率常数比	无	Ratio of adsorption/desorption rate constant
K^{ϕ}	热力学平衡常数	无	Thermodynamic equilibrium constant
R	普适气体常数,8.314	$J \cdot mol^{-1} \cdot K^{-1}$	The universal gas constant
T	吸附温度	K	The adsorption temperature
P_r	相对压力	无	Relative pressure
V_a	某一相对压力下吸附的吸附质体积	$mL \cdot g^{-1}$	The volume of adsorbate adsorbed at a relative pressure
V_m	单分子层最大吸附体积	$mL \cdot g^{-1}$	Maximum adsorption volume of monolayer
W_a	某一相对压力下吸附的吸附质质量	g	The weight(mass) of adsorbate adsorbed at a relative pressure
W_m	单分子层最大吸附质量	g	Maximum adsorption weight(mass) of monolayer
M_a	某一相对压力下吸附的吸附质摩尔数	mol	The number of adsorbate moles adsorbed at certain relative pressure
M_m	单分子层最大吸附摩尔数	mol	Maximum adsorption mole number of monolayer
k_a	吸附速率常数	不确定	Adsorption rate constant
k_d	脱附速率常数	不确定	Desorption rate constant
ΔH_m^{ϕ}	标准摩尔焓变	$J \cdot mol^{-1}$	The standard molar enthalpy change
ΔG_m^{ϕ}	标准摩尔吉布斯自由能变	$J \cdot mol^{-1}$	The standard molar Gibbs free energy change
ΔS_m^{ϕ}	标准摩尔熵变	$J \cdot mol^{-1} \cdot K^{-1}$	The standard molar entropy change

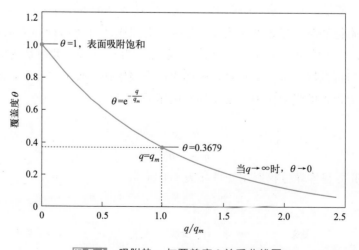

图 5-1 吸附热 q 与覆盖度 θ 关系曲线图

Langmuir 方程对应表达式为式(5-3)，在 Langmuir 方程的推导过程中，当达到吸附平衡时，吸附速率和脱附速率相等，可以得到参数 C，其定义是吸附速率常数 k_a 与脱附速率常数 k_d 之比，对于 Langmuir 方程而言，其值为恒定值；而 Freundlich 方程中该参数为可变值，为了区别起见，将其命名为 K，其表达式为式(5-4)，此处的 q_m 为常数，q_m 越大，表明吸附/脱附过程达到相同的覆盖度 θ 时，所需要的能量越高。联立式(5-3)和式(5-4)得式(5-5)，对式(5-5)两边取对数，移项整理后得式(5-6)和式(5-7)。通常 RT/q_m 值较小，特别是当覆盖度 θ 接近于 0.5（$0.2 < \theta < 0.8$）时，$\ln[\theta/(1-\theta)]$近似为 0，式(5-7)简化为式(5-8)，该式为线性形式的 Freundlich 方程，引入参数 A 与 B，如式(5-9)和式(5-10)所示，线性形式的 Freundlich 方程式(5-8)简化为式(5-11)。覆盖度 θ 可以分别用体积比 V_a/V_m、质量比 W_a/W_m 和物质的量比 M_a/M_m 来表示，演化出式(5-13)、式(5-14)和式(5-15)。由于 $\ln V_m$ 和 B 均为常数值，用 $\ln K_F$ 代替，对式(5-13)进行变换，得到参数替换后的 Freundlich 方程线性形式，如式(5-16)所示，还可以得到 Freundlich 方程的非线性形式，如式(5-17)所示。

$$C = \frac{\theta}{P_r(1-\theta)} \qquad \text{式(5-3)}$$

$$C = K = \frac{k_a}{k_d} = K^{\phi} e^{\frac{q}{RT}} = K^{\phi} e^{-\frac{q_m \ln\theta}{RT}} \qquad \text{式(5-4)}$$

$$K = K^{\phi} e^{-\frac{q_m \ln\theta}{RT}} = K^{\phi} e^{\ln\theta^{-\frac{q_m}{RT}}} = K^{\phi}\theta^{-\frac{q_m}{RT}} = \frac{\theta}{P_r(1-\theta)} \qquad \text{式(5-5)}$$

$$\ln K^{\phi} - \frac{q_m}{RT}\ln\theta = \ln\frac{\theta}{(1-\theta)} - \ln P_r \qquad \text{式(5-6)}$$

$$\ln\theta + \frac{RT}{q_m}\ln\frac{\theta}{(1-\theta)} = \frac{RT}{q_m}\ln P_r + \frac{RT}{q_m}\ln K^{\phi} \qquad \text{式(5-7)}$$

$$\ln\theta = \frac{RT}{q_m}\ln P_r + \frac{RT}{q_m}\ln K^{\phi} \qquad \text{式(5-8)}$$

$$A = \frac{RT}{q_m} \qquad \text{式(5-9)}$$

$$B = \frac{RT}{q_m}\ln K^{\phi} \qquad \text{式(5-10)}$$

$$\ln\theta = A\ln P_r + B \qquad \text{式(5-11)}$$

$$\ln\frac{V_a}{V_m} = \ln\frac{W_a}{W_m} = \ln\frac{M_a}{M_m} = A\ln P_r + B \qquad \text{式(5-12)}$$

$$\ln V_a = A\ln P_r + \ln V_m + B \qquad \text{式(5-13)}$$

$$\ln W_a = A\ln P_r + \ln W_m + B \qquad \text{式(5-14)}$$

$$\ln M_a = A\ln P_r + \ln M_m + B \qquad \text{式(5-15)}$$

$$\ln V_a = A\ln P_r + \ln K_F \qquad \text{式(5-16)}$$

$$V_a = K_F P_r^A \qquad \text{式(5-17)}$$

Freundlich 方程与 Temkin 方程类似，主要应用于对吸附平衡数据建模以研究吸附机理和评估吸附剂性能，因此，同样存在线性回归和非线性回归两种方法来求解未知参数 $[A, K_F]$，但是线性回归求解误差较大，非线性回归求解过程较为复杂，这里给出新的求解思路，叫作 QR 分解法，利用吸附平衡数据构建一组线性方程组，引入 QR 分解法来求解线性方程组得到最优参数组 $[A^*, K_F^*]$。其原理如下，式(5-9) 与式(5-10) 说明参数 A 与 B 是温度的函数，V_m 是最大单层吸附量，因此，对于同一条吸附等温线，A、B 和 V_m 是不变的，对于一组个数为 n 的实验吸附等温线数据 $[(P_1, V_1), (P_2, V_2), (P_3, V_3), \cdots, (P_n, V_n)]$，将其代入式(5-16) 之中，得到一组线性方程组，如式(5-18) 所示。

$$
\begin{array}{ll}
\ln V_1 = A \ln P_1 + \ln K_F & y_1 = A x_1 + \ln K_F \\
\ln V_2 = A \ln P_2 + \ln K_F & y_2 = A x_2 + \ln K_F \\
\vdots \quad \xrightarrow[\;y=\ln V\;]{\;x=\ln P\;} & \vdots \\
\ln V_n = A \ln P_n + \ln K_F & y_n = A x_n + \ln K_F
\end{array}
\qquad \text{式(5-18)}
$$

将该线性方程组变换为矩阵形式，即式(5-18) 变为式(5-19)。

$$
\begin{pmatrix}
x_1 & 1.0 \\
x_2 & 1.0 \\
\vdots & \vdots \\
x_n & 1.0
\end{pmatrix}
\begin{pmatrix}
A \\
K_F
\end{pmatrix}
=
\begin{pmatrix}
y_1 \\
y_2 \\
\vdots \\
y_n
\end{pmatrix}
\qquad \text{式(5-19)}
$$

对于该矩阵方程，系数矩阵为 $n \times 2$，引入 QR 分解可以快速求解该矩阵方程的解向量，也就是未知参数组 $[A, K_F]$，具体案例将在下面给出。

5.2 热力学参数计算

热力学参数计算

根据式(5-8) 计算覆盖度 θ，得式(5-20)，根据上述推导，引入 K_F 与 A 系数，如式(5-21) 和式(5-22) 所示，整理后得式(5-23)，该式为非线性形式的 Freundlich 方程。变换式(5-21) 得到的式(5-24) 可以计算 K^ϕ。

$$\theta = P_r^{\frac{RT}{q_m}} (K^\phi)^{\frac{RT}{q_m}} = (K^\phi)^{\frac{RT}{q_m}} P_r^{\frac{RT}{q_m}} \qquad \text{式(5-20)}$$

令

$$K_F = (K^\phi)^{\frac{RT}{q_m}} \qquad \text{式(5-21)}$$

$$A = \frac{RT}{q_m} \qquad \text{式(5-22)}$$

则

$$\frac{V_a}{V_m} = \theta = K_F P_r^A \qquad \text{式(5-23)}$$

$$K^\phi = (K_F)^{1/A} \qquad \text{式(5-24)}$$

任何一个化学反应的摩尔吉布斯自由能变 ΔG_m 都可以用化学反应的等温方程式计算，如式（5-25）所示。

$$\Delta G_m = \Delta G_m^\phi + RT\ln K^\phi \qquad \text{式（5-25）}$$

反应达到平衡时，$\Delta G_m = 0$，此时，热力学平衡常数 K^ϕ 与标准摩尔吉布斯自由能变 ΔG_m^ϕ 的关系如式（5-26）所示。

$$\Delta G_m^\phi = -RT\ln K^\phi \qquad \text{式（5-26）}$$

根据 Van't Hoff 等压方程，等压条件下，热力学平衡常数 K^ϕ 与标准摩尔焓变 ΔH_m^ϕ 满足式（5-27），当温度变化区间不大时，ΔH_m^ϕ 基本保持不变，可视为恒定值，对式（5-27）在 T_1 和 T_2 区间积分，得式（5-28）和式（5-29），整理后得式（5-30）。因此，只要测定两个不同温度 T_1 和 T_2 对应的吸附等温线，通过对 Freundlich 方程线性回归、非线性回归或 QR 分解求得对应的热力学平衡常数 K_1^ϕ 和 K_2^ϕ，再根据式（5-30）和式（5-31）即可分别求出 ΔH_m^ϕ 和 ΔS_m^ϕ。

$$\left(\frac{\partial\ln K^\phi}{\partial T}\right)_P = \frac{\Delta H_m^\phi}{RT^2} \qquad \text{式（5-27）}$$

$$\int_{K_1^\phi}^{K_2^\phi} \mathrm{d}\ln K^\phi = \int_{T_1}^{T_2} \frac{\Delta H_m^\phi}{RT^2}\mathrm{d}T = \frac{\Delta H_m^\phi}{R}\left(-\frac{1}{T}\right)\bigg|_{T_1}^{T_2} \qquad \text{式（5-28）}$$

$$\ln K_2^\phi - \ln K_1^\phi = \ln\frac{K_2^\phi}{K_1^\phi} = \frac{\Delta H_m^\phi}{R}\left(\frac{1}{T_1}-\frac{1}{T_2}\right) = \frac{\Delta H_m^\phi}{R}\left(\frac{T_2-T_1}{T_1 T_2}\right) \qquad \text{式（5-29）}$$

$$\Delta H_m^\phi = \left(\frac{T_1 T_2}{T_2-T_1}\right)R\ln\left(\frac{K_2^\phi}{K_1^\phi}\right) \qquad \text{式（5-30）}$$

$$\Delta S_m^\phi = \frac{\Delta H_m^\phi - \Delta G_m^\phi}{T} \qquad \text{式（5-31）}$$

这样，热力学参数 ΔG_m^ϕ、ΔH_m^ϕ 和 ΔS_m^ϕ 均可通过 T_1 与 T_2 对应的吸附等温线数据计算获得。

5.3 向量 Householder 反射

Householder 反射

一个矩阵 A 的 QR 分解是将矩阵 A 分解为正交矩阵 Q 和上三角矩阵 R 的外积（叉积）。当需要矩阵 A 的某一行某一列交叉处的元素归零时，Givens 旋转是理想的方法；而当对某一整行或某一整列归零时，Householder 反射有更高的效率。

设 u 为非零列向量，τ 为非零常数，I 为单位矩阵，$P = I - \tau uu^\mathrm{T}$，从 P 矩阵的表达式可以看出，P 与 P 转置矩阵 P^T 相等，即 $P = P^\mathrm{T}$，因此，P 是对称矩阵。

143

$$P = I - \tau uu^{\mathrm{T}} = \begin{pmatrix} 1 & \cdots & 0 \\ \vdots & \ddots & \vdots \\ 0 & \cdots & 1 \end{pmatrix} - \tau \begin{pmatrix} u_1 \\ \vdots \\ u_n \end{pmatrix} (u_1 \quad \cdots \quad u_n)$$

$$= \begin{vmatrix} 1-\tau u_1^2 & -\tau u_1 u_2 & \cdots & -\tau u_1 u_{n-1} & -\tau u_1 u_n \\ -\tau u_2 u_1 & 1-\tau u_2^2 & \cdots & -\tau u_2 u_{n-1} & -\tau u_2 u_n \\ \vdots & \vdots & \ddots & \vdots & \vdots \\ -\tau u_{n-1} u_1 & -\tau u_{n-1} u_2 & \cdots & 1-\tau u_{n-1}^2 & -\tau u_{n-1} u_n \\ -\tau u_n u_1 & -\tau u_n u_2 & \cdots & -\tau u_n u_{n-1} & 1-\tau u_n^2 \end{vmatrix}$$

$$P^{\mathrm{T}}P = (I-\tau uu^{\mathrm{T}})^{\mathrm{T}}(I-\tau uu^{\mathrm{T}}) = (I-\tau uu^{\mathrm{T}})(I-\tau uu^{\mathrm{T}}) = I - \tau uu^{\mathrm{T}} - \tau uu^{\mathrm{T}} + \tau^2 uu^{\mathrm{T}} uu^{\mathrm{T}}$$

$$= I - 2\tau uu^{\mathrm{T}} + \tau^2 u(u^{\mathrm{T}}u)u^{\mathrm{T}}$$

$$= I + \tau^2 (u^{\mathrm{T}}u)uu^{\mathrm{T}} - 2\tau uu^{\mathrm{T}} = I + \tau(\tau u^{\mathrm{T}}u - 2)uu^{\mathrm{T}}$$

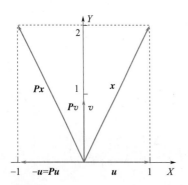

图 5-2 向量 Householder 反射
过程示意图

当 $\tau = 2/(u^{\mathrm{T}}u)$ 时，$\tau u^{\mathrm{T}}u - 2 = 0$，则 $P^{\mathrm{T}}P = I$，结合 $P = P^{\mathrm{T}}$，$P^2 = I$，$P = P^{-1}$，$P^{\mathrm{T}} = P^{-1}$，说明 P 矩阵是正交的。如果指定 $u^{\mathrm{T}}u = 1$，则 $\tau = 2/(u^{\mathrm{T}}u) = 2$，$P = I - 2uu^{\mathrm{T}}$。正交对称的矩阵 P 与任何一个非零向量 x 进行外积，Px 是向量 x 在超平面上的反射，向量 u 是这个超平面的法线，P 为 Householder 反射矩阵。

为了验证上述结论，设定 P 为 2 行 2 列反射矩阵，u、v 和 x 为列向量，从图 5-2 中可以看出，列向量 x 与矩阵 P 做外积得到 Px，Px 是列向量 x 在 Y 轴形成的超平面的反射（镜像），向量 u 与 Y 轴形成的超平面垂直。

$$u = \begin{pmatrix} 1 \\ 0 \end{pmatrix} \quad v = \begin{pmatrix} 0 \\ 1 \end{pmatrix} \quad x = \begin{pmatrix} 1 \\ 2 \end{pmatrix}$$

$$P = I - 2uu^{\mathrm{T}} = I - 2\begin{pmatrix} 1 \\ 0 \end{pmatrix}(1 \quad 0) = \begin{pmatrix} 1 & 0 \\ 0 & 1 \end{pmatrix} - 2\begin{pmatrix} 1 & 0 \\ 0 & 0 \end{pmatrix} = \begin{pmatrix} -1 & 0 \\ 0 & 1 \end{pmatrix}$$

$$Px = \begin{pmatrix} -1 & 0 \\ 0 & 1 \end{pmatrix}\begin{pmatrix} 1 \\ 2 \end{pmatrix} = \begin{pmatrix} -1 \\ 2 \end{pmatrix} \quad Pv = \begin{pmatrix} -1 & 0 \\ 0 & 1 \end{pmatrix}\begin{pmatrix} 0 \\ 1 \end{pmatrix} = \begin{pmatrix} 0 \\ 1 \end{pmatrix} = v \quad u^{\mathrm{T}}v = (1 \quad 0)\begin{pmatrix} 0 \\ 1 \end{pmatrix} = 0$$

当列向量 v 在超平面上时，则 $u^{\mathrm{T}}v = 0$，u 向量与 v 向量互为法向量，此时 $Pv = v$。由此可见，对于任意的向量 x，Px 保留了所有与 u 向量正交的分量，同时取反（镜像）x 向量在 u 向量方向的分量。例如，在 x 向量中，Px 外积后保留了与 u 向量正交的分量 2，对 x 向量在 u 向量方向的分量 1 取反得 -1；在 v 向量中，Pv 外积后保留了与 u 向量正交的分量 1，对 v 向量在 u 向量方向的分量 0 取反得 0。显而易见，对于任意的向量 x，如果 $u^{\mathrm{T}}x = 0$，则 $Px = x$；反之，对于与 u 向量平行的向量，以 u 向量自身为例，u 向量的 2 范数为 1，P 矩阵与 u 向量外积后为 $Pu = -u$。

$$\|u\|_2 = \sqrt{u^{\mathrm{T}}u} = \sqrt{(u_1 \quad \cdots \quad u_n)\begin{pmatrix} u_1 \\ \vdots \\ u_n \end{pmatrix}} = \sqrt{u_1^2 + \cdots + u_n^2} = 1$$

$$Pu = (I - 2uu^{\mathrm{T}})u = u - 2u(u^{\mathrm{T}}u) = u - 2u = -u$$

5.4 矩阵 Householder 反射

矩阵反射

设 x 为 n 行实数列向量，P 为 n 行 n 列实数矩阵，$x \in \mathbb{R}^n$，$P \in \mathbb{R}^{n \times n}$，$P = I - 2vv^{\mathrm{T}}$，$v^{\mathrm{T}}v = 1$，令 $Px = \alpha e_1$。

$$Px = (I - 2vv^{\mathrm{T}})x = \begin{pmatrix} 1-2v_1^2 & -2v_1v_2 & \cdots & -\tau v_1v_{n-1} & -2v_1v_n \\ -2v_2v_1 & 1-2v_2^2 & \cdots & -\tau v_2v_{n-1} & -2v_2v_n \\ \vdots & \vdots & \ddots & \vdots & \vdots \\ -2v_{n-1}v_1 & -2v_{n-1}v_2 & \cdots & 1-2v_{n-1}^2 & -2v_{n-1}v_n \\ -2v_nv_1 & -2v_nv_2 & \cdots & -2v_nv_{n-1} & 1-2v_n^2 \end{pmatrix} \begin{pmatrix} x_1 \\ x_2 \\ \vdots \\ x_{n-1} \\ x_n \end{pmatrix} = \alpha \begin{pmatrix} 1 \\ 0 \\ \vdots \\ 0 \\ 0 \end{pmatrix} = \alpha e_1$$

根据 Householder 反射定义可知，P 矩阵与 x 向量的外积 Px 与 x 向量的模相等，即 $\|Px\|_2 = \|x\|_2$。

$\|\alpha e_1\|_2 = |\alpha| \|e_1\|_2 = |\alpha| \sqrt{1^2 + 0^2 + \cdots + 0^2} = |\alpha|$，所以，$\|Px\|_2 = \|x\|_2 = \|\alpha e_1\|_2 = |\alpha|$，$\alpha = \pm \|x\|_2$。

Householder 反射需要构造 P 矩阵，根据 $Px = (I - 2vv^{\mathrm{T}})x = x - 2vv^{\mathrm{T}}x = \alpha e_1$ 可知，$x - \alpha e_1 = 2vv^{\mathrm{T}}x$。$v^{\mathrm{T}}$ 是 1 行 n 列的行向量，x 为 n 行 1 列的列向量，两者外积 $v^{\mathrm{T}}x$ 为 1 行 1 列的标量，$2v(v^{\mathrm{T}}x) = 2(v^{\mathrm{T}}x)v$。对 $x - \alpha e_1 = 2vv^{\mathrm{T}}x$ 变形得 $(x - \alpha e_1)/2 = (v^{\mathrm{T}}x)v$。由于 v 是单位列向量，与向量 $(x - \alpha e_1)$ 成标量倍数关系，因此，v 向量中各元素的值 v_1，$v_2 \cdots v_n$ 可根据下列公式进行计算。为了保证在计算中不出现 $\alpha - x_1$ 小于计算机界限的问题，α 的符号最好与 x_1 符号相反，当 x_1 为正时，α 为负；当 x_1 为负时，α 为正。v 向量具有 n 个元素，需要计算 n 次才能获得整个 v 向量。

$$v_1 = \frac{x_1 - \alpha}{\|x - \alpha e_1\|_2} = \frac{x_1 - \alpha}{\sqrt{(\|x - \alpha e_1\|_2)^2}} = \frac{x_1 - \alpha}{\sqrt{(x - \alpha e_1)^{\mathrm{T}}(x - \alpha e_1)}} = \frac{x_1 - \alpha}{\sqrt{(\|x\|_2)^2 - 2\alpha x_1 + \alpha^2}}$$

$$= \frac{x_1 - \alpha}{\sqrt{\alpha^2 - 2\alpha x_1 + \alpha^2}} = \frac{x_1 - \alpha}{\sqrt{2\alpha^2 - 2\alpha x_1}} = -\frac{\alpha - x_1}{\sqrt{2\alpha(\alpha - x_1)}}$$

$$= -\mathrm{sign}(\alpha - x_1)\frac{\sqrt{(\alpha - x_1)^2}}{\sqrt{2\alpha(\alpha - x_1)}} = -\mathrm{sign}(\alpha)\sqrt{\frac{\alpha - x_1}{2\alpha}} \qquad \text{式(5-32)}$$

$$v_2 = \frac{x_2 - 0}{\sqrt{2\alpha(\alpha - x_1)}} = -\frac{x_2}{2\alpha v_1} \qquad 式(5\text{-}33)$$

$$\vdots$$

$$v_n = -\frac{x_n}{2\alpha v_1} \qquad 式(5\text{-}34)$$

$$Px = (I - 2vv^{\mathrm{T}})x = x - 2(v^{\mathrm{T}}x)v$$

$$= \begin{pmatrix} x_1 \\ x_2 \\ \vdots \\ x_{n-1} \\ x_n \end{pmatrix} - 2(v_1 \quad v_2 \quad \cdots \quad v_{n-1} \quad v_n) \begin{pmatrix} x_1 \\ x_2 \\ \vdots \\ x_{n-1} \\ x_n \end{pmatrix} \begin{pmatrix} v_1 \\ v_2 \\ \vdots \\ v_{n-1} \\ v_n \end{pmatrix}$$

$$Px = \begin{pmatrix} x_1 \\ x_2 \\ \vdots \\ x_{n-1} \\ x_n \end{pmatrix} - 2\left(-\mathrm{sign}(\alpha)\sqrt{\frac{\alpha - x_1}{2\alpha}} \quad -\frac{x_2}{2\alpha v_1} \quad \cdots \quad -\frac{x_{n-1}}{2\alpha v_1} \quad -\frac{x_n}{2\alpha v_1}\right) \begin{pmatrix} x_1 \\ x_2 \\ \vdots \\ x_{n-1} \\ x_n \end{pmatrix} \begin{pmatrix} -\mathrm{sign}(\alpha)\sqrt{\frac{\alpha - x_1}{2\alpha}} \\ -\frac{x_2}{2\alpha v_1} \\ \vdots \\ -\frac{x_{n-1}}{2\alpha v_1} \\ -\frac{x_n}{2\alpha v_1} \end{pmatrix}$$

设定 m 行 n 列矩阵 A，取出第 1 列 a_1 为 x，则 Householder 反射 $H_1 = I - 2v_1 v_1^{\mathrm{T}}$，$H_1 x = H_1 a_1 = \alpha e_1$。矩阵 A 未经过 Householder 变换时记为 $A^{(1)}$，令 $\alpha = r_{11}$。

$$H_1 A^{(1)} = A^{(2)} = \begin{pmatrix} r_{11} & r_{12} & \cdots & r_{1n} \\ 0 & & & \\ \vdots & a_{2:m,2}^{(2)} & \cdots & a_{2:m,n}^{(2)} \\ 0 & & & \end{pmatrix}$$

继续构造 $\widetilde{H}_2$ 反射矩阵，使 $\widetilde{H}_2$ 与 $a_{2:m,2}^{(2)}$ 外积后只保留首元素。

$$\widetilde{H}_2 a_{2:m,2}^{(2)} = \begin{pmatrix} r_{22} \\ 0 \\ \vdots \\ 0 \end{pmatrix}, A^{(3)} = H_2 A^{(2)} = \begin{pmatrix} I & 0 \\ 0 & \widetilde{H}_2 \end{pmatrix} A^{(2)} = \begin{pmatrix} a_{11} & \cdots & a_{1n} \\ \vdots & \ddots & \vdots \\ a_{m1} & \cdots & a_{mn} \end{pmatrix} \begin{pmatrix} r_{11} & r_{12} & r_{13} & \cdots & r_{1n} \\ 0 & r_{22} & r_{23} & \vdots & r_{2n} \\ 0 & 0 & & & \\ \vdots & \vdots & a_{3:m,3}^{(3)} & \cdots & a_{3:m,n}^{(3)} \\ 0 & 0 & & & \end{pmatrix}$$

$$H_n \cdots H_3 H_2 H_1 A^{(1)} = H_n \cdots H_3 H_2 A^{(2)} = H_n \cdots H_3 A^{(3)} = H_n \cdots A^{(4)} = A^{(n+1)}$$

$$= R, H_j = \begin{pmatrix} I_{j-1} & 0 \\ 0 & \widetilde{H}_j \end{pmatrix}$$

此处的 R 即为上三角矩阵，H_j 对应第 j 列向量的 Householder 反射矩阵，将矩阵 A 分解为正交矩阵 Q 和上三角矩阵 R，即 $A = QR$，根据 $H_n \cdots H_3 H_2 H_1 A^{(1)} = H_n \cdots H_3 H_2 H_1 QR = R$ 可知 $H_n \cdots H_3 H_2 H_1 Q = I, H_n \cdots H_3 H_2 H_1 = Q^{\mathrm{T}} = Q^{-1}, Q = H_1 H_2 H_3 \cdots H_n$。

5.5 矩阵 QR 分解法案例

矩阵 QR 分解法

给定矩阵 A，通过 Householder 反射将矩阵 A 分解为正交矩阵 Q 和上三角矩阵 R。

$$A = A^{(1)} = \begin{pmatrix} 1 & 1 & -1 \\ 2 & 1 & 0 \\ 1 & -1 & 0 \\ -1 & 2 & 1 \end{pmatrix}$$

（1）对第 1 列向量进行 Householder 反射　取矩阵 A 的第 1 列，并求其 2 范数。

$$x_1 = a_{1;4,1}^{(1)} = \begin{pmatrix} 1 \\ 2 \\ 1 \\ -1 \end{pmatrix}, \parallel x_1 \parallel_2 = \sqrt{1^2 + 2^2 + 1^2 + (-1)^2} = \sqrt{7} = 2.64575$$

由于第 1 列的第 1 个数为 1，符号为正，所以第 1 列向量对应的 2 范数前面的符号为负，对应的 Householder 向量为 v_1。

$$v_1 = x_1 - (- \parallel x_1 \parallel_2 e_1) = x_1 + \parallel x_1 \parallel_2 e_1 = \begin{pmatrix} 1 \\ 2 \\ 1 \\ -1 \end{pmatrix} + 2.64575 \begin{pmatrix} 1 \\ 0 \\ 0 \\ 0 \end{pmatrix} = \begin{pmatrix} 3.64575 \\ 2 \\ 1 \\ -1 \end{pmatrix}$$

$$c = \frac{2}{\parallel v_1^{\mathrm{T}} v_1 \parallel_2^2} = \frac{2}{3.64575^2 + 2^2 + 1^2 + (-1)^2} = \frac{2}{19.29149} = 0.10367$$

$$H_1 = I - c v_1 v_1^{\mathrm{T}} = \begin{pmatrix} 1 & 0 & 0 & 0 \\ 0 & 1 & 0 & 0 \\ 0 & 0 & 1 & 0 \\ 0 & 0 & 0 & 1 \end{pmatrix} - 0.10367 \begin{pmatrix} 3.64575 \\ 2 \\ 1 \\ -1 \end{pmatrix} (3.64575 \quad 2 \quad 1 \quad -1)$$

$$= \begin{pmatrix} 1 & 0 & 0 & 0 \\ 0 & 1 & 0 & 0 \\ 0 & 0 & 1 & 0 \\ 0 & 0 & 0 & 1 \end{pmatrix} - 0.10367 \begin{pmatrix} 13.29150 & 7.29150 & 3.64575 & -3.64575 \\ 7.29150 & 4.00000 & 2.00000 & -2.00000 \\ 3.64575 & 2.00000 & 1.00000 & -1.00000 \\ -3.64575 & -2.00000 & -1.00000 & 1.00000 \end{pmatrix}$$

第 5 章　Freundlich方程及C程序

$$= \begin{bmatrix} -0.377964 & -0.755929 & -0.377964 & 0.3779645 \\ -0.755929 & 0.5853096 & -0.207345 & 0.2073452 \\ -0.377964 & -0.207345 & 0.8963274 & 0.1036726 \\ 0.3779645 & 0.2073452 & 0.1036726 & 0.8963274 \end{bmatrix}$$

$$\boldsymbol{A}^{(2)} = \boldsymbol{H}_1 \boldsymbol{A} = \boldsymbol{H}_1 \boldsymbol{A}^{(1)} = \begin{bmatrix} -0.37796 & -0.75593 & -0.37796 & 0.37796 \\ -0.75593 & 0.58531 & -0.20735 & 0.20735 \\ -0.37796 & -0.20735 & 0.89633 & 0.10367 \\ 0.37796 & 0.20735 & 0.10367 & 0.89633 \end{bmatrix} \begin{bmatrix} 1 & 1 & -1 \\ 2 & 1 & 0 \\ 1 & -1 & 0 \\ -1 & 2 & 1 \end{bmatrix}$$

$$= \begin{bmatrix} -2.64575 & 0.00000 & 0.75593 \\ 0.00000 & 0.45142 & 0.96327 \\ 0.00000 & -1.27429 & 0.48164 \\ 0.00000 & 2.27429 & 0.51836 \end{bmatrix}$$

（2）对第 2 列向量进行 Householder 反射　取出第 2 列第 2 行下面的元素作为向量 $\boldsymbol{x}_2$，求其 2 范数。

$$\boldsymbol{x}_2 = a_{2:4,2}^{(2)} = \begin{pmatrix} 0.45142 \\ -1.27429 \\ 2.27429 \end{pmatrix}, \parallel \boldsymbol{x}_2 \parallel_2 = \sqrt{0.45142^2 + (-1.27429)^2 + 2.27429^2} = 2.64575$$

由于第 2 列第 2 行的第 1 个数为 0.45142，符号为正，所以 $\boldsymbol{x}_2$ 向量对应的 2 范数前面的符号为负，对应的 Householder 向量为 $\boldsymbol{v}_2$。

$$\boldsymbol{v}_2 = \boldsymbol{x}_2 - (-\parallel \boldsymbol{x}_2 \parallel_2 \boldsymbol{e}_2) = \boldsymbol{x}_2 + \parallel \boldsymbol{x}_2 \parallel_2 \boldsymbol{e}_2 = \begin{pmatrix} 0.45142 \\ -1.27429 \\ 2.27429 \end{pmatrix} + 2.64575 \begin{pmatrix} 1 \\ 0 \\ 0 \end{pmatrix} = \begin{pmatrix} 3.09717 \\ -1.27429 \\ 2.27429 \end{pmatrix}$$

$$c = \frac{2}{\parallel \boldsymbol{v}_2^{\mathrm{T}} \boldsymbol{v}_2 \parallel_2^2} = \frac{2}{3.09717^2 + (-1.27429)^2 + 2.27429^2} = \frac{2}{16.38867} = 0.12204$$

$$\widetilde{\boldsymbol{H}}_2 = \boldsymbol{I} - c\boldsymbol{v}_2\boldsymbol{v}_2^{\mathrm{T}} = \begin{pmatrix} 1 & 0 & 0 \\ 0 & 1 & 0 \\ 0 & 0 & 1 \end{pmatrix} - 0.12204 \begin{pmatrix} 3.09717 \\ -1.27429 \\ 2.27429 \end{pmatrix} (3.09717 \quad -1.27429 \quad 2.27429)$$

$$= \begin{pmatrix} 1 & 0 & 0 \\ 0 & 1 & 0 \\ 0 & 0 & 1 \end{pmatrix} - 0.12204 \begin{pmatrix} 9.59245 & -3.94670 & 7.04386 \\ -3.94670 & 1.62382 & -2.89811 \\ 7.04386 & -2.89811 & 5.17240 \end{pmatrix}$$

$$= \begin{pmatrix} -0.17062 & 0.48164 & -0.85960 \\ 0.48164 & 0.80184 & 0.35367 \\ -0.85960 & 0.35367 & 0.36878 \end{pmatrix}$$

$$A^{(3)} = H_2 A^{(2)} = \begin{pmatrix} I & 0 \\ 0 & \tilde{H}_2 \end{pmatrix} A^{(2)}$$

$$= \begin{pmatrix} 1 & 0 & 0 & 0 \\ 0 & -0.17062 & 0.48164 & -0.85960 \\ 0 & 0.48164 & 0.80184 & 0.35367 \\ 0 & -0.85960 & 0.35367 & 0.36878 \end{pmatrix} \begin{pmatrix} -2.64575 & 0.00000 & 0.75593 \\ 0.00000 & 0.45142 & 0.96327 \\ 0.00000 & -1.27429 & 0.48164 \\ 0.00000 & 2.27429 & 0.51836 \end{pmatrix}$$

$$= \begin{pmatrix} -2.645751 & 0.000000 & 0.755929 \\ 0.000000 & -2.645751 & -0.377964 \\ 0.000000 & 0.000000 & 1.033473 \\ 0.000000 & 0.000000 & -0.466527 \end{pmatrix}$$

（3）对第 3 列向量进行 Householder 反射　取出第 3 列第 3 行下面的元素作为向量 x_3，求其 2 范数。

$$x_3 = a_{3:4,3}^{(3)} = \begin{pmatrix} 1.03347 \\ -0.46653 \end{pmatrix}, \ \| x_3 \|_2 = \sqrt{1.03347^2 + (-0.46653)^2} = 1.13389$$

由于第 3 列第 3 行的第 1 个数为 1.03347，符号为正，所以 x_3 向量对应的 2 范数前面的符号为负，对应的 Householder 向量为 v_3。

$$v_3 = x_3 - (-\| x_3 \|_2 e_3) = x_3 + \| x_3 \|_2 e_3 = \begin{pmatrix} 1.03347 \\ -0.46653 \end{pmatrix} + 1.13389 \begin{pmatrix} 1 \\ 0 \end{pmatrix} = \begin{pmatrix} 2.16737 \\ -0.46653 \end{pmatrix}$$

$$c = \frac{2}{\| v_3^T v_3 \|_2^2} = \frac{2}{2.16737^2 + (-0.46653)^2} = \frac{2}{4.91513} = 0.40691$$

$$\tilde{H}_3 = I - c v_3 v_3^T = \begin{pmatrix} 1 & 0 \\ 0 & 1 \end{pmatrix} - 0.40691 \begin{pmatrix} 2.16737 \\ -0.46653 \end{pmatrix} (2.16737 \quad -0.46653)$$

$$= \begin{pmatrix} 1 & 0 \\ 0 & 1 \end{pmatrix} - 0.40691 \begin{pmatrix} 4.69748 & -1.01113 \\ -1.01113 & 0.21765 \end{pmatrix}$$

$$= \begin{pmatrix} -0.91144 & 0.41144 \\ 0.41144 & 0.91144 \end{pmatrix}$$

$$A^{(4)} = H_3 A^{(3)} = \begin{pmatrix} I & 0 \\ 0 & \tilde{H}_3 \end{pmatrix} A^{(3)}$$

$$= \begin{pmatrix} 1 & 0 & 0 & 0 \\ 0 & 1 & 0 & 0 \\ 0 & 0 & -0.91144 & 0.41144 \\ 0 & 0 & 0.41144 & 0.91144 \end{pmatrix} \begin{pmatrix} -2.645751 & 0.000000 & 0.755929 \\ 0.000000 & -2.645751 & -0.377964 \\ 0.000000 & 0.000000 & 1.033473 \\ 0.000000 & 0.000000 & -0.466527 \end{pmatrix}$$

$$= \begin{pmatrix} -2.645751 & 0.000000 & 0.755929 \\ 0.000000 & -2.645751 & -0.377964 \\ 0.000000 & 0.000000 & -1.133893 \\ 0.000000 & 0.000000 & 0.000000 \end{pmatrix} = R$$

$$\boldsymbol{Q}^{\mathrm{T}}=\boldsymbol{H}_3\boldsymbol{H}_2\boldsymbol{H}_1=\begin{pmatrix}1 & 0 & 0 & 0\\ 0 & 1 & 0 & 0\\ 0 & 0 & -0.91144 & 0.41144\\ 0 & 0 & 0.41144 & 0.91144\end{pmatrix}\begin{pmatrix}1 & 0 & 0 & 0\\ 0 & -0.17062 & 0.48164 & -0.85960\\ 0 & 0.48164 & 0.80184 & 0.35367\\ 0 & -0.85960 & 0.35367 & 0.36878\end{pmatrix}$$

$$\begin{pmatrix}-0.37796 & -0.75593 & -0.37796 & 0.37796\\ -0.75593 & 0.58531 & -0.20735 & 0.20735\\ -0.37796 & -0.20735 & 0.89633 & 0.10367\\ 0.37796 & 0.20735 & 0.10367 & 0.89633\end{pmatrix}$$

$$=\begin{pmatrix}-0.37796 & -0.75593 & -0.37796 & 0.37796\\ -0.37796 & -0.37796 & 0.37796 & -0.75593\\ 0.75593 & -0.37796 & -0.37796 & -0.37796\\ 0.37796 & -0.37796 & 0.75593 & 0.37796\end{pmatrix}$$

$$\boldsymbol{Q}=\boldsymbol{H}_1\boldsymbol{H}_2\boldsymbol{H}_3=$$

$$\begin{pmatrix}-0.37796 & -0.75593 & -0.37796 & 0.37796\\ -0.75593 & 0.58531 & -0.20735 & 0.20735\\ -0.37796 & -0.20735 & 0.89633 & 0.10367\\ 0.37796 & 0.20735 & 0.10367 & 0.89633\end{pmatrix}\begin{pmatrix}1 & 0 & 0 & 0\\ 0 & -0.17062 & 0.48164 & -0.85960\\ 0 & 0.48164 & 0.80184 & 0.35367\\ 0 & -0.85960 & 0.35367 & 0.36878\end{pmatrix}$$

$$\begin{pmatrix}1 & 0 & 0 & 0\\ 0 & 1 & 0 & 0\\ 0 & 0 & -0.91144 & 0.41144\\ 0 & 0 & 0.41144 & 0.91144\end{pmatrix}=\begin{pmatrix}-0.37796 & -0.37796 & 0.75593 & 0.37796\\ -0.75593 & -0.37796 & -0.37796 & -0.37796\\ -0.37796 & 0.37796 & -0.37796 & 0.75593\\ 0.37796 & -0.75593 & -0.37796 & 0.37796\end{pmatrix}$$

$$\boldsymbol{R}=\boldsymbol{Q}^{\mathrm{T}}\boldsymbol{A}=\begin{pmatrix}-0.37796 & -0.75593 & -0.37796 & 0.37796\\ -0.37796 & -0.37796 & 0.37796 & -0.75593\\ 0.75593 & -0.37796 & -0.37796 & -0.37796\\ 0.37796 & -0.37796 & 0.75593 & 0.37796\end{pmatrix}\begin{pmatrix}1 & 1 & -1\\ 2 & 1 & 0\\ 1 & -1 & 0\\ -1 & 2 & 1\end{pmatrix}$$

$$=\begin{pmatrix}-2.64575 & 0.00000 & 0.75593\\ 0.00000 & -2.64575 & -0.37796\\ 0.00000 & 0.00000 & -1.13389\\ 0.00000 & 0.00000 & 0.00000\end{pmatrix}$$

通过 Householder 反射将矩阵 $\boldsymbol{A}$ 分解为正交矩阵 $\boldsymbol{Q}$ 与上三角矩阵 $\boldsymbol{R}$，采用这种方法可以快速分解行与列不相等的矩阵。

物理模型转化
为数学模型

（4）物理模型转化为数学模型　引入变量 k 与 b，令 $k=A$，$b=\ln(K_F)$，式(5-16)进一步变形为式(5-35)，P_r 为测得的相对压力，V_a 为测得的单位质量吸附剂吸附的气体吸附量，k 与 b 是需要求解的系数。

$$\ln(V_a)=A\ln(P_r)+\ln(K_F)=k\ln(P_r)+b \qquad 式(5\text{-}35)$$

将 $\ln(P_r)$ 作为 X 列向量，$\ln(V_a)$ 作为 Y 列向量，多次测量数据得到下述方程组，测量次数 n 要大于 2，即待求系数 k 与 b 的个数。

$$kx_1+b=y_1$$
$$kx_2+b=y_2$$
$$\vdots$$
$$kx_n+b=y_n$$

将方程组改为矩阵形式，解方程组求解变成了矩阵方程求解。

$$\begin{pmatrix} x_1 & 1.0 \\ x_2 & 1.0 \\ \vdots & \vdots \\ x_n & 1.0 \end{pmatrix}\begin{pmatrix} k \\ b \end{pmatrix}=\begin{pmatrix} y_1 \\ y_2 \\ \vdots \\ y_n \end{pmatrix} \ 令\ \boldsymbol{A}=\begin{pmatrix} x_1 & 1.0 \\ x_2 & 1.0 \\ \vdots & \vdots \\ x_n & 1.0 \end{pmatrix},\boldsymbol{S}=\begin{pmatrix} k \\ b \end{pmatrix},\boldsymbol{Y}=\begin{pmatrix} y_1 \\ y_2 \\ \vdots \\ y_n \end{pmatrix},则\ \boldsymbol{AS}=\boldsymbol{Y}。$$

对 $\boldsymbol{A}$ 矩阵进行 Householder 分解，即 $\boldsymbol{A}=\boldsymbol{QR}$，方程组对应等式 $\boldsymbol{AS}=\boldsymbol{QRS}=\boldsymbol{Y}$，两边同乘以正交矩阵 $\boldsymbol{Q}$ 的转置矩阵 $\boldsymbol{Q}^{\mathrm{T}}$，$\boldsymbol{Q}^{\mathrm{T}}\boldsymbol{QRS}=\boldsymbol{Q}^{\mathrm{T}}\boldsymbol{Y}$，$\boldsymbol{Q}^{\mathrm{T}}\boldsymbol{Q}$ 为单位阵 $\boldsymbol{I}$，则 $\boldsymbol{Q}^{\mathrm{T}}\boldsymbol{QRS}=\boldsymbol{IRS}=\boldsymbol{RS}=\boldsymbol{Q}^{\mathrm{T}}\boldsymbol{Y}$，方程转化为上三角矩阵 $\boldsymbol{R}$ 后，从第 n 个方程倒序求解，即可求得矩阵 $\boldsymbol{S}$，得到 k 与 b 值。

为了方便读者理解，Freundlich 方程求解方法流程图如图 5-3 所示。

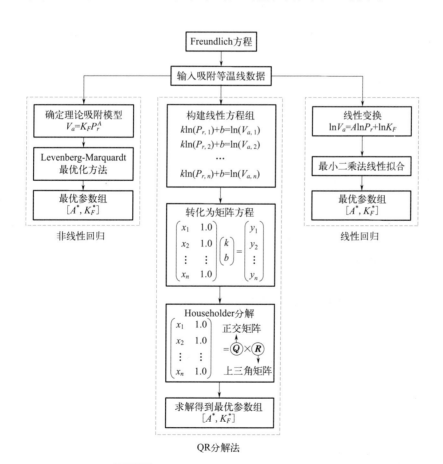

图 5-3　Freundlich 方程求解方法流程图

5.6　C程序源代码

```
# include <windows. h>
# include <stdio. h>
# include <stddef. h>
# include <stdlib. h>
# include <tchar. h>
# include <math. h>
# include <malloc. h>
# include <time. h>
# include <memory. h>


//数组起始地址
# define  ARRAY_BASE  1

//Freundlich 计算过程出错信息
static struct  tagFreundlichError
{
    int  iErrCode;                      //错误号
    TCHAR  * szErrDescription;          //错误描述
}
FreundlichErrors[]=
{
// iErrCode  szErrDesciption
    0,      TEXT("成功!"),
    -1,     TEXT("内存分配失败!"),
    -2,     TEXT("数组下限要低于数组上限!"),
    -3,     TEXT("指针为空!"),
    -4,     TEXT("矩阵行数小于列数!"),
    -5,     TEXT("矩阵行数与列数不相等,无法拷贝!"),
    -6,     TEXT("矩阵与转置矩阵行数与列数不对应!"),
    -7,     TEXT("数据个数小于 2!"),
};

//矩阵结构体
typedef  struct tagMatrix
{
    int  iRowL;                         //行下限
```

```
            int   iRowH;                        //行上限
            int   iColL;                        //列下限
            int   iColH;                        //列上限
            int   iRows;                        //矩阵的行数
            int   iCols;                        //矩阵的列数
            double ** ppdData;                  //指向数据的指针
        }MATRIX;

        //链表中矩阵节点
        typedef struct tagMatrixNode
        {
            MATRIX   * pm;
            struct tagMatrixNode * pmnNext;
        }MATRIX_NODE;

        //堆栈,指向矩阵链表的头
        typedef struct tagStacks
        {
            MATRIX_NODE * pmnMNHead;            //矩阵链表头
        }STACKS;

        //回归分析参数结构体
        typedef   struct   tagLinearParameter{
            double   dXAverage;//自变量 X 的平均值(Average of X)
            double   dYAverage;//因变量 Y 的平均值(Average of Y)
            double   dSigmaX;//自变量 X 的标准差(均方差)(Standard deviation of X)
            double   dSigmaY;//因变量 Y 的标准差(均方差)(Standard deviation of Y)
            double   dCovXY;//自变量 X 与因变量 Y 的协方差(Covariance of X and Y)
            double   dCorrelationCoe;//回归直线的线性相关系数(Correlation coefficient)
        }LINEAR_PARAMETER;


    int   DVector(double   ** ppdV,int   iL,int   iH);
    int   FreeDVector(double   ** ppdV,int   iL,int   iH);
    int   DDVector(double   *** pppdData,int   iRowL,int iRowH,int iColL,   int
iColH);
    int   FreeDDVector(double   *** pppdData,int   iRowL,int iRowH,int iColL,   int
iColH);
    int   InitStack(STACKS   * psStack);
    int   FreeStack(STACKS   * psStack);
    int   CreateMatrix(int   iRowL,int iRowH,int iColL,int   iColH,MATRIX   ** ppmMa-
trix,STACKS * psStack,int iValue);
    int   PrintMatrix(MATRIX   * pmA,   TCHAR   * tcString);
    int   HouseholderQR(MATRIX   * pmA,MATRIX   ** ppmQ,MATRIX   ** ppmR,MATRIX   **
ppmY);
```

153

```
    int  QRSolution(MATRIX  * pmR,MATRIX  ** ppmX,MATRIX  * pmY);
    int  LeastSquareForLinear(double  * pdXHead,  double  * pdYHead,int nData-
Count,LINEAR_PARAMETER  * plpData);
    //主函数
    int  main(int argc,char  * argv[])
    {
        int  i;                          //循环变量
        int  rows;                       //数据行数
        int  cols;                       //数据列数
        clock_t  StartTime=0;            //开始时间
        clock_t  EndTime=0;              //结束时间
        double  dDiffTime=0.0;           //时间差
        //压力数据,单位(mmHg)
        double   X[]={0.0433547,0.0672921,0.0796994,0.0999331,0.119912,0.140374,
              0.159884,0.179697,0.200356,0.219646,0.239691,0.259671,0.280475,
              0.299907,0.320048,0.340746,0.360882,0.380708,0.400956,0.421168,
              0.440603,0.460924,0.480902,0.500572,0.521144,0.540715,0.560852,
              0.580887,0.600803,0.62089,0.64084,0.66093,0.68071,0.70082,0.72096,
              0.74084,0.76081,0.78045,0.80084,0.82107,0.84075,0.86069,0.88041,
              0.90023};
        //吸附量数据,单位(mL/g)
        double   Y[]={4.39005,4.67017,4.79068,4.9767,5.14414,5.31144,5.47106,
              5.63297,5.80559,5.96663,6.13574,6.31214,6.49764,6.67154,
              6.85255,7.04053,7.22571,7.40778,7.59634,7.7832,7.96568,
              8.1623,8.34863,8.54383,8.74695,8.94871,9.16214,9.38208,
              9.61289,9.8577,10.12,10.397,10.6852,11.0089,11.3574,
              11.7373,12.1611,12.6289,13.1794,13.819,14.57,15.4858,
              16.6535,18.2409};
        STACKS  S;                       //堆栈,管理矩阵
        MATRIX  * pmA=NULL;              //待分解矩阵,A=QR
        MATRIX  * pmQ=NULL;              //正交矩阵 Q
        MATRIX  * pmR=NULL;              //上三角矩阵 R
        MATRIX  * pmX=NULL;              //方程的解
        MATRIX  * pmY=NULL;              //测量值
        double  ** A;
        double  * LnP=NULL;              //压力的自然对数
        double  * LnM=NULL;              //吸附量的自然对数
        LINEAR_PARAMETER  LP={0};

        //开始时间
        StartTime=clock();
```

程序框架

```
rows＝sizeof(X)/sizeof(X[0]);//数据的行数

cols＝2;//线性拟合,y＝kx＋b,两个参数,需要 2 列数据

DVector(&LnP,ARRAY_BASE,ARRAY_BASE＋rows-1);//分配内存,用于线性回归系数计算

DVector(&LnM,ARRAY_BASE,ARRAY_BASE＋rows-1);

//初始化堆栈,构造矩阵,分配内存空间

InitStack(&S);

CreateMatrix(1,rows,1,2,&pmA,&S,0);//rows 行×2 列

A＝pmA->ppdData;//变量替换,便于识别

CreateMatrix(1,rows,1,rows,&pmQ,&S,0);//rows 行×rows 列

CreateMatrix(1,rows,1,2,&pmR,&S,0);//rows 行×2 列

CreateMatrix(1,2,1,1,&pmX,&S,0);//2 行×1 列

CreateMatrix(1,rows,1,1,&pmY,&S,0);//rows 行×1 列


//将数据处理并放入运算矩阵中,数组下标从 0 开始,矩阵下标从 1 开始

for(i＝0;i<rows;i＋＋)

{

    A[i＋1][1]＝X[i] * 1013.25/760;//先将压力单位从 mmHg 转化为 mmbar,1mmbar＝100Pa

    A[i＋1][1]＝log(A[i＋1][1]);//再对其进行自然对数运算,即 ln 运算

    LnP[i＋1]＝A[i＋1][1];

    A[i＋1][2]＝1.0;//第 2 列赋 1.0,y＝kx＋b＝kx＋1.0×b,1.0 表示 b 前面的系数为 1.0

    pmY->ppdData[i＋1][1]＝Y[i]/22.414;//将 mL 转换为 mmol

    pmY->ppdData[i＋1][1]＝log(pmY->ppdData[i＋1][1]);//对吸附量进行自然对数

运算

    LnM[i＋1]＝pmY->ppdData[i＋1][1];

}


//采用 Householder 将 A 矩阵分解为 QR

HouseholderQR(pmA,&pmQ,&pmR,&pmY);

//ln(Va)＝A ln(Pr)＋ln(Kf)

QRSolution(pmR,&pmX,pmY);//求解矩阵

printf("A＝1/slope＝%lf\n",1.0/pmX->ppdData[1][1]);

printf("KF＝exp(intercept)＝%lf\n",exp(pmX->ppdData[2][1]));

LeastSquareForLinear(LnP,  LnM,rows,&LP);

printf("相关系数 R＝%lf\n",LP.dCorrelationCoe);


//终止时间

EndTime＝clock();

//计算消耗时间

dDiffTime＝(double)(EndTime-StartTime)/CLOCKS_PER_SEC;//运行时间差

printf("\n 程序运行时间为:%.3lf 秒\n\n",dDiffTime);
```

```
//释放内存和堆栈,放在最后释放
if(X!=NULL)
{
    FreeDVector(&LnP,ARRAY_BASE,ARRAY_BASE+rows-1);
}
if(Y!=NULL)
{
    FreeDVector(&LnM,ARRAY_BASE,ARRAY_BASE+rows-1);
}
FreeStack(&S);
//保留运行界面有 2 种方法:一是按"Ctrl+F5"键;二是使用 system("pause")
system("pause");
return  0;
}


//功能:分配 double 型内存
//iL  -->数组下限
//iH  -->数组上限
//pdV -->指向 double 型内存(数组)的指针
//返回值:错误码
int  DVector(double  **ppdV,int  iL,int  iH)
{
    double  *pdVector;

    //数组下限大于数组上限,返回-2
    if(iL>iH)
    {
        return  FreundlichErrors[2].iErrCode;
    }

    //分配内存,多分配 ARRAY_BASE*sizeof(double)个字节的内存
    pdVector=(double*)calloc((size_t)(iH-iL+1+ARRAY_BASE),sizeof(double));

    //内存分配失败,返回-1
    if(NULL==pdVector)
    {
        return  FreundlichErrors[1].iErrCode;
    }

    //超过 ARRAY_BASE*sizeof(double)个字节的内存
    (*ppdV)=pdVector-iL+ARRAY_BASE;
    //成功,返回 0
```

内存分配与释放

```
    return  FreundlichErrors[0].iErrCode;
}


//功能:释放(double*)内存区
int  FreeDVector(double  **ppdV,int  iL,int  iH)
{
    free((char*)((*ppdV)+iL-ARRAY_BASE));
    (*ppdV)=NULL;
    //成功,返回 0
    return  FreundlichErrors[0].iErrCode;
}


//功能:为矩阵分配内存
//iRowL     -->矩阵行下限
//iRowH     -->矩阵行上限
//iColL     -->矩阵列下限
//iColH     -->矩阵列上限
//pppdData -->指向(double**)的指针
//返回值:错误码
int  DDVector(double  ***pppdData,int  iRowL,int iRowH,int iColL,  int
iColH)
{
    int  i;
    int  nRows;              //行数
    int  nCols;              //列数
    double  **ppdM;          //指向 Matrix 矩阵(double**)型数据区的指针

    //数组下限大于等于数组上限,返回-2
    if(iRowL>iRowH‖iColL>iColH)
    {
        return  FreundlichErrors[2].iErrCode;
    }

    //计算行数与列数
    nRows=iRowH-iRowL+1;
    nCols=iColH-iColL+1;

    //分配指向(double*)的行指针
    ppdM=(double  **)calloc((size_t)(nRows+ARRAY_BASE),sizeof(double*));
    //内存分配失败,返回-1
    if(NULL==ppdM)
    {
```

```
        return  FreundlichErrors[1].iErrCode;
    }

    //ppdM 指向的是数组的 0 单元
    ppdM+=ARRAY_BASE;
    ppdM-=iRowL;

    //分配矩阵存放数据的内存
    ppdM[iRowL]=(double * )calloc((size_t)(nRows * nCols+ARRAY_BASE),sizeof
(double));
    //内存分配失败,返回-1
    if(NULL==ppdM[iRowL])
    {
        return  FreundlichErrors[1].iErrCode;
    }
    ppdM[iRowL]+=ARRAY_BASE;
    ppdM[iRowL]-=iColL;

    //矩阵行指针赋值
    for(i=iRowL+1;i<=iRowH;i++)
    {
        ppdM[i]=ppdM[i-1]+nCols;
    }

    ( * pppdData)=ppdM;
    //成功,返回 0
    return  FreundlichErrors[0].iErrCode;
}


//功能:释放(double * * )内存区
int  FreeDDVector(double  * * * pppdData,int  iRowL,int iRowH,int iColL,  int
iColH)
{
    //释放指向列的数据指针
    free((char * )(( * pppdData)[iRowL]+iColL  -ARRAY_BASE));
    //释放数据区
    free((char * )(( * pppdData)+iRowL-ARRAY_BASE));
    //成功,返回 0
    return  FreundlichErrors[0].iErrCode;
}


//功能:初始化栈
```

```
//psStack-->栈指针
//返回值-->错误码,非 0 表示有错误
int  InitStack(STACKS  * psStack)
{
    //将栈清 0
    memset(psStack,0,sizeof(STACKS));
    return  FreundlichErrors[0].iErrCode;
}


//功能:释放栈
//psStack -->栈指针
//返回值-->错误码,非 0 表示有错误
int  FreeStack(STACKS  * psStack)
{
    //定义临时链表矩阵节点
    MATRIX_NODE  * pmnTempMN＝NULL;

    //释放矩阵节点
    while(psStack->pmnMNHead!＝NULL)
    {
        //将链表第一个矩阵节点赋给临时矩阵节点
        pmnTempMN＝psStack->pmnMNHead;
        psStack->pmnMNHead＝pmnTempMN->pmnNext;

        //释放矩阵
        FreeDDVector(&(pmnTempMN->pm->ppdData),pmnTempMN->pm->iRowL,pmnTempMN-
>pm->iRowH,pmnTempMN->pm->iColL,pmnTempMN->pm->iColH);
        //释放矩阵节点
        free(pmnTempMN->pm);
        pmnTempMN->pm＝NULL;
        //释放链表矩阵节点
        free(pmnTempMN);
        pmnTempMN＝NULL;
    }

    //成功,返回 0
    return  FreundlichErrors[0].iErrCode;
}

//功能:创建矩阵,各元素置设定值
//iRowL        -->矩阵行下限
//iRowH        -->矩阵行上限
```

创建矩阵

```
//iColL       -->矩阵列下限
//iColH       -->矩阵列上限
//ppmMatrix   -->增加到栈中的矩阵
//psStack     -->栈指针
//iValue      -->iValue=0,全部元素赋 0;iValue=1,对角线元素赋 1,其余元素赋 0
//返回值       -->错误码,非 0 表示有错误
int  CreateMatrix(int  iRowL,int iRowH,int iColL,int  iColH,MATRIX  * * ppmMa-
trix,STACKS  * psStack,int iValue)
{
    int  iRet;
    int  iRows,iCols;
    //临时矩阵指针
    MATRIX  * pmTempM=NULL;
    //临时矩阵节点指针
    MATRIX_NODE  * pmnTempMN=NULL;

    //分配矩阵节点内存
    pmTempM=(MATRIX * )calloc(1,sizeof(MATRIX));
    //分配链表矩阵节点内存
    pmnTempMN=(MATRIX_NODE * )calloc(1,sizeof(MATRIX_NODE));
    //分配内存失败,返回-1
    if(NULL==pmTempM ‖ NULL==pmnTempMN)
    {
        free(pmTempM);
        pmTempM=NULL;
        free(pmnTempMN);
        pmnTempMN=NULL;
        return  FreundlichErrors[1].iErrCode;
    }
    //矩阵内容赋值
    pmTempM->iRowL=iRowL;
    pmTempM->iRowH=iRowH;
    pmTempM->iColL=iColL;
    pmTempM->iColH=iColH;
    iRows=iRowH-iRowL+1;
    pmTempM->iRows=iRows;
    iCols=  iColH-iColL+1;
    pmTempM->iCols=iCols;
    //分配矩阵内存,全部元素置 0
    iRet=DDVector(&(pmTempM->ppdData),iRowL,iRowH,iColL,iColH);

    //矩阵内存分配失败
```

```
    if(iRet!＝FreundlichErrors[0].iErrCode)
    {
        //释放当前分配的地址
        FreeDDVector(&(pmTempM->ppdData),iRowL,iRowH,iColL,iColH);
        //释放前面已分配成功的地址
        free(pmTempM);
        pmTempM＝NULL;
        free(pmnTempMN);
        pmnTempMN＝NULL;
        return  FreundlichErrors[1].iErrCode;
    }

    //对角线赋值1
    //(1)如果行与列相等,对角线全部置1
    //(2)如果行大于列,取列对角线全部置1
    //(3)如果行小于列,取行对角线全部置1
    if(iValue)
    {
        int  n;
        int  nMin;
        nMin＝(iRows>iCols)? iCols:iRows;
        for(n＝1;n<＝nMin;n＋＋)
        {
            pmTempM->ppdData[n][n]＝1.0;
        }
    }//if(iValue)

    //链表矩阵节点指针指向矩阵
    pmnTempMN->pm＝pmTempM;
    pmnTempMN->pmnNext＝psStack->pmnMNHead;
    psStack->pmnMNHead＝pmnTempMN;
    * ppmMatrix＝pmTempM;

    //成功,返回0
    return  FreundlichErrors[0].iErrCode;
}
//功能:在控制台界面打印输出矩阵
//pmA      -->指向矩阵的指针
//tcString-->矩阵名称
//返回值    -->错误码,非0表示有错误
int  PrintMatrix(MATRIX  * pmA,  TCHAR  * tcString)
{
```

打印矩阵

```
        int  i,j;

        //矩阵指针为空,返回-3
        if(NULL==pmA)
        {
            return  FreundlichErrors[3].iErrCode;
        }


        //输出矩阵头
        printf("\nmatrix %S-->%d 行×%d 列\n",tcString,pmA->iRows,pmA->iCols);
        //输出矩阵内容
        for(i=1;i<=pmA->iRows;i++)
        {
            for(j=1;j<=pmA->iCols;j++)
            {
                //行满后输出回车进行换行
                double  dTemp;
                //先计算绝对值
                dTemp=fabs(pmA->ppdData[i][j]);
                //根据绝对值判断用哪种格式输出
                if(dTemp>1.0E3 || dTemp<1.0E-1)
                {
                    j%pmA->iCols==0 ? printf("%e\n",pmA->ppdData[i][j]):printf("%e\t",pmA->ppdData[i][j]);
                }
                else
                {
                    j%pmA->iCols==0 ? printf("%12.9lf\n",pmA->ppdData[i][j]):printf("%12.9lf\t",pmA->ppdData[i][j]);
                }
            }
        }

        //成功,返回 0
        return  FreundlichErrors[0].iErrCode;
    }


    //功能:采用 Householder 方法将矩阵 A 分解为正交矩阵 Q 与上三角矩阵 R
    //A(m×n)=Q(m×m)R(m×n)
    //pmA      -->输入 m×n 矩阵,m>=n
    //ppmQ     -->输出 m×m 正交矩阵,初始化时为单位阵
    //ppmR     -->输出 m×n 上三角矩阵,初始化时将 A 矩阵内容拷入 R
```

162

```
//ppmY    -->输入 m×单列矩阵,输出时为 Q^T×Y
//返回值  -->错误码,非 0 表示有错误
int  HouseholderQR(MATRIX  * pmA,MATRIX  * * ppmQ,MATRIX  * * ppmR,
MATRIX  * * ppmY)
{
    int  i,j,k,jj;//循环变量
    int  r;//行数,row
    int  c;//列数,col
    int  hc;//需要进行 Householder 变换的列数,Householder Column
    double  dTemp;//临时变量
    double  dU;//向量差的模
    double  dAlpha;//新向量首元素 2 范数,符号与对应元素异号

    //矩阵指针为空,返回-3
    if(NULL==pmA||(NULL== * ppmQ) ‖ NULL== * ppmR)
    {
        return  FreundlichErrors[3].iErrCode;
    }

    //行数小于列数,返回-4
    r=pmA->iRows;
    c=pmA->iCols;
    if(r<c)
    {
        return  FreundlichErrors[4].iErrCode;
    }

    //判断 A 矩阵与 R 矩阵的行与列是否相等
    if((pmA->iRows!=( * ppmR)->iRows) ‖ (pmA->iCols!=( * ppmR)->iCols))
    {
        return  FreundlichErrors[5].iErrCode;
    }
    //将 A 矩阵的内容拷入 R 矩阵
    for(i=1;i<=r;i++)
    {
        for(j=1;j<=c;j++)
        {
            ( * ppmR)->ppdData[i][j]=pmA->ppdData[i][j];
        }
    }

    //将 Q 矩阵对角线元素置 1,其余元素置 0,形成单位对角矩阵
```

```
for(i=1;i<=(＊ppmQ)->iRows;i++)
{
    for(j=1;j<=(＊ppmQ)->iCols;j++)
    {
        (＊ppmQ)->ppdData[i][j]=0.0;
        if(i==j)
        {
            (＊ppmQ)->ppdData[i][j]=1.0;
        }
    }
}//for(i=1;i<=(＊ppmQ)->iRows;i++)

//计算需要循环的列数
hc=(r==c)? c-1:c;

//Householder 变换,对矩阵各个列向量进行处理
for(k=1;k<=hc;k++)
{
    dU=0.0;//赋最小值 0.0
    //查找某一列的最大值
    for(i=k;i<=r;i++)
    {
        double  dTemp;//临时变量,退出 for 循环后消失
        dTemp=fabs((＊ppmR)->ppdData[i][k]);
        if(dTemp>dU)
        {
            dU=dTemp;
        }
    }
    //将 k 列归一化后求 2 范数的平方,即源向量 x2 范数的平方
    dAlpha=0.0;
    for(i=k;i<=r;i++)
    {
        dTemp=(＊ppmR)->ppdData[i][k]/dU;
        dAlpha+=(dTemp＊dTemp);
    }
    //如果对应元素大于 0,则改变符号,保证异号相减
    //正＋正＝正-(负),负＋负＝负-(正)
    if((＊ppmR)->ppdData[k][k]>0.0)
    {
        dU=-dU;
    }
```

```
//符号×源向量 x 的 2 范数
dAlpha=dU * sqrt(dAlpha);
//判断源向量 x 的 2 范数是否为 0
if(fabs(dAlpha)+1.0==1.0)
{
    return  FreundlichErrors[5].iErrCode;
}
//源向量 x-目标向量 y=向量差 u,计算向量差的模||u||
dU=sqrt(2.0 * dAlpha * (dAlpha-( * ppmR)->ppdData[k][k]));
//向量差的模不为 0.0,分母不能为 0
if((dU+1.0)!=1.0)
{
    //向量差除以模得到单位向量,此时 dU 为向量差的模
    ( * ppmR)->ppdData[k][k]=(( * ppmR)->ppdData[k][k]-dAlpha)/dU;
    //将 k 后面的元素减去 0.0,均除以向量差的模
    for(i=k+1;i<=r;i++)
    {
        ( * ppmR)->ppdData[i][k]=( * ppmR)->ppdData[i][k]/dU;
    }

    //计算 H×Q
    for(j=1;j<=r;j++)
    {
        dTemp=0.0;
        for(jj=k;jj<=r;jj++)
        {
            dTemp=dTemp+( * ppmR)->ppdData[jj][k] * ( * ppmQ)->ppdData
[jj][j];
        }
        //计算第 k 行 k+1 列右边的数据
        for(i=k;i<=r;i++)
        {
            ( * ppmQ)->ppdData[i][j]=( * ppmQ)->ppdData[i][j]-2.0 * dTemp
* ( * ppmR)->ppdData[i][k];
        }
    }//for(j=1;j<=r;j++)

    //计算 H×Y
    j=1;
    do{
        dTemp=0.0;
        for(jj=k;jj<=r;jj++)
```

165

```
                    {
                            dTemp＝dTemp＋(＊ppmR)->ppdData[jj][k]＊(＊ppmY)->ppdData
[jj][j];
                    }
                    for(i＝k;i<＝r;i++)
                    {
                            (＊ppmY)->ppdData[i][j]＝(＊ppmY)->ppdData[i][j]-2.0＊dTemp
＊(＊ppmR)->ppdData[i][k];
                    }
                    j++;//退出 do-while 循环
            }while(j<＝(＊ppmY)->iCols);

            //计算 H×A
            //从第 k＋1 开始,第 k 列为目标向量,无需计算
            for(j＝k+1;j<＝c;j++)
            {
                dTemp＝0.0;
                //第 k 列与第 k＋1 列对应项相乘,得到标量 dTemp
                for(jj＝k;jj<＝r;jj++)
                {
                        dTemp＝dTemp＋(＊ppmR)->ppdData[jj][k]＊(＊ppmR)->ppdData
[jj][j];
                }
                //计算第 k 行 k＋1 列右边的数据
                for(i＝k;i<＝r;i++)
                {
                        (＊ppmR)->ppdData[i][j]＝(＊ppmR)->ppdData[i][j]-2.0＊dTemp
＊(＊ppmR)->ppdData[i][k];
                }
            }//for(j＝k+1;j<＝c;j++)

            //目标向量 y 第 k 列,[k][k]元素＝dAlpha,其余元素为 0.0
            (＊ppmR)->ppdData[k][k]＝dAlpha;
            for(i＝k+1;i<＝r;i++)
            {
                (＊ppmR)->ppdData[i][k]＝0.0;
            }
        }//if((dU+1.0)!＝1.0)
    }//for(k＝1;k<＝hc;k++)

    //将 Q^T 矩阵转置形成 Q,Q^T＝Hc×...×H2×H1,Q＝H1×H2×...×Hc
    for(i＝1;i<＝r-1;i++)
```

```
    {
        for(j=i+1;j<=r;j++)
        {
            dTemp=(*ppmQ)->ppdData[i][j];
            (*ppmQ)->ppdData[i][j]=(*ppmQ)->ppdData[j][i];
            (*ppmQ)->ppdData[j][i]=dTemp;
        }
    }//for(i=1;i<=r-1;i++)


    //成功,返回 0
    return  FreundlichErrors[0].iErrCode;
}


//功能:QR 方法求解方程
//pmR--> 输入 m×n 上三角矩阵
//ppmX-> 输出时为 n×1 解
//pmY-> 输入时为 m×1 矩阵 Y
//返回值--> 错误码,非 0 表示有错误
int  QRSolution(MATRIX  *pmR,MATRIX  **ppmX,MATRIX  *pmY)
{
    int  i,  j;
    int  n;
    double  dTemp;

    //矩阵指针为空,返回-3
    if(NULL==pmR‖NULL==*ppmX‖NULL==pmY)
    {
        return  FreundlichErrors[3].iErrCode;
    }

    //检查各矩阵的行与列是否匹配
    if(pmR->iRows!=pmY->iRows‖
        pmR->iCols!=(*ppmX)->iRows||
        (*ppmX)->iCols!=pmY->iCols  )
    {
        return  FreundlichErrors[6].iErrCode;
    }

    //求解
    n=pmR->iCols;
    for(i=n;i>=1;i--)
    {
```

```
        dTemp=0.0;
        for(j=i+1;j<=n;j++)
        {
            dTemp=dTemp+pmR->ppdData[i][j] * ( * ppmX)->ppdData[j][1];
        }
        ( * ppmX)->ppdData[i][1]=(pmY->ppdData[i][1]-dTemp)/pmR->ppdData[i][i];
    }
    //成功,返回 0
    return  FreundlichErrors[0].iErrCode;
}
```

```
//功能:采用最小二乘法对数据进行一元一次回归分析(线性回归)
//pdXHead      -->X 数据序列头指针
//pdYHead      -->Y 数据序列头指针
//nDataCount -->数据个数
//plpData      -->回归分析参数结构体指针
//返回值        -->错误码,非 0 表示有错误
```

回归分析

```
int  LeastSquareForLinear(double  * pdXHead,  double  * pdYHead,int nDataCount,
LINEAR_PARAMETER  * plpData)
{
    int  i;
    double  dSumOfX=0.0;                    //X 的加和
    double  dSumOfY=0.0;                    //Y 的加和
    double  dSumOfX2=0.0;                   //X 平方的加和
    double  dSumOfY2=0.0;                   //Y 平方的加和
    double  dSumOfXY=0.0;                   //X 与 Y 积的加和
    double  dSumOfYMYFit2=0.0;              //观测值 Y 与回归拟合 Y 之差的平方和

    if(nDataCount<2)
        return  FreundlichErrors[7].iErrCode;//数据个数不能小于 2,至少 2 个

    for(i=ARRAY_BASE;i<=ARRAY_BASE+nDataCount-1;i++)
    {
        dSumOfX+= * (pdXHead+i);
        dSumOfY+= * (pdYHead+i);
        dSumOfX2+=pow( * (pdXHead+i),2);
        dSumOfY2+=pow( * (pdYHead+i),2);
        dSumOfXY+=( * (pdXHead+i)) * ( * (pdYHead+i));
    }

    //计算自变量 X 的平均值(Average of X)
    plpData->dXAverage=dSumOfX/nDataCount;
```

```
        //计算因变量 Y 的平均值(Average of Y)
        plpData->dYAverage＝dSumOfY/nDataCount;

        //自变量 X 的标准差(或均方差)(Standard deviation of X)
        plpData->dSigmaX＝sqrt(dSumOfX2/nDataCount-pow(plpData->dXAverage,2));
        //因变量 Y 的标准差(或均方差)(Standard deviation of Y)
        plpData->dSigmaY＝sqrt(dSumOfY2/nDataCount-pow(plpData->dYAverage,2));
        //自变量 X 与因变量 Y 的协方差(Covariance of X and Y)
        plpData->dCovXY＝dSumOfXY/nDataCount-plpData->dXAverage * plpData->dYAver-
age;
        //回归直线的线性相关系数(Correlation coefficient)
        plpData->dCorrelationCoe＝plpData->dCovXY/(plpData->dSigmaX * plpData->
dSigmaY);

        //成功,返回 0
        return  FreundlichErrors[0].iErrCode;
    }
```

采用 Freundlich 方法数据运算结果如图 5-4 所示。

图 5-4　采用 Freundlich 方法数据运算结果图

第 6 章
t 图法及计算案例

t 图法

1965 年，B. C. Lippens 和 J. H. de Boer 提出了 t 图法。t 图是被吸附的吸附质体积与吸附层统计厚度的关系曲线图。t 图法是利用 t 图计算中孔比表面积、微孔比表面积和微孔体积等参数的一种分析方法。

吸附剂吸附气体量与吸附质气体种类、吸附温度、吸附质气体压力和吸附剂固体性质有关。对于氮吸附等温线，吸附质气体种类、吸附温度确定不变，此时，吸附量仅取决于吸附压力和吸附剂性质。对于非多孔吸附剂吸附氮气，吸附量随吸附压力升高呈比例增加，相当于吸附压力越大，吸附剂表面"包裹"的层数越多，吸附剂表面吸附层厚度越大，但是吸附等温线的形状几乎没有差异。因此，为了表征这种状况，Shull 等人提出了采用吸附层厚度 t 代替吸附量的方法，如式(6-1) 所示；该式将 $V_a = f(P_r)$ 中的吸附量 V_a 转化为吸附层厚度 t，形成厚度随压力的变化关系式 $t = g(P_r)$，如式(6-2) 所示，该式称为标准等温线。

$$t(\text{Å}) = 3.54 \times \frac{V_a}{V_m} \qquad\qquad 式(6\text{-}1)$$

$$V_a = f(P_r) \xrightarrow{\quad t(\text{Å}) = 3.54 \times \frac{V_a}{V_m} \quad} t = g(P_r) \qquad\qquad 式(6\text{-}2)$$

式中，3.54Å 是单层氮气分子吸附层厚度，该值为假设氮气分子在吸附剂表面以密排六方堆积方式排列计算得到的分子直径；V_a 对应不同吸附压力测得的吸附剂吸附气体体积；V_m 为单层最大吸附质气体体积。

如图 6-1 所示，左图为待测实验吸附等温线，该曲线以相对吸附压力为横轴，以待测吸附剂吸附标准状况下的气体体积为纵轴；右图为标准等温线，该曲线同样以相对吸附压力为横轴，但以选定的标准吸附剂吸附的气体分子厚度为纵轴；将待测实验吸附等温线与选定的标准吸附剂的标准等温线合二为一，以压力插值（在标准等温线中插值）计算得到

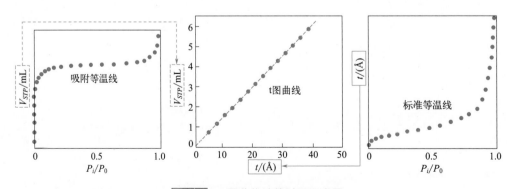

图 6-1 t 图曲线计算过程示意图

的待测吸附剂吸附层厚度为横轴，以待测吸附剂吸附标准状况下的气体体积为纵轴，得到 t 图曲线，该图最初由 Lippens 和 de Boer 发明。

为了方便分析，t 图可以归纳为三种基本类型，如图 6-2 所示，一般 t 图都是上述三种基本类型的组合，这不同于 IUPAC 定义的六类吸附等温线。t 图法计算比表面积所用变量如表 6-1 所示。

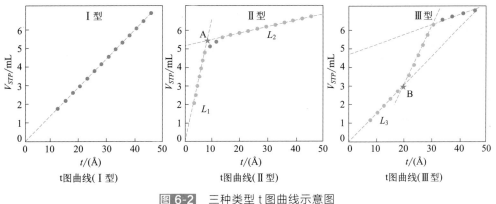

图 6-2 三种类型 t 图曲线示意图

▫ 表 6-1 t 图计算公式各物理量列表

物理量符号	意义	量纲	备注
P_i	绝对压力	Pa	Absolute pressure
P_0	标准大气压	Pa	Standard atmospheric pressure
P_r	相对压力	无	Relative pressure
t	厚度	Å	Thickness
S	t 图的斜率	$m^2 \cdot g^{-1}$	Slope
I	t 图的截距	$mL \cdot g^{-1}$	Intercept
S_t	所有孔的比表面积	$m^2 \cdot g^{-1}$	Total surface area of all pores
S_{MP}	微孔比表面积	$m^2 \cdot g^{-1}$	Micorpore surface area
S_{BET}	BET 比表面积	$m^2 \cdot g^{-1}$	BET surface area
V_{STP}	标准状态下吸附的气体体积	$mL \cdot g^{-1}$	The volume of gas adsorbed corrected to standard conditions of temperature and pressure
V_{MP}	微孔体积	$mL \cdot g^{-1}$	Micropore volume
V_a	不同相对压力下单位质量吸附剂吸附的吸附质气体体积	$mL \cdot g^{-1}$	The volume of adsorbed gas by a unit mass of adsorbent at a relative pressure
V_m	单层最大吸附质气体体积	$mL \cdot g^{-1}$	Maximum monolayer adsorption volume
a	指前因子	无	Pre-exponential term
b	指数因子	无	Exponential term
N_A	阿伏加德罗常数，$6.02214076 \times 10^{23}$	mol^{-1}	Avogadro constant
σ	吸附剂气体的分子截面积，$16.2(N_2)$，$13.8(Ar)$	$Å^2$	Analysis gas molecular cross-sectional area
A_s	比表面积	$m^2 \cdot g^{-1}$	Specific surface area

上述三种基本 t 图类型计算材料比表面积与 BET、Langmuir 方法有很大不同，根据 BET、Langmuir 方法计算得到的比表面积是总比表面积，总比表面积由外比表面积、微孔比表面积和中孔比表面积三部分组成，如式(6-3) 所示，而 t 图不仅可以计算总比表面积，还可以根据 t 图曲线变化趋势来分析该材料是否存在微孔和中孔，分别计算外比表面积、微孔比表面积和中孔比表面积。

$$A_{s,Total} = A_{s,Ex} + A_{s,Micro} + A_{s,Meso} \qquad 式(6-3)$$

式中，$A_{s,Total}$ 表示总比表面积；$A_{s,Ex}$ 表示外比表面积（Extern）；$A_{s,Micro}$ 表示微孔比表面积（Micropore）；$A_{s,Meso}$ 表示中孔比表面积（Mesopore）。

（1）Ⅰ型 t 图曲线　如图 6-2 中Ⅰ型 t 图曲线所示，该 t 图曲线是一条通过原点的近似线性曲线，吸附层厚度增加的速率与吸附量增加的速率相等，说明对应的吸附剂为无孔材料。当吸附层增加一层时，吸附量的增加量等于单分子层的吸附量。此时比表面积只有外比表面积，可通过 t 图曲线的斜率 S 计算获得，如式(6-4) 所示，N_A 为阿伏加德罗常数，σ 是吸附质气体的分子截面积。

$$A_{s,Total} = A_{s,Ex} = 3.54 \times \frac{S}{22414} \times N_A \times \sigma \qquad 式(6-4)$$

（2）Ⅱ型 t 图曲线　如果 t 图曲线可以拟合为两段不同斜率的直线，如图 6-2 中Ⅱ型 t 图曲线所示，其中一条是通过原点的陡斜率直线 L_1，另一条是缓斜率直线 L_2，这说明该吸附剂具有大小相同的微孔。在吸附初期，气体分子一部分在外表面形成吸附，另一部分进入微孔形成微孔填充，吸附量急剧增加，Y 轴数据增加快，但外表面吸附层厚度增加辐度较小，X 轴数据增加慢，导致 t 图曲线 L_1 直线的斜率非常大；当气体分子完成微孔填充后，仅存在吸附剂外表面的吸附，对应 t 图曲线 L_2 直线的斜率变缓。直线 L_1 与直线 L_2 交汇于 A 点，计算直线 L_1 的斜率 S_1，此时比表面积由外比表面积和微孔比表面积组成，根据式(6-4)计算总比表面积 A_{s1}。同样，计算直线 L_2 的斜率 S_2，此时比表面积只有外比表面积，根据式(6-4)计算吸附剂外比表面积 A_{s2}。全部比表面积 A_{s1} 与外比表面积 A_{s2} 之差即为微孔对应的比表面积。还可以根据 t 图计算微孔体积，假设 L_2 自 A 点向左延伸时的吸附条件与 A 点处的吸附条件相同，则 L_2 与 Y 轴的截距是吸附质气体被吸附的体积，将其转化为液态条件下的体积，该体积对应微孔的孔隙体积。t 为吸附层的厚度，$2t$ 则被认为是平均孔径，当 $2t$ 小于 0.708nm 时，可以定性粗略估计比表面积的大小，但是计算数值没有可信度，因为吸附层厚度 t 数值上无法小于氮气分子直径 0.354nm，这是 t 图法的局限。

（3）Ⅲ型 t 图曲线　如果 t 图曲线从原点出发绘制一条直线，如图 6-2 中Ⅲ型 t 图曲线所示，在 B 点开始转变为更陡峭的直线，则认为吸附剂具有中孔结构，曲线在 B 点开始陡峭是中孔发生毛细凝聚，气体分子凝结为液态，导致吸附量体积骤然增大，厚度增加较慢。吸附剂的总比表面积由通过原点的直线 L_3 的斜率根据式(6-4)计算。

将标准等温线与待测吸附等温线合二为一得到的 t 图曲线可以计算材料的比表面积，最初标准等温线是为了转换Ⅱ型吸附等温线而发明的，但大量研究数据的对比发现，采用一个标准等温线不能够完全反映吸附剂性质信息，理想情况下应采用表面化学性质与待测样品相同的非多孔材料对应的标准等温线，但实际应用中很难找到这样的标准等温线。为此，Brunauer 等人采用多分子层吸附的 BET 方法将 t 图曲线划分为若干类别，应该优先选用与待测样品吸附等温线常数相近的标准等温线，常数是表征吸附剂与吸附质气体相互作用的重要参数，它不仅与吸附剂的化学性质有关，也与吸附剂的孔结构有关。但当微孔存在时，孔结构信息导致常数会变得很大，标准等温线不能用该值来选择，此时只能选择一种与待测样品具有相似孔结构的材料作为参照物。

6.1　厚度计算

绘制 t 图曲线需要厚度 t 的数值，计算厚度 t 有两种方法：一种是根据 BET 方法计算单层最大吸附量 V_m，任何相对压力下的吸附量 V_a 与单层最大吸附量 V_m 的比值即为该压力对应的吸附层厚度 t；另一种是根据公式计算吸附层厚度，给定相对压力，即可计算得到对应的吸附层厚度 t，包括 Halsey 公式、Harkins Jura 公式和 Carbon black 公式等。

单层厚度计算

6.1.1　单层最大吸附量计算厚度

表 6-2 为石墨吸附氮气数据列表，其中 θ 为覆盖度，满足 $\theta = V_a/V_m$，根据表 6-2 二～四列计算单层最大吸附量 V_m，根据 V_m 计算覆盖度 θ，利用式（6-1）计算厚度 t，其计算过程如下。

⊡ 表 6-2　石墨吸附氮气数据列表

序号	相对压力 P_r	吸附氮气体积 V_a /(mL · g^{-1} STP)	$V_a(1-P_r)$ /(mL · g^{-1} STP)	θ	厚度 t /nm
1	1.50E-03	0.7262	0.72511	0.8069	0.2856426
2	8.09E-03	0.8322	0.82547	0.9247	0.3273438
3	1.84E-02	0.9052	0.88854	1.0058	0.3560532
4	3.39E-02	0.9224	0.89113	1.0249	0.3628146
5	4.40E-02	0.9326	0.89157	1.0362	0.3668148
6	5.97E-02	0.9608	0.90344	1.0676	0.3779304
7	7.48E-02	0.9713	0.89865	1.0792	0.3820368
8	8.98E-02	0.9919	0.90283	1.1021	0.3901434
9	1.12E-01	1.0187	0.90461	1.1319	0.4006926
10	1.37E-01	1.0426	0.89976	1.1584	0.4100736
11	0.1525	1.0658	0.90327	1.1842	0.4192068
12	0.1674	1.0824	0.90121	1.2027	0.4257558
13	0.1873	1.1253	0.91453	1.2503	0.4426062
14	0.2072	1.1702	0.92773	1.3002	0.4602708

序号	相对压力 P_r	吸附氮气体积 V_a /(mL·g^{-1} STP)	$V_a(1-P_r)$ /(mL·g^{-1} STP)	θ	厚度 t /nm
15	0.2273	1.2207	0.94323	1.3563	0.4801302
16	0.2569	1.303	0.96826	1.4478	0.5125212
17	0.2867	1.3975	0.99684	1.5528	0.5496912
18	0.307	1.4626	1.01358	1.6251	0.5752854
19	0.3368	1.5556	1.03167	1.7284	0.6118536
20	0.3574	1.6165	1.03876	1.7961	0.6358194
21	0.3882	1.693	1.03578	1.8811	0.6659094
22	0.4088	1.7454	1.03188	1.9393	0.6865122
23	0.4337	1.799	1.01877	1.9989	0.7076106
24	0.4589	1.8548	1.00363	2.0609	0.7295586
25	0.4838	1.8964	0.97892	2.1071	0.7459134
26	0.5087	1.9584	0.96216	2.176	0.770304
27	0.5384	2.0249	0.93469	2.2499	0.7964646
28	0.5588	2.0812	0.91823	2.3124	0.8185896
29	0.5836	2.1404	0.89126	2.3782	0.8418828
30	0.6089	2.2179	0.86742	2.4643	0.8723622
31	0.6432	2.3344	0.83291	2.5938	0.9182052
32	0.6688	2.4559	0.81339	2.7288	0.9659952
33	0.6943	2.5676	0.78492	2.8529	1.0099266
34	0.7188	2.685	0.75502	2.9833	1.0560882
35	0.7435	2.814	0.72179	3.1267	1.1068518
36	0.7688	2.9692	0.68648	3.2991	1.1678814
37	0.7935	3.1435	0.64913	3.4928	1.2364512
38	0.8177	3.3297	0.60700	3.6997	1.3096938
39	0.8478	3.618	0.55066	4.02	1.42308
40	0.8666	3.8753	0.51697	4.3059	1.5242886
41	0.9099	4.7647	0.42930	5.2941	1.8741114
42	0.9592	7.6331	0.31143	8.4812	3.0023448

（1）确定数据区间　选择相对压力区间（P_{min}，P_{max}），P_{min}代表相对压力最小值，P_{max}代表相对压力最大值，本例选择 $P_{min}=0.0015$，$P_{max}=0.9592$，取出所有的数据作为计算源数据。

（2）查找 $V_a(1-P_r)$ 为最大值时对应数据点　保持第 1 至第 42 对数据的相对压力 P_r 不变，根据 P_r 与 V_a 计算对应的 $V_a(1-P_r)$，得表 6-2 中第 4 列，将表中数据画成曲线图，如图 6-3 所示。从图中可以看出，该曲线有两个峰，主峰明显，但是对应相对压力较大，由于石墨材料微孔较多，对应的 BET 曲线在低压区，因此，应该选择前面的峰作为计算依据，其最大值为图中 A 点，最大相对压力为 $P_{max}=0.112$。

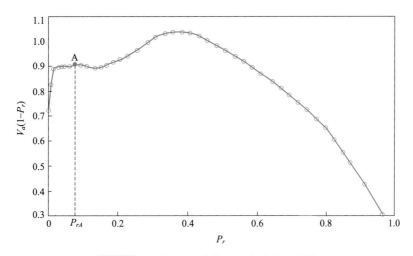

图 6-3 B 点 BET 曲线压力点确定示意图

（3）计算选定点的 BET 曲线数据　计算最大相对压力为 $P_{max}=0.112$ 的 1/11，得到最小压力取值限 0.01018，选取比 0.01018 大的最近点，对应第 3 个数据点，其相对压力为 0.0184，提取第 3 至第 9 个点对应数据，相对压力 P_r 保持不变，计算 $P_r/[V_a(1-P_r)]$ 的值。

（4）计算斜率、截距、最大吸附量、常数与相关系数　以表 6-2 中的第 2 列 P_r 为 X，以 $P_r/[V_a(1-P_r)]$ 为 Y，选取第 3 至第 9 个点，对 X 与 Y 进行一元线性回归，线性回归计算各公式中的参数定义如表 6-3 所示。表 6-4 给出了回归过程中间计算结果，由于采用的数据量较大，在 Excel 中通过输入公式计算，会造成舍断误差。

▣ 表 6-3　线性回归分析单一自变量与单一因变量函数关系参数列表

参数符号	物理意义	备注
x_i	自变量 X 第 i 次测量值	The i-th measurement of X
y_i	因变量 Y 第 i 次测量值	The i-th measurement of Y
n	测量次数	Number of measurements
x_{ave}	自变量 X 的平均值	The average of X
y_{ave}	因变量 Y 的平均值	The average of Y
σ_x	自变量 X 的标准差（或均方差）	The standard deviation of X
σ_y	因变量 Y 的标准差（或均方差）	The standard deviation of Y
S	回归直线的斜率	The slope of a regression line
I	回归直线的截距	The intercept of a regression line

□ 表 6-4　石墨吸附氮气数据一元线性回归计算数据列表

序号	X	Y	X^2	Y^2	$X \times Y$
1	0.018400	0.020708	0.000339	0.000429	0.000381
2	0.033900	0.038042	0.001149	0.001447	0.001290
3	0.044000	0.049351	0.001936	0.002436	0.002171
4	0.059700	0.066081	0.003564	0.004367	0.003945
5	0.074800	0.083236	0.005595	0.006928	0.006226
6	0.089800	0.099465	0.008064	0.009893	0.008932
7	0.112000	0.123811	0.012544	0.015329	0.013867
平均值	0.061800	0.068671			
和			0.033191	0.040829	0.036812

$$\sigma_x = \sqrt{\frac{\sum_{i=1}^{n} x_i^2}{n} - x_{ave}^2} = \sqrt{\frac{0.033191}{7} - 0.0618^2} = 0.030369769$$

$$\sigma_y = \sqrt{\frac{\sum_{i=1}^{n} y_i^2}{n} - y_{ave}^2} = \sqrt{\frac{0.040829}{7} - 0.068671^2} = 0.033422419$$

$$S = \frac{\sum_{i=1}^{n} x_i y_i - n x_{ave} y_{ave}}{\sum_{i=1}^{n} x_i^2 - n x_{ave}^2} = \frac{0.036812 - 7 \times 0.0618 \times 0.068671}{0.033191 - 7 \times 0.0618^2}$$

$$= 1.10049674 (g \cdot mL^{-1} STP)$$

$$I = y_{ave} - x_{ave} S = 0.068671 - 0.0618 \times 1.10049674 = 0.00065989 \ (g \cdot mL^{-1} STP)$$

$$V_m = \frac{1}{S+I} = \frac{1}{1.10049674 + 0.00065989} = 0.908136014 \approx 0.9 (mL \cdot g^{-1} STP)$$

（5）根据 V_m 计算覆盖度、厚度与比表面积　以表 6-2 中的序号 1 数据为例，吸附氮气体积 $V_a = 0.7262 (mL \cdot g^{-1} STP)$，则对应的覆盖度 θ 和厚度 t 可由下式计算得到。

$$\theta = \frac{V_a}{V_m} = \frac{0.7262 (mL \cdot g^{-1} STP)}{0.9 (mL \cdot g^{-1} STP)} \approx 0.8069$$

$$t = 3.54 \times \frac{V_a}{V_m} = 3.54 \times \theta = 2.856426 (Å) = 0.2856426 (nm)$$

$$SA_{BET} = \frac{0.9 (mL \cdot g^{-1} STP)}{22414 (mL \cdot mol^{-1} STP)} \times 6.02 \times 10^{23} (mol^{-1}) \times$$

$$16.2 (Å^2) \times 10^{-20} (m^2 \cdot Å^{-2}) = 3.92 (m^2 \cdot g^{-1})$$

6.1.2　厚度公式计算厚度

当材料包含中孔时，通常推荐使用 Harkins Jura 公式或 Carbon black 公式计算其吸附层厚度。采用 t 图法计算吸附层厚度的公式包括以下几种：

（1）Halsey 公式

$$t(\text{Å})=3.54\times\left[\frac{-5}{2.303\log(P_i/P_0)}\right]^{1/3} \qquad \text{式（6-5）}$$

厚度公式计算

该公式适用于 77.35K 下氮气吸附。

（2）Harkins Jura 公式（de Boer 公式）

$$t(\text{Å})=\left[\frac{13.99}{0.034-\log(P_i/P_0)}\right]^{1/2} \qquad \text{式（6-6）}$$

（3）Carbon black 公式

$$t(\text{Å})=2.98+6.45\times(P_i/P_0)+0.88\times(P_i/P_0)^2 \qquad \text{式（6-7）}$$

（4）Broekhoff-de Boer 公式

$$\log(P_i/P_0)=\frac{-16.11}{t^2(\text{Å}^2)}+0.1682\times\text{e}^{-0.1137t} \qquad \text{式（6-8）}$$

（5）Kruk-Jaroniec-Sayari 公式

$$t(\text{Å})=\left[\frac{60.65}{0.03071-\log(P_i/P_0)}\right]^{0.3968} \qquad \text{式（6-9）}$$

（6）通用公式

$$t(\text{Å})=a\times\left[\frac{-1}{\ln(P_i/P_0)}\right]^{1/b} \qquad \text{式（6-10）}$$

77.35K 下氮气吸附时，指前因子 a 为 6.0533，指数因子 b 为 3.0。该公式具有广泛的通用性，适用于其他吸附剂和吸附温度。

6.2 比表面积与微孔体积

以氮气为例，t 图法比表面积计算公式如式（6-11）所示，将式（6-11）简化可得式（6-12），由式（6-11）和式（6-12）可知，只需要测定 t 图中直线段的斜率 S，乘以 15.46 即为固体的比表面积。

$$A_s=\frac{V_{STP}\times10^{-6}(\text{m}^3)}{22414(\text{mL/mol})}\times\frac{M}{\rho}\times\frac{1}{t\times10^{-10}(\text{m})}=\frac{V_{STP}\times10^4(\text{m}^2)}{22414(\text{mL/mol})}\times\frac{28(\text{g/mol})}{0.808(\text{g/mL})}\times\frac{1}{t}$$

$$\text{式（6-11）}$$

$$A_s=\frac{V_{STP}}{t}\times15.46=S\times15.46(\text{m}^2) \qquad \text{式（6-12）}$$

6.2.1 无微孔

图 6-4 为某一中孔材料对应的 t 图曲线，该曲线前段是经过原点的直线，后段变得陡峭，根据Ⅲ型 t 图曲线，可以推断该材料有中孔，但是没有微

无微孔比表面积计算

孔。对于过原点的直线段，当相对压力增加时仅仅导致吸附层厚度增加，固体比表面积不变，吸附气体体积 V_{STP} 与吸附层厚度 t 之比 S 为固定不变常数，该常数乘以 15.46 后即为固体的比表面积，此时的比表面积由外比表面积和中孔比表面积组成。以图 6-4 中 B 点为例，B 点在无微孔材料 t 图曲线外延后与坐标原点相交于 A 点，计算 A 与 B 两点间的直线斜率 S，根据式（6-12）可以计算比表面积，由于材料没有微孔，因此比表面积 A_s 为外比表面积和中孔比表面积之和，该方法与采用 BET 方法计算的比表面积近似相等。

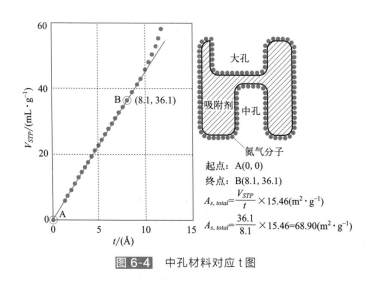

图 6-4 中孔材料对应 t 图

6.2.2 有微孔

图 6-5 为具有微孔和中孔材料对应的 t 图曲线，该曲线段前段是过原点的直线，后段逐渐平缓，根据Ⅱ型 t 图曲线，可以推断该材料中存在微孔，根据 A 和 B 两点计算的是总比表面积 A_s，由外比表面积、中孔比表面积和微孔比表面积组成，根据 C 和 D 两点计算的比表面积是外比表面积，两者作差即可计算得到微孔比表面积与中孔比表面积，C 与 D 两点构成的直线还存在正的截距 I，将截距对应的数值换算为液态氮体积即为微孔体积，其计算公式如式（6-13）所示，还可以计算微孔对应的孔宽 $2t$，具体计算过程见图 6-5。

$$V_{Micro} = 0.001546 \times I \qquad\qquad 式（6-13）$$

t 图中的 t 值是氮气分子的直径倍数，即满足 $t = 3.54 \times n$，其中 n 大于等于 1，则 t 最小为 3.54Å，对应孔宽大于 7.08Å 的孔，如图 6-5 所示，t 图曲线中不存在小于 3.54Å 点。

图 6-6 为另一多孔材料对应的 t 图曲线，图中存在 AB 段和 CD 段两个线性区，说明该材料存在大于 7.08Å 的微孔，通过两条直线的交点 C 可以预估微孔的实际孔宽为 10Å，CD 段直线斜率对应中孔比表面积，AB 段直线斜率对应所有孔的比表面积。

对于微孔材料，其 BET 的线性区通常对应相对压力小于 0.1 的区间，t 图的线性区通常在相对压力较高的区间，并且与微孔分布有关。微孔比表面积为 BET 比表面积与 t 图

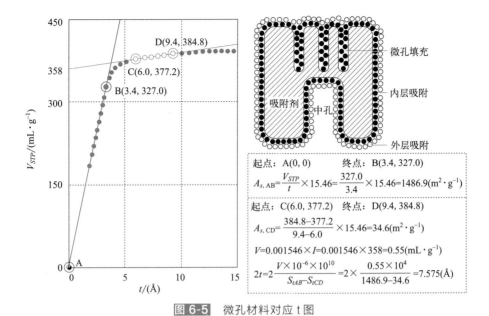

图 6-5　微孔材料对应 t 图

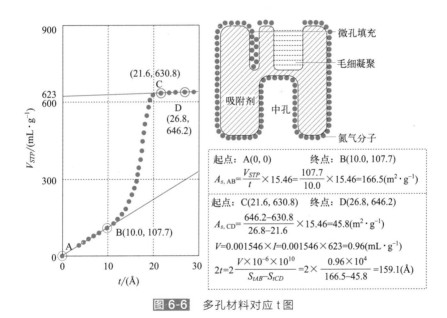

图 6-6　多孔材料对应 t 图

法计算的全部中孔和外比表面积之差，如式（6-14）所示。

$$S_{Micro} = S_{BET} - A_{s,total}$$

式（6-14）

6.3　t 图法计算案例

图 6-7 为 t 图法计算流程示意图。采用 t 图法计算比表面积需要标准样与测试样数据，标准样的比表面积为已知，通过对比计算得到测试样的比

t 图法计算案例

表面积。表 6-5 为石墨（标准样）吸附氮气数据列表，表 6-6 为测试样吸附氮气数据列表。

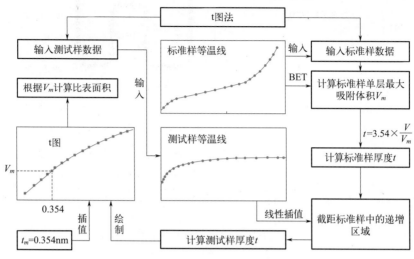

图 6-7 t图法计算流程示意图

⊡ 表 6-5 石墨（标准样）吸附氮气数据列表

序号	相对压力 P_r	吸附氮气体积 V_a /(mL·g^{-1} STP)	θ	分子层厚度 t /nm	孔宽 d /nm
1	0.0015	0.7262	0.799661	0.283079939	0.5661592
2	0.00809	0.8322	0.916384	0.324399786	0.6487988
3	0.0184	0.9052	0.996768	0.352855908	0.705711
4	0.0339	0.9224	1.015708	0.359560638	0.7191205
5	0.044	0.9326	1.02694	0.363536699	0.7270726
6	0.0597	0.9608	1.057992	0.374529338	0.7490578
7	0.0748	0.9713	1.069555	0.378622341	0.7572438
8	0.0898	0.9919	1.092238	0.386652425	0.773304
9	0.112	1.0187	1.12175	0.39709933	0.7941978
10	0.137	1.0426	1.148067	0.406415786	0.8128307
11	0.1525	1.0658	1.173614	0.415459376	0.8309178
12	0.1674	1.0824	1.191893	0.42193022	0.8438595
13	0.1873	1.1253	1.239133	0.438653064	0.8773051
14	0.2072	1.1702	1.288575	0.456155528	0.91231
15	0.2273	1.2207	1.344183	0.475840927	0.9516808
16	0.2569	1.303	1.434809	0.50792228	1.0158434
17	0.2867	1.3975	1.538868	0.544759314	1.0895174
18	0.307	1.4626	1.610553	0.570135938	1.1402706

180

序号	相对压力 P_r	吸附氮气体积 V_a /(mL · g^{-1} STP)	θ	分子层厚度 t /nm	孔宽 d /nm
19	0.3368	1.5556	1.712961	0.606388257	1.2127752
20	0.3574	1.6165	1.780022	0.630127679	1.260254
21	0.3882	1.693	1.86426	0.659948135	1.3198948
22	0.4088	1.7454	1.921961	0.680374173	1.3607468
23	0.4337	1.799	1.980983	0.701267983	1.4025344
24	0.4589	1.8548	2.042428	0.723019375	1.4460371
25	0.4838	1.8964	2.088236	0.739235466	1.4784693
26	0.5087	1.9584	2.156508	0.763403679	1.5268057
27	0.5384	2.0249	2.229735	0.789326036	1.5786503
28	0.5588	2.0812	2.29173	0.811272333	1.6225429
29	0.5836	2.1404	2.356918	0.834349078	1.6686963
30	0.6089	2.2179	2.442258	0.864559344	1.7291168
31	0.6432	2.3344	2.570543	0.909972196	1.8199424
32	0.6688	2.4559	2.704334	0.957334097	1.9146661
33	0.6943	2.5676	2.827333	1.000875861	2.0017495
34	0.7188	2.685	2.956609	1.046639541	2.0932767
35	0.7435	2.814	3.098658	1.096925017	2.1938476
36	0.7688	2.9692	3.269558	1.157423511	2.3148444
37	0.7935	3.1435	3.46149	1.225367374	2.450732
38	0.8177	3.3297	3.666525	1.297949974	2.595897
39	0.8478	3.618	3.983989	1.410332164	2.8206612
40	0.8666	3.8753	4.267317	1.510630248	3.0212571
41	0.9099	4.7647	5.246687	1.85732716	3.7146502
42	0.9592	7.6331	8.405248	2.975457834	5.950909

⊡ 表 6-6 测试样吸附氮气数据列表

序号	相对压力 P_r	吸附氮气体积数 V_a /(mL · g^{-1} STP)	孔宽 d/nm	序号	相对压力 P_r	吸附氮气体积数 V_a /(mL · g^{-1} STP)	孔宽 d/nm
1	1.884754E-07	0.510281	——	8	2.817416E-05	4.12025	——
2	4.498150E-07	1.02256	——	9	4.605018E-05	4.63325	——
3	1.058960E-06	1.54166	——	10	7.334997E-05	5.14278	——
4	2.360800E-06	2.05975	——	11	1.165827E-04	5.65215	——
5	4.935335E-06	2.58003	——	12	1.894469E-04	6.15738	——
6	9.346049E-06	3.09167	——	13	3.165124E-04	6.66319	——
7	1.651589E-05	3.60649	——	14	5.461337E-04	7.15274	——

序号	相对压力 P_r	吸附氮气体积数 V_a /(mL·g^{-1} STP)	孔宽 d/nm	序号	相对压力 P_r	吸附氮气体积数 V_a /(mL·g^{-1} STP)	孔宽 d/nm
15	9.630549E-04	7.62057	—	50	1.262309E-01	12.5949	0.804804
16	1.671058E-03	8.05205	0.5683043	51	1.307718E-01	12.6388	0.808189
17	2.776612E-03	8.44275	0.5821682	52	1.353088E-01	12.681	0.81157
18	4.306585E-03	8.78956	0.6013542	53	1.399906E-01	12.7223	0.81632
19	6.198334E-03	9.08882	0.6250771	54	1.445227E-01	12.7607	0.821609
20	8.141506E-03	9.32422	0.6490832	55	1.492123E-01	12.7992	0.827081
21	1.061457E-02	9.5693	0.6627347	56	1.539601E-01	12.836	0.832186
22	1.321504E-02	9.79498	0.6770896	57	1.585943E-01	12.8696	0.836211
23	1.613009E-02	9.9955	0.6931809	58	1.633353E-01	12.9049	0.840329
24	1.923838E-02	10.1831	0.7064363	59	1.680589E-01	12.9384	0.844967
25	2.244956E-02	10.3557	0.7092144	60	1.727775E-01	12.9696	0.852897
26	2.581394E-02	10.5129	0.712125	61	1.775652E-01	13.0023	0.860944
27	2.926557E-02	10.6629	0.7151111	62	1.824228E-01	13.0334	0.869108
28	3.281629E-02	10.8033	0.7181829	63	1.871182E-01	13.0629	0.877
29	3.642025E-02	10.9343	0.7211048	64	1.919156E-01	13.0919	0.885424
30	4.013632E-02	11.06	0.7240306	65	2.131550E-01	13.2158	0.923974
31	4.389437E-02	11.1801	0.7269894	66	2.414768E-01	13.3651	0.982411
32	4.778881E-02	11.2928	0.7323782	67	2.651509E-01	13.4841	1.036242
33	5.172776E-02	11.4013	0.737894	68	2.909409E-01	13.6067	1.10012
34	5.574355E-02	11.5028	0.7435175	69	3.146743E-01	13.7151	1.158942
35	5.975691E-02	11.5983	0.7490887	70	3.381113E-01	13.8216	1.215797
36	6.491122E-02	11.7107	0.7518829	71	3.621021E-01	13.9263	1.269359
37	6.907313E-02	11.7963	0.7541392	72	3.873714E-01	14.0421	1.31829
38	7.323455E-02	11.8788	0.7563952	73	4.105296E-01	14.143	1.363649
39	7.747389E-02	11.9577	0.7601067	74	4.339646E-01	14.2464	1.402991
40	8.174664E-02	12.0313	0.7646814	75	4.604775E-01	14.3602	1.448092
41	8.611509E-02	12.1002	0.7693586	76	4.824669E-01	14.4518	1.476733
42	9.021103E-02	12.1613	0.7736908	77	5.090721E-01	14.5627	1.527455
43	9.460990E-02	12.2246	0.777831	78	5.335797E-01	14.6608	1.570236
44	9.917013E-02	12.2852	0.782123	79	5.575326E-01	14.7558	1.619816
45	1.036148E-01	12.3437	0.786306	80	5.809152E-01	14.8492	1.6637
46	1.081324E-01	12.4002	0.790558	81	6.062176E-01	14.9507	1.722711
47	1.126587E-01	12.4529	0.794689	82	6.285091F-01	15.041	1.781041
48	1.171414E-01	12.5027	0.79803	83	6.547529E-01	15.15	1.86269
49	1.215909E-01	12.5475	0.801346	84	6.790837E-01	15.2549	1.949785

序号	相对压力 P_r	吸附氮气体积数 V_a /(mL·g^{-1} STP)	孔宽 d/nm	序号	相对压力 P_r	吸附氮气体积数 V_a /(mL·g^{-1} STP)	孔宽 d/nm
85	7.035991E-01	15.3607	2.036489	93	8.974752E-01	16.644	3.515683
86	7.276239E-01	15.4721	2.129205	94	9.208607E-01	17.1561	4.21183
87	7.519003E-01	15.5858	2.234022	95	9.412375E-01	18.2209	5.136126
88	7.762156E-01	15.7056	2.355642	96	9.597909E-01	21.5865	—
89	8.007096E-01	15.8379	2.493979	97	9.422498E-01	19.4276	—
90	8.249083E-01	15.9799	2.649723	98	9.175527E-01	17.4274	—
91	8.490409E-01	16.1418	2.833902	99	8.802627E-01	16.5296	—
92	8.732658E-01	16.3459	3.128001	—	—	—	—

（1）计算覆盖度 θ　采用 B 点 BET 法计算的单层最大吸附摩尔数 n_{mol} 为 4.05164×10^{-5}（mol·g^{-1}），换算为单层最大吸附体积 $V_m = n_{mol}/(1/1000/22.414) = 4.05164\times 10^{-5}/(1/1000/22.414) = 0.908135$（cm^3·g^{-1}）。根据式（6-15）将表 6-5 中各个相对压力 P_r 对应的吸附氮气体积 V_a 转换为覆盖度 θ。例如，表 6-5 中第 3 个数据点的相对压力为 0.0184，对应氮气吸附体积为 0.9052，转化为覆盖度 $\theta = 0.9052/0.908135 = 0.996768$。

$$\theta = \frac{V_a}{V_m} \qquad 式(6\text{-}15)$$

（2）计算孔宽 d　吸附的氮气分子层厚度 t 为覆盖度 θ 与单分子层厚度 t_m 的乘积，孔宽 d 为分子层厚度 t 的 2 倍，如式（6-16）所示。例如，表 6-5 中第 8 个点对应的覆盖度为 1.092238，分子层厚度 $t = 0.354\times 1.092238 = 0.386652$（nm），孔宽 $d = 2\times 0.386652 = 0.773304$（nm）。

$$d = 2\times t_m \times \theta = 2\times 0.354\times \theta = 2\times 0.354\times \frac{V_a}{V_m}(\text{nm}) \qquad 式(6\text{-}16)$$

（3）查找标准样的相对压力对应的最小值与最大值　表 6-5 中相对压力 P_r 最小值 $P_{r,min}$ 对应第 1 个数据点 0.0015，最大值 $P_{r,max}$ 对应第 42 个数据点 0.9592。

（4）截取测试样中小于 $P_{r,max}$ 而大于 $P_{r,min}$ 的递升数据　表 6-6 为测试样数据，选取相对压力小于最大值 0.9592 而大于最小值 0.0015 的递升数据，测试样数据相对压力最小值为第 16 个点，测试样数据相对压力最大值为第 95 个点。

（5）将测试样中数据按标准样的压力进行插值计算得到测试样的分子层厚度　将测试样数据按标准样数据进行线性插值。例如，选取表 6-6 中测试样数据的第 33 个点，其相对压力 P_r 为 5.172776×10^{-2}，在表 6-5 标准样数据中查找该压力所在位置，介于表 6-5 第 5 个点 0.044 和第 6 个点 0.0597 之间，根据第 5、6 个点对应的孔宽 0.7270726 和 0.7490578 计算 5.172776×10^{-2} 对应的孔宽值为 0.7445721。

$$d = 0.7270726 + (0.05172776 - 0.044)\times \frac{0.7490578 - 0.7270726}{0.0597 - 0.044} = 0.737894024(\text{nm})$$

（6）计算 2 个氮气分子厚度对应的吸附量　一个氮气分子厚度 t_m 为 0.354nm，两

个氮气分子厚度为 $0.354\times2=0.708$nm。在表 6-6 测试样数据中线性插值查找对应 0.708nm 厚度时的单层最大吸附量 $V_{m,sample}=0.708$nm，介于表 6-6 中第 24 个点和第 25 个点之间，两个点的厚度分别为 0.7064363nm 和 0.7092144nm，对应吸附量分别为 $10.1831(\text{mL}\cdot\text{g}^{-1})$ 和 $10.3557(\text{mL}\cdot\text{g}^{-1})$，则测试样对应的单层最大吸附量 $V_{m,sample}$ 为 $10.28025(\text{mL}\cdot\text{g}^{-1})$。

$$V_{m,sample}=10.1831+(0.708-0.7064363)\times\frac{10.3557-10.1831}{0.7092144-0.7064363}=10.28025$$

（7）根据测试样的吸附量计算比表面积 $A_{s,total}$ 根据测试样对应 0.708nm 厚度时的单层最大吸附量 $V_{m,sample}$ 计算测试样的比表面积 $A_{s,total}$。

$$A_{s,total}=\frac{V_{m,sample}(\text{mL})}{22414(\text{mL/mol})}\times N_A\times CSA$$

$$=\frac{10.28025(\text{mL}\cdot\text{g}^{-1})}{22414(\text{mL/mol})}\times\frac{6.023\times10^{23}}{\text{mol}}\times16.2\times10^{-20}(\text{m}^2)$$

$$=44.751972(\text{m}^2\cdot\text{g}^{-1})$$

6.4　C 程序源代码

```
# include <windows. h>
# include <stdio. h>
# include <stddef. h>
# include <stdlib. h>
# include <tchar. h>
# include <math. h>
# include <malloc. h>
# include <time. h>
# include <memory. h>

//数组起始地址
# define  ARRAY_BASE  1

//工艺方法计算用常数
# define  AVOGADRO_NUMBER  6.023E23      //阿伏加德罗常数,6.023×10^23
# define  CROSS_SECTION_N2  16.2         //氮原子的横截面积,16.2A^2(Angstrom)
# define  MOLAR_VOLUME_GAS  22.414       //标准状况下的气体摩尔体积,22.414L/mol

//t-plot 方法计算出错信息结构体
static struct  tagTPlotError
{
```

比表面积计算方法与C程序设计案例教程

```
    int   iErrCode;                      //错误号
    TCHAR  * szErrDescription;  //错误描述
}
TPlotErrors[]=
{
//     iErrCode szErrDesciption
    0,               TEXT("成功!"),
    -1,              TEXT("指针为空!"),
    -2,              TEXT("打开文件失败!"),
    -3,              TEXT("数组下限大于数组上限!"),
    -4,              TEXT("内存分配失败!"),
    -5,              TEXT("数据个数不能小于 2!")
};


//回归分析参数结构体
typedef  struct  tagLinearParameter{
  double  dSlope;                  //回归直线的斜率(Slope of regression line)
  double  dIntercept;            //回归直线的截距(Intercept of regression line)
  double  dCorrelationCoe;  //回归直线的线性相关系数(Correlation coefficient)
}LINEAR_PARAMETER;


//矩阵
typedef  struct tagMatrix
{
    int  iRowL;               //行下限
    int  iRowH;               //行上限
    int  iColL;               //列下限
    int  iColH;               //列上限
    int  iRows;               //矩阵的行数
    int  iCols;               //矩阵的列数
    double  ** ppdData;  //指向数据的指针
}MATRIX;


//BET 结果
typedef  struct tagBETResult{
    double  dBBETLowSV;       //B 点 BET 下限设定值
    double  dBBETHighSV;      //B 点 BET 上限设定值
    double  dSlope;            //斜率
    double  dIntercept;       //截距
    double  dCorrel;           //相关系数
    double  dCorrelLimit;     //设定相关系数最大值
```

数据结构定义

```
    double    dVolMax;              //单层最大吸附量,mL/g
    double    dC;                   //BET 常数 C
}BET_RESULT;

//链表中矩阵节点
typedef struct tagMatrixNode
{
    MATRIX    * pm;
    struct    tagMatrixNode    * pmnNext;
}MATRIX_NODE;

//堆栈,指向矩阵链表的头
typedef struct tagStacks
{
    MATRIX_NODE    * pmnMNHead;//矩阵链表头
}STACKS;

//内存分配与矩阵操作
int    IVector(int    ** ppiV,int    iL,int    iH);
int    FreeIVector(int    ** ppiV,int    iL,int    iH);
int    DVector(double    ** ppdV,int    iL,int    iH);
int    FreeDVector(double    ** ppdV,int    iL,int    iH);
int    DDVector(double    *** pppdData,int    iRowL,int iRowH,int iColL,    int iColH);
int    FreeDDVector(double    *** pppdData,int    iRowL,int iRowH,int iColL,    int iColH);
int    InitStack(STACKS    * psStack);
int    FreeStack(STACKS    * psStack);
    //读取数据
    int    FileData2Matrix(const char    * pstrFileName,    MATRIX    ** ppmD,STACKS    * psStack);
    //矩阵运算
    int    CreateMatrix(int    iRowL,int iRowH,int iColL,int    iColH,MATRIX    ** ppmMa-
trix,STACKS    * psStack,int iValue);
    int    PrintMatrix(MATRIX    * pmA,    TCHAR    * tcString);

    //数学算法
    int    LeastSquareForLinear(double    * pdXHead,    double    * pdYHead,int nData-
Count,LINEAR_PARAMETER    * plpData);

    //工艺方法
    int    BBET(double    * pdX,double    * pdY,int n,BET_RESULT    * pbetr);
    int    BETThick(MATRIX    ** ppmStandard);
```

```
int    SampleThick(MATRIX  * pmStandard,MATRIX  ** ppmSample);
int    SampleVm(MATRIX  * pmSample,double  * dVm);

int   main(int  argc,char  * argv[])
{
    int      iRet;                          //函数返回值
    int      k=0;                           //循环变量
    clock_t  StartTime=0;                   //开始时间
    clock_t  EndTime=0;                     //结束时间
    double   dDiffTime=0.0;                 //时间差
    STACKS   S;                             //矩阵管理堆栈
    MATRIX   * pmStandard=NULL;             //标准样矩阵
    MATRIX   * pmSample=NULL;               //测试样矩阵
    double   * pStandardT=NULL;             //标准样厚度存储区
    double   * pSampleT=NULL;               //测试样厚度存储区
    double   dVm;                           //测试样对应 0.708nm 的吸附量
    double   dSt;                           //t-plot 法计算的比表面积
```

程序框架

//标准样-->相对压力

```
double   StandardX[]={0.0015,0.00809,0.0184,0.0339,0.044,0.0597,0.0748,0.0898,
```
0. 112, 0. 137, 0. 1525, 0. 1674, 0. 1873, 0. 2072, 0. 2273, 0. 2569, 0. 2867, 0. 307, 0. 3368, 0. 3574,
0. 3882, 0. 4088, 0. 4337, 0. 4589, 0. 4838, 0. 5087, 0. 5384, 0. 5588, 0. 5836, 0. 6089, 0. 6432,
0. 6688, 0. 6943, 0. 7188, 0. 7435, 0. 7688, 0. 7935, 0. 8177, 0. 8478, 0. 8666, 0. 9099, 0. 9592};

//标准样-->气体吸附量

```
double   StandardY[]={0.7262,0.8322,0.9052,0.9224,0.9326,0.9608,0.9713,0.9919,
```
1. 0187, 1. 0426, 1. 0658, 1. 0824, 1. 1253, 1. 1702, 1. 2207, 1. 303, 1. 3975, 1. 4626, 1. 5556, 1. 6165,
1. 693, 1. 7454, 1. 799, 1. 8548, 1. 8964, 1. 9584, 2. 0249, 2. 0812, 2. 1404, 2. 2179, 2. 3344, 2. 4559,
2. 5676, 2. 685, 2. 814, 2. 9692, 3. 1435, 3. 3297, 3. 618, 3. 8753, 4. 7647, 7. 6331};

//测试样-->相对压力

```
double   SampleX[]={1.88475E-07,4.49815E-07,1.05896E-06,2.3608E-06,4.93534E-06,
```
9. 34605E-06, 1. 65159E-05, 2. 81742E-05, 4. 60502E-05, 7. 335E-05, 0. 000116583, 0. 000189447,
0. 000316512, 0. 000546134, 0. 000963055, 0. 001671058, 0. 002776612, 0. 004306585,
0. 006198334, 0. 008141506, 0. 01061457, 0. 01321504, 0. 01613009, 0. 01923838, 0. 02244956,
0. 02581394, 0. 02926557, 0. 03281629, 0. 03642025, 0. 04013632, 0. 04389437, 0. 04778881,
0. 05172776, 0. 05574355, 0. 05975691, 0. 06491122, 0. 06907313, 0. 07323455, 0. 07747389,
0. 08174664, 0. 08611509, 0. 09021103, 0. 0946099, 0. 09917013, 0. 1036148, 0. 1081324,
0. 1126587, 0. 1171414, 0. 1215909, 0. 1262309, 0. 1307718, 0. 1353088, 0. 1399906, 0. 1445227,
0. 1492123, 0. 1539601, 0. 1585943, 0. 1633353, 0. 1680589, 0. 1727775, 0. 1775652, 0. 1824228,
0. 1871182, 0. 1919156, 0. 213155, 0. 2414768, 0. 2651509, 0. 2909409, 0. 3146743, 0. 3381113,
0. 3621021, 0. 3873714, 0. 4105296, 0. 4339646, 0. 4604775, 0. 4824669, 0. 5090721, 0. 5335797,
0. 5575326, 0. 5809152, 0. 6062176, 0. 6285091, 0. 6547529, 0. 6790837, 0. 7035991, 0. 7276239,
0. 7519003, 0. 7762156, 0. 8007096, 0. 8249083, 0. 8490409, 0. 8732658, 0. 8974752, 0. 9208607,
0. 9412375, 0. 9597909, 0. 9422498, 0. 9175527, 0. 8802627};

//测试样-->气体吸附量

double SampleY[]={0.510281,1.02256,1.54166,2.05975,2.58003,3.09167,3.60649,
4.12025,4.63325,5.14278,5.65215,6.15738,6.66319,7.15274,7.62057,8.05205,8.44275,
8.78956,9.08882,9.32422,9.5693,9.79498,9.9955,10.1831,10.3557,10.5129,10.6629,
10.8033,10.9343,11.06,11.1801,11.2928,11.4013,11.5028,11.5983,11.7107,11.7963,
11.8788,11.9577,12.0313,12.1002,12.1613,12.2246,12.2852,12.3437,12.4002,12.4529,
12.5027,12.5475,12.5949,12.6388,12.681,12.7223,12.7607,12.7992,12.836,12.8696,
12.9049,12.9384,12.9696,13.0023,13.0334,13.0629,13.0919,13.2158,13.3651,13.4841,
13.6067,13.7151,13.8216,13.9263,14.0421,14.143,14.2464,14.3602,14.4518,14.5627,
14.6608,14.7558,14.8492,14.9507,15.041,15.15,15.2549,15.3607,15.4721,15.5858,
15.7056,15.8379,15.9799,16.1418,16.3459,16.644,17.1561,18.2209,21.5865,19.4276,
17.4274,16.5296};

//开始时间
StartTime=clock();
InitStack(&S);

//读入标准样数据文件
iRet=FileData2Matrix((const char *)"standard.txt",&pmStandard,&S);
//如果没有找到文件,则从程序内部读入数据
if(iRet)
{
    int i;   //循环变量
    int n;   //X数组个数
    n=sizeof(StandardX)/sizeof(StandardX[0]);
    //如果 pmTemp 为空,建立新的矩阵,分配内存
    if(NULL==pmStandard)
    {
        int iRows=n;   //行数
        int iCols=3;   //列数
        CreateMatrix(1,iRows,1,iCols,&pmStandard,&S,0);
    }
    //将程序内数据拷入分配的内存
    for(i=ARRAY_BASE;i<=ARRAY_BASE+n-1;i++)
    {
        //相对压力,无量纲
        pmStandard->ppdData[i][1]=StandardX[i-1];
        //气体吸附量,量纲(mL/g),根据需要换算为单位质量吸附量
        pmStandard->ppdData[i][2]=StandardY[i-1];
    }
}//if(iRet)

```
//读入测试样数据文件
iRet＝FileData2Matrix((const char * )"sample.txt",&pmSample,&S);
//如果没有找到文件,则从程序内部读入数据
if(iRet)
{
    int    i;                //循环变量
    int    n;                //X数组个数
    n＝sizeof(SampleX)/sizeof(SampleX[0]);
    //如果 pmTemp 为空,建立新的矩阵,分配内存
    if(NULL＝＝pmSample)
    {
        int    iRows＝n;    //行数
        int    iCols＝3;    //列数
        CreateMatrix(1,iRows,1,iCols,&pmSample,&S,0);
    }
    //将程序内数据拷入分配的内存
    for(i＝ARRAY_BASE;i<＝ARRAY_BASE＋n-1;i＋＋)
    {
        //相对压力,无量纲
        pmSample->ppdData[i][1]＝SampleX[i-1];
        //气体吸附量,量纲(mL/g),根据需要换算为单位质量吸附量
        pmSample->ppdData[i][2]＝SampleY[i-1];
    }
}//if(iRet)


//根据单层最大吸附量计算吸附层厚度
BETThick(&pmStandard);
//PrintMatrix(pmStandard,TEXT("pmStandard"));
SampleThick(pmStandard,&pmSample);
//PrintMatrix(pmSample,TEXT("pmSample"));
SampleVm(pmSample,&dVm);
printf("测试样.708nm 厚度对应的吸附量:Vm＝%lfmL/g\n",dVm);
dSt＝dVm * AVOGADRO_NUMBER * CROSS_SECTION_N2 * 1.0E-20/MOLAR_VOLUME_GAS/1000;
printf("t-plot 法计算的比表面积:St＝%lf m^2/g\n",dSt);


FreeStack(&S);
//终止时间
EndTime＝clock();
//计算消耗时间
dDiffTime＝(double)(EndTime-StartTime)/CLOCKS_PER_SEC;//运行时间差
```

```
        printf("\n 程序运行时间:%. 3lf 秒\n\n",dDiffTime);
        //按"F5"键运行时会停留在运行结果
        system("pause");
        return  0;
}


//功能:  从文件读取数据到矩阵
//pstrFileName -->文件名字符串
//ppmD          -->存放数据(data)矩阵
//psStack       -->管理矩阵的堆栈指针
//返回值         -->错误码,非 0 表示有错误
int    FileData2Matrix(const char  * pstrFileName,  MATRIX  * * ppmD,STACKS  *
psStack)
{
    int  j,iRet;                    //打开文件的返回值
    int  iRows;                     //数据行数,即文件中数据的行数
    int  iCols;                     //数据列数
    int  iNumFlagOld;               //前一字符数字标志
    int  iNumFlagNew;               //后一字符数字标志
    FILE  * pFile=NULL;             //文件指针
    TCHAR  szLine[MAX_PATH]={0};    //存储行的临时字符串
    TCHAR  * pStr;                  //待转换字符串头指针
    double     dTemp=0.0;           //临时变量

    //打开数据文件
    iRet=fopen_s(&pFile,pstrFileName,"r");
    if(iRet)
    {
        //打开文件失败,返回-2
        return  TPlotErrors[2].iErrCode;
    }

    //巡检文件中数据有多少行、多少列
    iRows=0;
    while(!feof(pFile))
    {
        memset(szLine,0,MAX_PATH);
        pStr=_fgetts(szLine,MAX_PATH,pFile);
        //如果是空行,跳过
        if(szLine[0]==TEXT('\n')|| szLine[0]==TEXT('\0'))
        {
```

从文件读数据
到矩阵

```
            continue;
        }
        //第一次进入循环,取出第一行,对数据进行分析,计算有几列
        if(iRows==0)
        {
            iCols=0;
            iNumFlagOld=0;//空格或 tab 标志,0 表示为空格或 tab
            iNumFlagNew=0;
            //当指定的字符不为回车或换行时进行循环
            while(*pStr)
            {
                //如果是空格或 tab 或换行
                if(TEXT('')===*pStr || TEXT('\t')==*pStr || TEXT('\n')==*pStr)
                {
                    iNumFlagNew=0;        //标志为 0
                }
                //是其他符号
                else
                {
                    iNumFlagNew=1;
                    //前后符号标志进行异或,不同为 1,相同为 0
                    if(iNumFlagNew^iNumFlagOld)
                    {
                        iCols++;
                    }
                }
                //将新的赋值给旧的
                iNumFlagOld=iNumFlagNew;
                pStr++;        //指针向后移动
            }
        }//if(iRows==0)
        iRows++;
    }//while(!feof(pFile))

    //如果 * ppmD 为空,建立新的矩阵,分配内存
    if(NULL==(*ppmD))
    {
        CreateMatrix(1,iRows,1,iCols+1,ppmD,psStack,0);
    }
```

```
    //重新定位文件指针到文件头
    fseek(pFile,0L,SEEK_SET);

    //行数清 0
    iRows=0;
    while(!feof(pFile))
    {
        memset(szLine,0,MAX_PATH);
        pStr=_fgetts(szLine,MAX_PATH,pFile);
        //如果是空行,跳过
        if(szLine[0]==TEXT('\n')|| szLine[0]==TEXT('\0'))
        {
            continue;
        }
        //行数递加
        iRows++;
        //对列进行处理,防止一行出现超过 iCols 列情况
        for(j=1;j<=iCols;j++)
        {
            dTemp=_tcstod(pStr,&pStr);
            (*ppmD)->ppdData[iRows][j]=dTemp;
        }//for(j=1;j<=iCols;j++)
    }//while(!feof(pFile))

    //关闭文件
    fclose(pFile);

    //成功,返回 0
    return  TPlotErrors[0].iErrCode;
}
//功能:创建矩阵,各元素置设定值
//iRowL      -->矩阵行下限
//iRowH      -->矩阵行上限
//iColL      -->矩阵列下限
//iColH      -->矩阵列上限
//ppmMatrix  -->增加到栈中的矩阵
```

创建矩阵

```
//psStack        -->栈指针
//iValue         -->iValue=0,全部元素赋 0;iValue=1,对角线元素赋 1,其余元素赋 0
//返回值          -->错误码,非 0 表示有错误
int    CreateMatrix(int    iRowL,int iRowH,int iColL,int    iColH,MATRIX    **ppmMatrix,
STACKS  *psStack,int iValue)
```

```
{
    int    iRet;
    int    iRows,iCols;
    //临时矩阵指针
    MATRIX    * pmTempM＝NULL;
    //临时矩阵节点指针
    MATRIX_NODE    * pmnTempMN＝NULL;

    //分配矩阵节点内存
    pmTempM＝(MATRIX * )calloc(1,sizeof(MATRIX));
    //分配链表矩阵节点内存
    pmnTempMN＝(MATRIX_NODE * )calloc(1,sizeof(MATRIX_NODE));
    //分配内存失败,返回-4
    if(NULL＝＝pmTempM || NULL＝＝pmnTempMN)
    {
        free(pmTempM);
        pmTempM＝NULL;
        free(pmnTempMN);
        pmnTempMN＝NULL;
        return    TPlotErrors[4].iErrCode;
    }
    //矩阵内容赋值
    pmTempM->iRowL＝iRowL;
    pmTempM->iRowH＝iRowH;
    pmTempM->iColL＝iColL;
    pmTempM->iColH＝iColH;
    iRows＝iRowH－iRowL＋1;
    pmTempM->iRows＝iRows;
    iCols＝    iColH－iColL＋1;
    pmTempM->iCols＝iCols;
    //分配矩阵内存,全部元素置 0
    iRet＝DDVector(&(pmTempM->ppdData),iRowL,iRowH,iColL,iColH);

    //矩阵内存分配失败
    if(iRet !＝TPlotErrors[0].iErrCode)
    {
        //释放当前分配的地址
        FreeDDVector(&(pmTempM->ppdData),iRowL,iRowH,iColL,iColH);
        //释放前面已分配成功的地址
        free(pmTempM);
```

```
        pmTempM＝NULL;
        free(pmnTempMN);
        pmnTempMN＝NULL;
        return  TPlotErrors[4].iErrCode;
    }

    //对角线赋值 1
    //(1)如果行与列相等,对角线全部置 1
    //(2)如果行大于列,取列对角线全部置 1
    //(3)如果行小于列,取行对角线全部置 1
    if(iValue)
    {
        int  n;
        int  nMin;
        nMin＝(iRows> iCols)? iCols:iRows;
        for(n＝1;n <＝nMin;n++)
        {
            pmTempM->ppdData[n][n]＝1.0;
        }
    }//if(iValue)

    //链表矩阵节点指针指向矩阵
    pmnTempMN->pm＝pmTempM;
    pmnTempMN->pmnNext＝psStack->pmnMNHead;
    psStack->pmnMNHead＝pmnTempMN;

    * ppmMatrix＝  pmTempM;

    //成功,返回 0
    return  TPlotErrors[0].iErrCode;
}
//功能:在控制台界面打印输出矩阵
//pmA        -->指向矩阵的指针
//tcString   -->矩阵名称
//返回值      -->错误码,非 0 表示
有错误
int  PrintMatrix(MATRIX * pmA,  TCHAR  * tcString)
{
    int  i,j;

    //矩阵指针为空,返回-1
```

打印矩阵

194

```
    if(NULL==pmA)
    {
        return  TPlotErrors[1].iErrCode;
    }

    //输出矩阵头
    printf("\nmatrix %S--> %d 行×%d 列\n",tcString,pmA->iRows,pmA->iCols);
    //输出矩阵内容
    for(i=1;i<=pmA->iRows;i++)
    {
        for(j=1;j<=pmA->iCols;j++)
        {
            //行满后输出回车进行换行
            double  dTemp;
            //先计算绝对值
            dTemp=  fabs(pmA->ppdData[i][j]);
            //根据绝对值判断用哪种格式输出
            if(dTemp> 1.0E3 || dTemp <1.0E-1)
            {
                j%pmA->iCols==0? printf("%e\n",pmA->ppdData[i][j]):printf("%e\t",
pmA->ppdData[i][j]);
            }
            else
            {
                j%pmA->iCols==0? printf("%12.9lf\n",pmA->ppdData[i][j]):printf
("%12.9lf\t",pmA->ppdData[i][j]);
            }
        }
    }

    //成功,返回 0
    return  TPlotErrors[0].iErrCode;
}
//功能:分配 int 型内存
//iL    -->数组下限
//iH    -->数组上限
//ppiV  -->指向 int 型内存(数组)的指针
//返回值:错误码
int  IVector(int  **ppiV,int  iL,int  iH)
{
```

```
    int  * piVector;
    //数组下限大于数组上限,返回-3
    if(iL> iH)
    {
        return  TPlotErrors[3].iErrCode;

    }

    //分配内存,多分配 ARRAY_BASE * sizeof(double)个字节的内存
    piVector=(int * )calloc((size_t)(iH-iL+1+ARRAY_BASE),sizeof(int));

    //内存分配失败,返回-4
    if(NULL==piVector)
    {
        return  TPlotErrors[4].iErrCode;

    }

    //多余 ARRAY_BASE * sizeof(double)个字节的内存
    ( * ppiV)=piVector-iL+ARRAY_BASE;
    //成功,返回 0
    return  TPlotErrors[0].iErrCode;
}


//功能:释放(int * )内存区
int  FreeIVector(int  ** ppiV,int  iL,int  iH)
{
    free((char * )(( * ppiV)+iL-ARRAY_BASE));
    ( * ppiV)=NULL;
    //成功,返回 0
    return  TPlotErrors[0].iErrCode;
}


//功能:分配(iH-iL+1+ARRAY_BASE)个 double 型内存
//iL       ->数组下限
//iH       ->数组上限
//pdV      ->指向 double 型内存的指针
//返回值  ->错误码
int  DVector(double  ** ppdV,int  iL,int  iH)
{
    double  * pdVector;
```

内存分配
与释放

```
    //数组下限大于数组上限,返回-3
    if(iL> iH)
    {
        return  TPlotErrors[3].iErrCode;
    }

    //分配内存,多分配 ARRAY_BASE * sizeof(double)个字节的内存
    pdVector=(double * )calloc((size_t)(iH-iL+1+ARRAY_BASE),sizeof(double));
    //内存分配失败,返回-4
    if(NULL==pdVector)
    {
        return  TPlotErrors[4].iErrCode;
    }
    //多 ARRAY_BASE * sizeof(double)个字节的内存
    ( * ppdV)=pdVector-iL+ARRAY_BASE;

    //成功,返回 0
    return  TPlotErrors[0].iErrCode;
}


//功能:释放(double * )内存区
int  FreeDVector(double  * * ppdV,int  iL,int  iH)
{
    //判断指针是否为空
    if(NULL!=( * ppdV))
    {
        free((char * )(( * ppdV)+iL-ARRAY_BASE));
        ( * ppdV)=NULL;
    }
    //成功,返回 0
    return  TPlotErrors[0].iErrCode;
}


//功能:为矩阵分配内存
//iRowL       -->矩阵行下限
//iRowH       -->矩阵行上限
//iColL       -->矩阵列下限
//iColH       -->矩阵列上限
//pppdData    -->指向(double * * )的指针
//返回值:错误码
```

```
int   DDVector(double  ***pppdData,int  iRowL,int iRowH,int iColL,  int iColH)
{
    int   i;
    int   nRows;        //行数
    int   nCols;        //列数
    double   **ppdM;//指向 Matrix 矩阵(double**)型数据区的指针

    //数组下限大于等于数组上限,返回-3
    if(iRowL> iRowH || iColL> iColH)
    {
        return  TPlotErrors[3].iErrCode;
    }

    //计算行数与列数
    nRows=iRowH-iRowL+1;     //行数
    nCols=iColH-iColL+1;     //列数

    //分配指向(double*)的行指针
    ppdM=(double  **)calloc((size_t)(nRows+ARRAY_BASE),sizeof(double*));
    //内存分配失败,返回-4
    if(NULL==ppdM)
    {
        return  TPlotErrors[4].iErrCode;
    }

    //ppdM 指向的是数组的 0 单元
    ppdM+=ARRAY_BASE;
    ppdM-=iRowL;                  //向低地址偏移 iRowL 个 double 单位

    //分配矩阵存放数据的内存
    ppdM[iRowL]=(double*)calloc((size_t)(nRows*nCols+ARRAY_BASE),sizeof(double));
    //内存分配失败,返回-4
    if(NULL==ppdM[iRowL])
    {
        return  TPlotErrors[4].iErrCode;
    }
    ppdM[iRowL]+=ARRAY_BASE;
    ppdM[iRowL]-=iColL;

    //矩阵行指针赋值
```

198

```c
    for(i=iRowL+1;i<=iRowH;i++)
    {
        ppdM[i]=ppdM[i-1]+nCols;
    }


    (*pppdData)=ppdM;
    //成功,返回 0
    return  TPlotErrors[0].iErrCode;
}


//功能:释放(double**)内存区
int  FreeDDVector(double  ***pppdData,int  iRowL,int iRowH,int iColL,  int iColH)
{
    //释放指向列的数据指针
    free((char*)((*pppdData)[iRowL]+iColL  -ARRAY_BASE));
    //释放数据区
    free((char*)((*pppdData)+iRowL-ARRAY_BASE));


    //成功,返回 0
    return  TPlotErrors[0].iErrCode;
}


//功能:初始化栈
//psStack-->栈指针
//返回值-->错误码,非 0 表示有错误
int  InitStack(STACKS *psStack)
{
    //将栈清 0
    memset(psStack,0,sizeof(STACKS));
    return  TPlotErrors[0].iErrCode;
}


//功能:释放栈
//psStack-->栈指针
//返回值-->错误码,非 0 表示有错误
int  FreeStack(STACKS *psStack)
{
    //定义临时链表矩阵节点
    MATRIX_NODE *pmnTempMN=NULL;
```

199

```
        //释放矩阵节点
        while(psStack->pmnMNHead !=NULL)
        {
            //将链表第一个矩阵节点赋给临时矩阵节点
            pmnTempMN=psStack->pmnMNHead;
            psStack->pmnMNHead=pmnTempMN->pmnNext;

            //释放矩阵
            FreeDDVector(&(pmnTempMN->pm->ppdData),pmnTempMN->pm->iRowL,pmnTempMN->pm->
iRowH,pmnTempMN->pm->iColL,pmnTempMN->pm->iColH);
            //释放矩阵节点
            free(pmnTempMN->pm);
            pmnTempMN->pm=NULL;
            //释放链表矩阵节点
            free(pmnTempMN);
            pmnTempMN=NULL;
        }

        //成功,返回0
        return  TPlotErrors[0].iErrCode;
}

//功能:采用最小二乘法对数据进行一元一次回归分析(线性回归)
//pdXHead      -->X 数据序列头指针
//pdYHead      -->Y 数据序列头指针
//nDataCount -->数据个数
//plpData      -->回归分析参数结构体指针
//返回值       -->错误码,非0表示有错误
int  LeastSquareForLinear(double  * pdXHead,  double  * pdYHead,int nDataCount,
LINEAR_PARAMETER  * plpData)
{
    int   i;
    double   dSumOfX=0.0;            //X 的加和
    double   dSumOfY=0.0;            //Y 的加和
    double   dSumOfX2=0.0;           //X 平方的加和
    double   dSumOfY2=0.0;           //Y 平方的加和
    double   dSumOfXY=0.0;           //X 与 Y 积的加和
    double   dSumOfYMYFit2=0.0;      //观测值 Y 与回归拟合 Y 之差的平方和
    double   dXAverage=0.0;          //X 的平均值
    double   dYAverage=0.0;          //Y 的平均值
```

线性回归

```
    double    dSigmaX=0.0;                    //X 的标准差(或均方差)
    double    dSigmaY=0.0;                    //Y 的标准差(或均方差)
    double    dCovXY=0.0;                     //自变量 X 与因变量 Y 的协方差
    double    dCorrelationCoe=0.0;            //回归直线的线性相关系数
    double    dSlope=0.0;                     //回归直线的斜率
    double    dIntercept=0.0;                 //回归直线的截距


    if(nDataCount <2)
        return   TPlotErrors[5].iErrCode;//数据个数不能小于 2,至少 2 个

    for(i=ARRAY_BASE;i<ARRAY_BASE+nDataCount;i++)
    {
        dSumOfX+= * (pdXHead+i);
        dSumOfY+= * (pdYHead+i);
        dSumOfX2+=pow( * (pdXHead+i),2);
        dSumOfY2+=pow( * (pdYHead+i),2);
        dSumOfXY+=( * (pdXHead+i)) * ( * (pdYHead+i));
    }


    //计算自变量 X 的平均值(Average of X)
    dXAverage=dSumOfX/nDataCount;
    //计算因变量 Y 的平均值(Average of Y)
    dYAverage=dSumOfY/nDataCount;
    //自变量 X 的标准差(或均方差)(Standard deviation of X)
    dSigmaX=sqrt(dSumOfX2/nDataCount-pow(dXAverage,2));
    //因变量 Y 的标准差(或均方差)(Standard deviation of Y)
    dSigmaY=sqrt(dSumOfY2/nDataCount-pow(dYAverage,2));
    //自变量 X 与因变量 Y 的协方差(Covariance of X and Y)
    dCovXY=dSumOfXY/nDataCount-dXAverage * dYAverage;
    //回归直线的线性相关系数(Correlation coefficient)
    plpData->dCorrelationCoe=dCorrelationCoe=dCovXY/(dSigmaX * dSigmaY);
    //计算回归直线的斜率(Slope of regression line)
    plpData->dSlope = dSlope = ( dSumOfXY-nDataCount * dXAverage * dYAverage)/(dSu-
mOfX2-nDataCount * pow(dXAverage,2));
    //计算回归直线的截距(Intercept of regression line)
    plpData->dIntercept=dIntercept=dYAverage-dXAverage * dSlope;
    //成功,返回 0
    return   TPlotErrors[0].iErrCode;
}


//功能:B 点 BET 方法
```

```
//pdX        -->相对压力
//pdY -->吸附体积量
//n -->数据个数
//pbetr -->BET 计算结果
//返回值:错误码
```

B 点 BET

```c
int   BBET(double  * pdX,double  * pdY,int n,BET_RESULT  * pbetr)
{
    int    i;        //循环变量
    int    start;   //起始数据点位置
    int    end;     //终止数据点位置
    int    first;   //第一个点位置
    int    last;    //最后一个点位置
    int    iPrMax;  //对应 Va * (1-Pr)最大值时的相对压力位置
    int    iPrMin;  //iPrMin=iPrMax * 1/11
    double  * Pr=NULL;          //相对压力
    double  * PrV=NULL;         //体积的倒数 Pr/[Va(1-Pr)]
    TCHAR       cChar;          //临时字符变量
    double  dTempMax,dTemp;     //临时变量
    double  a,b,c;              //方程 ax^2+bx+c 中的系数 a、b、c
    double  slope,intercept;
    LINEAR_PARAMETER  lp={0};  //线性回归结构体初始化

    //一、根据上下限选定位置点
    start=ARRAY_BASE+n;       //下限初值
    end=ARRAY_BASE-1;         //上限初值
    first=ARRAY_BASE;         //起始点位置
    last=ARRAY_BASE+n-1;      //最后点位置
    for(i=ARRAY_BASE;i<ARRAY_BASE+n;i++)
    {
        pbetr->dBBETLowSV <=pdX[first+last-i]? start=first+last-i:start;
        pbetr->dBBETHighSV>=pdX[i]? end=i:end;
    }
    //保证数据个数>=2
    if(end-start+1 <2)
    {
        return   TPlotErrors[5].iErrCode;
    }
    printf("设定下限=%lf\t 设定上限=%lf\n",pbetr->dBBETLowSV,pbetr->dBBETHighSV);
    printf("start[%d]=%lf\tstart[%d]=%lf\n",start,  pdX[start],start,pdY[start]);
    printf("end[%d]=%lf\tend[%d]=%lf\n",end,   pdX[end],end,pdY[end]);
```

202

```
//二、计算 Va*(1-Pr)的最大值
dTempMax＝pdY[start]*(1.0-pdX[start]);  //Va*(1-Pr)
iPrMax＝start;
for(i＝start＋1;i<=end;i++)
{
    dTemp＝pdY[i]*(1.0-pdX[i]);              //Va*(1-Pr)
    //printf("i＝%d,X[%d]＝%lf,Y[%d]＝%lf,Va*(1-Pr)＝%lf\n",i,i,pdX[i],i,pdY[i],dTemp);
    if(dTemp> dTempMax)
    {
        iPrMax＝i;
        dTempMax＝dTemp;
    }
}
printf("Va*(1-Pr)at %d Max\t X[%d]＝%lf,Y[%d]＝%lf,Va*(1-Pr)＝%lf\n",iPrMax,iPrMax,pdX[iPrMax],iPrMax,pdY[iPrMax],dTempMax);


//三、计算 Va*(1-Pr)最大时对应相对压力的 1/11,重新计算下限值
dTemp＝pdX[iPrMax]*1.0/11.0;
iPrMin＝end＋1;
first＝start;     //起始点位置
last＝iPrMax;     //最后点位置
for(i＝first;i<=last;i++)
{
    dTemp <=pdX[first＋last-i]? iPrMin＝first＋last-i:iPrMin;
}
printf("起点 \ti＝%d,X[%d]＝%lf,Y[%d]＝%lf \n",iPrMin,iPrMin,pdX[iPrMin],iPrMin,pdY[iPrMin]);


//四、根据选定范围线性回归计算斜率、截距、常数
DVector(&Pr,ARRAY_BASE,ARRAY_BASE＋iPrMax-iPrMin);//分配内存,用于线性回归系数计算
DVector(&PrV,ARRAY_BASE,ARRAY_BASE＋iPrMax-iPrMin);
for(i＝iPrMin;i<=iPrMax;i++)
{
    Pr[ARRAY_BASE＋i-iPrMin]＝pdX[i];
    PrV[ARRAY_BASE＋i-iPrMin]＝pdX[i]/(pdY[i]*(1-pdX[i]));
    printf("i＝%d,Pr＝%lf \t Pr/[Va*(1-Pr)]＝%lf \n",i,Pr[ARRAY_BASE＋i-iPrMin],PrV[ARRAY_BASE＋i-iPrMin]);
}
LeastSquareForLinear(Pr,PrV,iPrMax-iPrMin＋1,&lp);
```

```
    pbetr->dSlope=lp. dSlope;

    pbetr->dIntercept=lp. dIntercept;

    pbetr->dCorrel=lp. dCorrelationCoe;

    pbetr->dVolMax=1/(lp. dSlope+lp. dIntercept);

    pbetr->dC=lp. dSlope/lp. dIntercept+1;

    //输出斜率、截距和相关系数
    cChar=TEXT('<');

    (pbetr->dCorrel)> (pbetr->dCorrelLimit)? cChar=TEXT('> '):cChar;

    printf("slope=%lf\tintercept=%lf\tR=%lf%c%lf\n",lp. dSlope,lp. dIntercept,
lp. dCorrelationCoe,cChar,pbetr->dCorrelLimit);

    //输出体积、常数
    cChar=TEXT('<');

    (pbetr->dC)> 0. 0? cChar=TEXT('> '):cChar;

    slope=lp. dSlope;

    intercept=lp. dIntercept;

    a=slope;                                    //a=slope

    b=1/pbetr->dVolMax-slope+intercept;    //b=1/Vm-S+I

    c=-intercept;                               //c=-I

    dTemp=(-b+sqrt(b*b-4*a*c))/(2*a);  //解析求大于 0 的解

    //printf("Volume=%lf\tC=%lf%c%lf\n",pbetr->dVolMax,pbetr->dC,cChar,0. 00);

    printf("单层最大体积:Vm=%lf\t 对应压力:%lf\tC=%lf%c%lf\n",pbetr->dVolMax,
dTemp,pbetr->dC,cChar,0. 00);

    printf("B 点 BET 比表面积:S=%lf\n",pbetr->dVolMax/MOLAR_VOLUME_GAS/1000*
AVOGADRO_NUMBER*CROSS_SECTION_N2*1. 0E-20);


    //释放内存和堆栈,放在最后释放
    if(Pr!=NULL)
    {
        FreeDVector(&Pr,ARRAY_BASE,ARRAY_BASE+end-start);
    }
    if(PrV!=NULL)
    {
        FreeDVector(&PrV,ARRAY_BASE,ARRAY_BASE+end-start);
    }
    return  TPlotErrors[0]. iErrCode;//成功,返回 0
}
//功能:采用 B 点 BET 方法计算单层最大吸附量 Vm,再通过 Vm 计算吸附层厚度
//ppmBET-->标准样数据,三列,相对压力,吸附量,吸附层厚度
//返回值:错误码
int  BETThick(MATRIX  **ppmStandard)
```

204

```
{
    int   i;                    //循环变量
    double  * Pr＝NULL;  //相对压力 Pr
    double  * Va＝NULL;  //吸附体积 Va
    int   n;                    //数据的行数
    //BET 结果初始化
    BET_RESULT   betr＝{0};
    //B 点 BET 初始值
    betr.dBBETLowSV＝0.001;   //B 点 BET 下限设定值
    betr.dBBETHighSV＝0.147;  //B 点 BET 上限设定值

    //指针为空,返回-1
    if(NULL＝＝(＊ppmStandard))
    {
        return   TPlotErrors[1].iErrCode;
    }
    //一、分配内存,将相对压力和吸附量存到分配的内存中
    n＝(＊ppmStandard)->iRows;       //获得数据的行数
    DVector(&Pr,ARRAY_BASE,ARRAY_BASE＋n-1);
    DVector(&Va,ARRAY_BASE,ARRAY_BASE＋n-1);
    //将矩阵的第一列与第二列存入新创建的内存,作为列运算
    for(i＝ARRAY_BASE;i<＝ARRAY_BASE＋n-1;i＋＋)
    {
        //第一列,Pr
        Pr[i]＝(＊ppmStandard)->ppdData[i][1];
        //第二列,Va
        Va[i]＝(＊ppmStandard)->ppdData[i][2];
        //printf("i＝%d\tPr＝%lf\tVa＝%lf\n",i,Pr[i],Va[i]);
    }
    //二、根据标准样计算单层最大吸附量
    BBET(Pr,Va,n,&betr);
    //三、计算标准样的孔宽
    for(i＝ARRAY_BASE;i<＝ARRAY_BASE＋n-1;i＋＋)
    {
        (＊ppmStandard)->ppdData[i][3]＝   0.354＊2.0＊(＊ppmStandard)->ppdData[i]
[2]/betr.dVolMax;
    }

    //释放内存和堆栈,放在最后释放
    if(Pr!＝NULL)
    {
```

```
            FreeDVector(&Pr,ARRAY_BASE,ARRAY_BASE+n-1);
        }
        if(Va!=NULL)
        {
            FreeDVector(&Va,ARRAY_BASE,ARRAY_BASE+n-1);
        }
        //成功,返回0
        return,TPlotErrors[0].iErrCode;
    }
//功能:将测试样数据插值到标准样中,计算吸附层厚度
//ppmStandard->标准样数据,三列,相对压力,吸附量,吸附层厚度
//ppmSample  ->测试样数据,三列,相对压力,吸附量,吸附层厚度
//返回值:      错误码
int  SampleThick(MATRIX  * pmStandard,MATRIX   ** ppmSample)
{
    int  i,j;                      //循环变量
    double  * StdPr=NULL;          //标准样的相对压力 Pr
    double  * StdTk=NULL;          //标准样吸附层厚度 Thick
    double    dMax;                //标准样数据中的最大值
    double    dMin;                //标准样数据中的最小值
    double    dTemp;               //临时值
    int  nStd;                     //标准样数据的行数
    int  nSmp;                     //测试样数据的行数
    int  iPosition;                //查找数的位置
    //指针为空,返回-1
    if(NULL==pmStandard || NULL==(*ppmSample))
    {
        return  TPlotErrors[1].iErrCode;
    }
    //一、分配内存,将相对压力和吸附量存到分配的内存中
    nStd=pmStandard->iRows;        //获得数据的行数
    DVector(&StdPr,ARRAY_BASE,ARRAY_BASE+nStd-1);
    DVector(&StdTk,ARRAY_BASE,ARRAY_BASE+nStd-1);
    nSmp=(*ppmSample)->iRows;
    //二、将标准样矩阵的第一列与第二列存入新创建的内存,作为列运算
    //同时计算最大值与最小值
    dMax=pmStandard->ppdData[ARRAY_BASE][1];
    dMin=pmStandard->ppdData[ARRAY_BASE][1];
    for(i=ARRAY_BASE;i<=ARRAY_BASE+nStd-1;i++)
    {
```

待测样厚度

```
        dMax＝dMax> pmStandard->ppdData[i][1]? dMax:pmStandard->ppdData[i][1];
        dMin＝dMin <pmStandard->ppdData[i][1]? dMin:pmStandard->ppdData[i][1];
        //第一列,Pr
        StdPr[i]＝pmStandard->ppdData[i][1];//标准样的相对压力
        //第三列,tk
        StdTk[i]＝pmStandard->ppdData[i][3];//标准样的吸附层厚度
    }
    //将测试样矩阵的第一列插入到标准样压力中,计算吸附层厚度
    for(i＝ARRAY_BASE＋1;i<ARRAY_BASE＋nSmp;i＋＋)
    {
        //取出测试样压力中的一个数
        dTemp＝(＊ppmSample)->ppdData[i][1];
        if((dTemp> dMin && dTemp <dMax)&&(dTemp>＝(＊ppmSample)->ppdData[i-1][1]))
        {
            iPosition＝ARRAY_BASE-1;
            for(j＝ARRAY_BASE;j<ARRAY_BASE＋nStd;j＋＋)
            {
                if(dTemp>＝StdPr[j])
                {
                    //找到了位置
                    iPosition＝j;
                }
                else
                {
                    //找到了位置
                    break;
                }
            }
            //说明找到了位置
            if(iPosition !＝ARRAY_BASE-1)
            {
                //计算测试样的吸附层厚度
                (＊ppmSample)->ppdData[i][3]＝StdTk[iPosition]+(dTemp-StdPr[iPosition])＊
(StdTk[iPosition＋1]-StdTk[iPosition])/(StdPr[iPosition＋1]-StdPr[iPosition]);
            }
        }
    }
    //释放内存和堆栈,放在最后释放
    if(StdPr!＝NULL)
    {
```

```
            FreedDVector(&StdPr,ARRAY_BASE,ARRAY_BASE+nStd-1);
    }
    if(StdTk!=NULL)
    {
            FreeDVector(&StdTk,ARRAY_BASE,ARRAY_BASE+nStd-1);
    }
    //成功,返回 0
    return  TPlotErrors[0].iErrCode;
}
//功能:计算测试样对应 0.708nm 厚度时的吸附量,将其当成最大吸附量
//ppmSample  -->测试样数据,三列,相对压力,吸附量,吸附层厚度
//dVm        -->对应 0.708nm 厚度时的吸附量
//返回值:    错误码
int  SampleVm(MATRIX  * pmSample,double  * dVm)
{
    int  i;                 //循环变量
    double  * Tk=NULL;      //标准样吸附层厚度 Thick
    int  n;                 //测试样数据的行数
    int  iPosition;         //查找数的位置
    //指针为空,返回-1
    if(NULL==pmSample)
    {
            return  TPlotErrors[1].iErrCode;
    }
    //分配内存,存储吸附层厚度
    n=pmSample->iRows;       //获得数据的行数
    DVector(&Tk,ARRAY_BASE,ARRAY_BASE+n-1);
    //将数据转存到列向量中
    for(i=ARRAY_BASE;i<ARRAY_BASE+n;i++)
    {
            Tk[i]=pmSample->ppdData[i][3];
    }
    //遍历测试样的厚度,找到 0.708 对应的上、下限,插值计算 0.708 对应的体积
    iPosition=ARRAY_BASE-1;
    for(i=ARRAY_BASE;i<ARRAY_BASE+n;i++)
    {
        if(0.708> Tk[i])
        {
            //找到了,记录位置
            iPosition=i;
```

比表面积计算方法与C程序设计案例教程

待测样最
大吸附量

```
    }
    else
    {
        break;
    }
}
printf("iPosition=%d\n",iPosition);
//找到了位置
if(iPosition !=ARRAY_BASE-1)
{
    * dVm=pmSample->ppdData[iPosition][2]+(0.708-Tk[iPosition]) * (pmSample->
ppdData[iPosition+1][2]-pmSample->ppdData[iPosition][2])/(Tk[iPosition+1]-Tk
[iPosition]);
}
//释放内存和堆栈,放在最后释放
if(Tk!=NULL)
{
    FreeDVector(&Tk,ARRAY_BASE,ARRAY_BASE+n-1);
}
//成功,返回 0
return  TPlotErrors[0].iErrCode;
}
```

采用 t 图方法计算比表面积运算结果如图 6-8 所示。

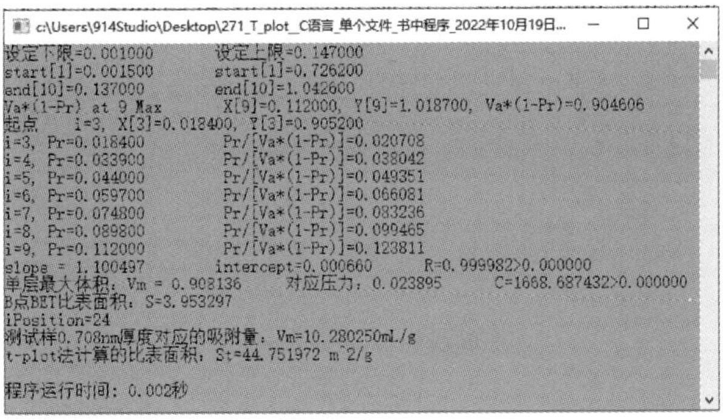

图 6-8　采用 t 图方法计算比表面积运算结果图

第 7 章
MP 法及计算案例

1968 年，R. Sh. Mikhail，Stephen Brunauer 和 E. E. Bodor 提出了一种微孔分析方法，称为 MP 法。当样品含有微孔时，其对应 t 图曲线的斜率会在某一点下降，如果微孔的大小是均匀分布的，表征微孔拐点的信息可能出现在该点左右两条线中的任何一条上。换句话说，从原点开始的直线应该在填充微孔完成那一点急剧弯曲。但是，实际 t 图曲线不是直线，会产生逐渐弯曲，这意味着存在大小不同的孔径，即存在孔径分布。因此，MP 法是通过 t 图曲线的曲率度量孔径分布的，为了进行 MP 法分析，必须先生成 t 图。

图 7-1 为 MP 法示意图，L_1 直线经过原点和第一个点，称为第一线性区，斜率为 S_1；L_2 直线经过第一个点和第三个点，称为第二线性区，斜率为 S_2；若斜率 S_1 大于斜率 S_2，说明材料的孔隙中充满了吸附质。L_1 直线与 L_2 直线对应的比表面积分别为 A_1 和 A_2，可以通过斜率 S_1 与斜率 S_2 计算得到，孔隙的比表面积 A_p 为 A_1 和 A_2 的差。孔隙体积 V_1 等于吸附层厚度 $t_{ave,1}$ 与 A_p 的乘积，$t_{ave,1}$ 为第一层厚度 t_1 和第二层厚度 t_2 的平均值。因此，由 L_1 直线与 L_2 直线确定的孔隙体积 V_1 如式（7-1）所示。

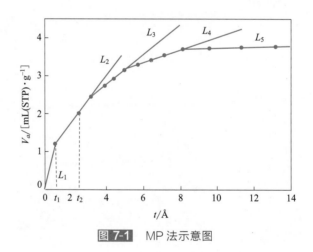

图 7-1 MP 法示意图

$$V_1 = (A_1 - A_2) \times t_{ave,1} \times 10^{-4} = (A_1 - A_2) \times \frac{t_1 + t_2}{2} \times 10^{-4} (\text{Å}) \qquad \text{式（7-1）}$$

通过相同的方法计算 L_3，L_4，…，L_n 各直线的斜率 S_3，S_4，…，S_n，直到 t 图中直线的斜率不再减小，表示达到终点，然后将得到的孔隙体积 V_2，V_3，…，V_{n-1} 与对应吸附层的平均厚度 $t_{ave,1}$，$t_{ave,2}$，…，$t_{ave,n-1}$ 作图。孔隙体积最大时对应的平均厚度为平均孔径 d_{peak}，当平均孔径小于 0.708nm 时，不适合使用 MP 法分析，只有在孔中形成两个或更多吸附层时，平均孔径的计算才准确可靠。

7.1 MP 法计算过程

MP 法各计算公式对应物理量如表 7-1 所示，采用 Akima 方法根据（V_i，t_i）数据进行插值，从第一个异常点开始，每隔 0.2 Å 厚度插入气体吸附体积。异常点定义为所有点迭代收缩子集内具有最大的瞬时斜率的点。剩余孔隙比表面积由两个连续插值点确定的直线斜率计算得到，从原点到最后一点的每对连续点的斜率必须是单调递减且非负的。

⊡ 表 7-1　MP 法各计算公式对应物理量列表

物理量符号	意义	量纲	备注
P_{ri}	第 i 个点的相对压力	无	Relative pressure for the i-th point
t_i	第 i 个点的吸附层厚度	Å	The thickness for the i-th point
R_i	平均孔水力半径	Å	Average pore hydraulic radius
S_i	第 i 个点的剩余孔隙比表面积	$m^2 \cdot g^{-1}$	Remaining pore specific surface area for the i-th point
V_i	第 i 个点的气体吸附体积	$mL \cdot g^{-1}$	The volume of adsorbed gas by a unit mass of adsorbent for the i-th point
ΔS_i	第 i 个点的增量孔隙比表面积	$m^2 \cdot g^{-1}$	Incremental pore surface area occluded for the i-th point
S_{si}	第 i 个点的累积孔隙比表面积	$m^2 \cdot g^{-1}$	Cumulative pore surface area occluded for the i-th point
ΔV_i	第 i 个点的增量孔隙体积	$m^3 \cdot g^{-1}$	Incremental pore volume occluded for the i-th point
V_{si}	第 i 个点的累积孔隙体积	$m^3 \cdot g^{-1}$	Cumulative pore volume occluded for the i-th point

（1）计算吸附层厚度 t_i　采用式(7-2)所示的 Halsey 公式或式(7-3)所示的 Harkins Jura 公式计算每一点对应的吸附层厚度 t_i（$i=1,2,\cdots,n$），这两种方法均适用于 77.35 K 下氮气吸附。

$$t_i = 3.54 \times \left[\frac{-5}{2.303\log(P_{ri})} \right]^{1/3} (\text{Å}) \qquad 式(7-2)$$

$$t_i = \left[\frac{13.99}{0.034 - \log(P_{ri})} \right]^{1/2} (\text{Å}) \qquad 式(7-3)$$

（2）计算平均孔水力半径 R_i（$i=2,\cdots,n$）　如式(7-4)所示。

$$R_i = \frac{t_i + t_{i-1}}{2} (\text{Å}) \qquad 式(7-4)$$

（3）计算比表面积 S_i（$i=2,\cdots,n$）　对于氮气吸附，比表面积 S_i 的求解公式与 t 图法类似，测定 t 图中直线段的斜率，乘以 15.46 即为固体的比表面积，如式(7-5)所示。

$$S_i = \frac{(V_i - V_{i-1}) \times 0.001546 \times 10^4}{(t_i - t_{i-1})} (\text{m}^2 \cdot \text{g}^{-1}) \qquad 式(7-5)$$

（4）计算孔比表面积 ΔS_i（$i=3,\cdots,n$）　若从原点到最后一点的每对连续点斜率是单调递减且非负的，则说明材料的孔隙中不断充满吸附质，前后两条直线对应的比表面积可由式(7-5) 计算，孔比表面积 ΔS_i 为 S_{i-1} 和 S_i 的差，孔比表面 ΔS_i 也叫做增量孔隙比表面积，如式(7-6) 所示。

$$\Delta S_i = S_{i-1} - S_i \, (\text{m}^2 \cdot \text{g}^{-1}) \qquad \text{式(7-6)}$$

（5）计算累积孔比表面积 $S_{cumi}(i=3,\cdots,n)$　增量孔隙比表面积加和为累计孔比表面积 S_{cumi}，如式(7-7) 所示。

$$S_{cumi} = \Delta S_3 + \Delta S_4 + \cdots + \Delta S_i \, (\text{m}^2 \cdot \text{g}^{-1}) \qquad \text{式(7-7)}$$

（6）计算微分孔比表面积 $\mathrm{d}A/\mathrm{d}R_i(i=3,\cdots,n)$

$$\frac{\mathrm{d}A}{\mathrm{d}R_i} = \frac{\Delta S_i}{t_i - t_{i-1}} \, (\text{m}^2 \cdot \text{g}^{-1} \cdot \text{Å}^{-1}) \qquad \text{式(7-8)}$$

（7）计算孔体积 $\Delta V_i(i=2,\cdots,n)$

$$\Delta V_i = V_{i-1} - V_i \, (\text{mL} \cdot \text{g}^{-1}) \qquad \text{式(7-9)}$$

（8）计算孔容（累积孔体积）$V_{cumi}(i=2,\cdots,n)$

$$V_{cumi} = \Delta V_2 + \Delta V_3 + \cdots + \Delta V_i \, (\text{mL} \cdot \text{g}^{-1}) \qquad \text{式(7-10)}$$

（9）计算孔径分布（微分孔体积）$\mathrm{d}V/\mathrm{d}R_i(i=2,\cdots,n)$

$$\frac{\mathrm{d}V}{\mathrm{d}R_i} = \frac{\Delta V_i}{t_i - t_{i-1}} \, (\text{mL} \cdot \text{g}^{-1} \cdot \text{Å}^{-1}) \qquad \text{式(7-11)}$$

7.2　Akima 插值

Akima 插值

多项式高阶插值会出现过拟合，也就是"龙格"现象，表现为在插值点与实际数据符合得很好，在插值点外出现较大偏差。样条函数插值采用分段多项式，确定某一段区间上的多项式，需要考虑所有数据点对该段多项式的影响，这样会增加计算量，扩大误差传播范围。Akima 插值与样条函数在插值过程中均考虑了导数值，因此整条插值曲线是光滑的，但相比于样条函数插值，Akima 插值特别适用于测量数据，即一边获得数据，一边进行局部的光滑插值处理，不需要提供所有数据。

给定 n 个格点 $x_i(i=0,1,\cdots,n-1)$ 及其对应的函数值 $y_i=f(x_i)$，Akima 插值可以计算指定子区间对应三次插值多项式的系数以及指定插值节点 x 处的函数近似值 $y=f(x)$。

设给定的格点为 $x_0 < x_1 < \cdots < x_{n-1}$，其对应的函数值为 $y_0,y_1,\cdots,y_{n-1}$，在子区间 $[x_k,x_{k+1}](k=0,1,\cdots,n-2)$ 的两个端点 x_k 和 x_{k+1} 处满足式(7-12) 所示的 4 个条件，其中 g_k 与 g_{k+1} 是 x_k 和 x_{k+1} 处的导数值。

$$\begin{cases} y_k = f(x_k) \\ y_{k+1} = f(x_{k+1}) \\ y'_k = g_k \\ y'_{k+1} = g_{k+1} \end{cases} \qquad \text{式(7-12)}$$

此区间可以确定一个三次多项式 $s(x)$，如式(7-13) 所示。

$$s(x) = s_0 + s_1(x-x_k) + s_2(x-x_k)^2 + s_3(x-x_k)^3 \qquad \text{式(7-13)}$$

由 Akima 插值条件可知，g_k 与 g_{k+1} 表达式为式(7-14) 和式(7-15)。

$$g_k = \frac{|u_{k+1} - u_k| u_{k-1} + |u_{k-1} - u_{k-2}| u_k}{|u_{k+1} - u_k| + |u_{k-1} - u_{k-2}|} \qquad 式(7\text{-}14)$$

$$g_{k+1} = \frac{|u_{k+2} - u_{k+1}| u_k + |u_k - u_{k-1}| u_{k+1}}{|u_{k+2} - u_{k+1}| + |u_k - u_{k-1}|} \qquad 式(7\text{-}15)$$

其中，u_k 为式(7-16)。

$$u_k = \frac{y_{k+1} - y_k}{x_{k+1} - x_k} \qquad 式(7\text{-}16)$$

式(7-14) 和式(7-15) 可知，$g_k(k=0,1\cdots n-2)$ 需要 u_{-1}、u_{-2}、u_{n-1} 和 u_n 的值，因此需要在两端点外分别补上两点，根据外推公式，在两端点处，u_{-1}、u_{-2}、u_{n-1} 和 u_n 可以通过式(7-17) 计算。

$$\begin{cases} u_{-1} = 2u_0 - u_1 \\ u_{-2} = 2u_{-1} - u_0 \\ u_{n-1} = 2u_{n-2} - u_{n-3} \\ u_n = 2u_{n-1} - u_{n-2} \end{cases} \qquad 式(7\text{-}17)$$

当 $u_{k+1} = u_k$ 与 $u_{k-1} = u_{k-2}$ 时，代入式(7-14) 简化为式(7-18)。

$$g_k = \frac{u_{k-1} + u_k}{2} \qquad 式(7\text{-}18)$$

当 $u_{k+2} = u_{k+1}$ 与 $u_k = u_{k-1}$ 时，代入式(7-15) 简化为式(7-19)。

$$g_{k+1} = \frac{u_k + u_{k+1}}{2} \qquad 式(7\text{-}19)$$

由此，得到不同 x_k 对应的导数值 g_k，根据式(7-12) 可以得到子区间 $[x_k, x_{k+1}]$ 上的三次多项式系数 s_0、s_1、s_2、s_3 为式(7-20)，不同区间段的多项式系数和未知变量 x 通过式(7-13) 计算对应的函数值 $s(x)$。Akima 插值不仅可以解决部分离散数据点的插值问题，还可以对边界数据进行处理。

$$\begin{cases} s_0 = y_k \\ s_1 = g_k \\ s_2 = (3u_k - 2g_k - g_{k+1})/(x_{k+1} - x_k) \\ s_3 = (g_{k+1} + g_k - 2u_k)/(x_{k+1} - x_k)^2 \end{cases} \qquad 式(7\text{-}20)$$

7.3 MP 法计算案例

MP 法计算案例

表 7-2 为标准样吸附氮气数据列表，表 7-3 为测试样吸附氮气数据列表，根据标准样与测试样数据计算测试样厚度 t_i、不同厚度区间的比表面积 S_i、孔比表面积 ΔS_i 以及孔体积 ΔV_i。根据 BET 方法计算标准样对应的单层最大吸附体积为 $V_m = 2.83(\mathrm{mL \cdot g^{-1}})$，对应比表面积为 $12.30(\mathrm{m^2 \cdot g^{-1}})$。表 7-2 中第四列覆盖度 $\theta = V_a/V_m$，例如，表 7-2 中第

1 个点对应的吸附氮气体积为 $0.988(\mathrm{mL \cdot g^{-1}})$，其覆盖度为 $0.988/2.83=0.3491$。表 7-2 中第六列厚度 $t=0.354\times\theta$，0.354 为单层吸附氮气分子的厚度，单位为 nm，例如，表 7-2 中第 2 个点对应的覆盖度为 0.5355，则厚度为 $0.354\times0.5355=0.189567(\mathrm{nm})$。表 7-2 中第五列 α_s 为各点对应吸附氮气体积与相对压力为 0.4 时对应吸附氮气体积的比值，相对压力为 0.4 时，介于表 7-2 中第 23 点和第 24 点，计算过程如式（7-21）所示，计算结果为 4.858842，以表 7-2 中第 3 点为例，其对应的 α_s 值为 2.2464/4.858842=0.4623324。

$$4.8238+(0.4-0.3937)\frac{4.9445-4.8238}{0.4154-0.3937}=4.858842 \qquad \text{式（7-21）}$$

⊡ 表 7-2　标准样吸附氮气数据列表

序号	相对压力 P_r	吸附氮气体积 V_a/$(\mathrm{mL \cdot g^{-1}}$ STP)	覆盖度 θ	α_s	厚度 t/(nm)
1	3.62E-04	0.988	0.3491	0.2033406	0.1235814
2	6.03E-04	1.5154	0.5355	0.311885	0.189567
3	5.55E-03	2.2464	0.7938	0.4623324	0.2810052
4	1.22E-02	2.444	0.8636	0.5030005	0.3057144
5	1.92E-02	2.5425	0.8984	0.5232728	0.3180336
6	3.36E-02	2.6704	0.9436	0.549596	0.3340344
7	4.46E-02	2.7505	0.9719	0.5660814	0.3440526
8	6.11E-02	2.8494	1.0069	0.586436	0.3564426
9	7.65E-02	2.9297	1.0352	0.6029626	0.3664608
10	9.16E-02	3.0051	1.0619	0.6184807	0.3759126
11	0.1166	3.1288	1.1056	0.6439394	0.3913824
12	0.1416	3.2518	1.149	0.6692541	0.406746
13	0.1575	3.3304	1.1768	0.6854308	0.4165872
14	0.1724	3.4102	1.205	0.7018545	0.42657
15	0.1919	3.5225	1.2447	0.724967	0.4406238
16	0.2117	3.6377	1.2854	0.7486763	0.4550316
17	0.2317	3.7586	1.3281	0.7735588	0.4701474
18	0.2601	3.9457	1.3942	0.8120659	0.4935468
19	0.2899	4.1469	1.4653	0.853475	0.5187162
20	0.3113	4.297	1.5184	0.8843671	0.5375136
21	0.3396	4.4892	1.5863	0.9239238	0.5615502
22	0.3608	4.6239	1.6339	0.9516465	0.5784006
23	0.3937	4.8238	1.7045	0.992788	0.603393
24	0.4154	4.9445	1.7472	1.0176293	0.6185088
25	0.4398	5.0869	1.7975	1.0469367	0.636315
26	0.465	5.2277	1.8472	1.0759148	0.6539088
27	0.4902	5.3756	1.8995	1.1063541	0.672423
28	0.5147	5.5232	1.9517	1.1367318	0.6909018

序号	相对压力 P_r	吸附氮气体积 V_a/(mL·g^{-1} STP)	覆盖度 θ	α_s	厚度 t/(nm)
29	0.5434	5.7119	2.0183	1.1755682	0.7144782
30	0.5645	5.8553	2.069	1.2050814	0.732426
31	0.589	6.0276	2.1299	1.2405425	0.7539846
32	0.6136	6.2164	2.1966	1.2793995	0.7775964
33	0.6441	6.4859	2.2918	1.3348654	0.8112972
34	0.6706	6.73	2.3781	1.3851037	0.8418474
35	0.6948	6.9859	2.4685	1.4377706	0.873849
36	0.7195	7.2768	2.5713	1.4976408	0.9102402
37	0.7437	7.5814	2.6789	1.5603306	0.9483306
38	0.7674	7.9316	2.8027	1.6324054	0.9921558
39	0.7914	8.3288	2.943	1.7141533	1.041822
40	0.8142	8.7784	3.1019	1.8066856	1.0980726
41	0.8408	9.4006	3.3218	1.9347408	1.1759172
42	0.8611	10.003	3.5346	2.058721	1.2512484
43	0.9045	12.006	4.2424	2.4709591	1.5018096
44	0.9384	15.017	5.3064	3.0906541	1.8784656
45	0.9551	17.859	6.3106	3.6755671	2.2339524

⊡ 表 7-3　测试样吸附氮气数据列表

序号	相对压力 P_r	吸附氮气体积 V_a /(mL·g^{-1} STP)	序号	相对压力 P_r	吸附氮气体积 V_a /(mL·g^{-1} STP)
1	1.88E-07	0.510281	17	0.0027766	8.44275
2	4.50E-07	1.02256	18	0.0043066	8.78956
3	1.06E-06	1.54166	19	0.0061983	9.08882
4	2.36E-06	2.05975	20	0.0081415	9.32422
5	4.94E-06	2.58003	21	0.0106146	9.5693
6	9.35E-06	3.09167	22	0.013215	9.79498
7	1.65E-05	3.60649	23	0.0161301	9.9955
8	2.82E-05	4.12025	24	0.0192384	10.1831
9	4.61E-05	4.63325	25	0.0224496	10.3557
10	7.33E-05	5.14278	26	0.0258139	10.5129
11	0.0001166	5.65215	27	0.0292656	10.6629
12	0.0001894	6.15738	28	0.0328163	10.8033
13	0.0003165	6.66319	29	0.0364203	10.9343
14	0.0005461	7.15274	30	0.0401363	11.06
15	0.0009631	7.62057	31	0.0438944	11.1801
16	0.0016711	8.05205	32	0.0477888	11.2928

CHAPTER 7

比表面积计算方法与C程序设计案例教程

序号	相对压力 P_r	吸附氮气体积 V_a /(mL·g^{-1} STP)	序号	相对压力 P_r	吸附氮气体积 V_a /(mL·g^{-1} STP)
33	0.0517278	11.4013	67	0.2651509	13.4841
34	0.0557435	11.5028	68	0.2909409	13.6067
35	0.0597569	11.5983	69	0.3146743	13.7151
36	0.0649112	11.7107	70	0.3381113	13.8216
37	0.0690731	11.7963	71	0.3621021	13.9263
38	0.0732345	11.8788	72	0.3873714	14.0421
39	0.0774739	11.9577	73	0.4105296	14.143
40	0.0817466	12.0313	74	0.4339646	14.2464
41	0.0861151	12.1002	75	0.4604775	14.3602
42	0.090211	12.1613	76	0.4824669	14.4518
43	0.0946099	12.2246	77	0.5090721	14.5627
44	0.0991701	12.2852	78	0.5335797	14.6608
45	0.1036148	12.3437	79	0.5575326	14.7558
46	0.1081324	12.4002	80	0.5809152	14.8492
47	0.1126587	12.4529	81	0.6062176	14.9507
48	0.1171414	12.5027	82	0.6285091	15.041
49	0.1215909	12.5475	83	0.6547529	15.15
50	0.1262309	12.5949	84	0.6790837	15.2549
51	0.1307718	12.6388	85	0.7035991	15.3607
52	0.1353088	12.681	86	0.7276239	15.4721
53	0.1399906	12.7223	87	0.7519003	15.5858
54	0.1445228	12.7607	88	0.7762156	15.7056
55	0.1492123	12.7992	89	0.8007096	15.8379
56	0.1539601	12.836	90	0.8249083	15.9799
57	0.1585943	12.8696	91	0.8490409	16.1418
58	0.1633353	12.9049	92	0.8732658	16.3459
59	0.1680589	12.9384	93	0.8974752	16.644
60	0.1727775	12.9696	94	0.9208607	17.1561
61	0.1775652	13.0023	95	0.9412375	18.2209
62	0.1824228	13.0334	96	0.9587909	21.5865
63	0.1871182	13.0629	97	0.9422498	19.4276
64	0.1919156	13.0919	98	0.9175527	17.4274
65	0.213155	13.2158	99	0.8802627	16.5296
66	0.2414768	13.3651	100	0.8500503	16.2158

（1）线性插值计算测试样孔径 d　截取表 7-3 中测试样相对压力介于表 7-2 中标准样

相对压力范围内的数据点，计算测试样对应的厚度 t，再计算对应的孔径 d（厚度的 2 倍），例如，表 7-3 中第 14 个点的相对压力为 0.0005461，位于表 7-2 中的第 1 点和第 2 点之间，线性插值计算过程如式(7-22) 所示，结果为 0.347994273，填入表 7-4 中。

$$\left[0.1235814+(0.0005461-0.000362)\frac{0.189567-0.1235814}{0.000603-0.000362}\right]\times 2=0.347994273$$

式(7-22)

⊡ 表 7-4　测试样吸附层厚度计算结果列表

序号	相对压力 P_r	吸附氮气体积 V_a /(mL·g^{-1} STP)	孔径 d /nm	序号	相对压力 P_r	吸附氮气体积 V_a /(mL·g^{-1} STP)	孔径 d /nm
1	0.000546134	7.15274	0.347994273	30	0.09460989	12.2246	0.755550198
2	0.000963055	7.62057	0.392444201	31	0.09917013	12.2852	0.761193867
3	0.001671058	8.05205	0.418617041	32	0.103614842	12.3437	0.766694576
4	0.002776612	8.44275	0.459486201	33	0.108132423	12.4002	0.772285462
5	0.004306585	8.78956	0.516044914	34	0.112658747	12.4529	0.777887168
6	0.006198334	9.08882	0.566828389	35	0.117141353	12.5027	0.78343017
7	0.008141506	9.32422	0.581268758	36	0.121590927	12.5475	0.788899088
8	0.01061457	9.5693	0.599646904	37	0.12623092	12.6388	0.794602048
9	0.01321504	9.79498	0.615001512	38	0.130771817	12.681	0.80018321
10	0.0161301	9.9955	0.625261836	39	0.135308828	12.7223	0.805759596
11	0.01923839	10.1831	0.636152504	40	0.139990596	12.7607	0.811513901
12	0.02244956	10.3557	0.643288803	41	0.14452275	12.7992	0.817110034
13	0.02581394	10.5129	0.650765584	42	0.14921229	12.836	0.822915153
14	0.02926557	10.6629	0.658436247	43	0.153960121	12.8696	0.828792431
15	0.03281629	10.8033	0.666327133	44	0.158594285	12.9049	0.834640713
16	0.03642025	10.9343	0.67320586	45	0.163335316	12.9384	0.840993567
17	0.04013632	11.06	0.679974655	46	0.168058859	12.9696	0.847322988
18	0.04389437	11.1801	0.686819898	47	0.172777545	13.0023	0.853684199
19	0.04778881	11.2928	0.692894219	48	0.177565209	13.0334	0.860585212
20	0.05172776	11.4013	0.698809794	49	0.182422823	13.0629	0.867587051
21	0.05574354	11.5028	0.704840778	50	0.187118192	13.0919	0.874355028
22	0.05975691	11.5983	0.710868117	51	0.191915571	13.2158	0.881270261
23	0.06491122	11.7107	0.717843847	52	0.213155001	13.3651	0.91226255
24	0.06907313	11.7963	0.723258759	53	0.241476832	13.4841	0.956405504
25	0.07323455	11.8788	0.728673036	54	0.265150898	13.6067	0.995625685
26	0.07747389	11.9577	0.734140802	55	0.29094094	13.7151	1.039261088
27	0.08174664	12.0313	0.739489841	56	0.314674269	13.8216	1.08075907
28	0.0861151	12.1002	0.74495868	57	0.338111283	13.9263	1.120571517
29	0.09021103	12.1613	0.750086362	58	0.362102065	14.0421	1.158779421

序号	相对压力 P_r	吸附氮气体积 V_a /(mL·g⁻¹ STP)	孔径 d /nm	序号	相对压力 P_r	吸附氮气体积 V_a /(mL·g⁻¹ STP)	孔径 d /nm
59	0.387371372	14.143	1.197170948	71	0.679083701	15.3607	1.706132156
60	0.410529559	14.2464	1.23023229	72	0.703599105	15.4721	1.773625934
61	0.43396463	14.3602	1.264113134	73	0.727623891	15.5858	1.84605414
62	0.460477486	14.4518	1.301502663	74	0.751900301	15.7056	1.926988612
63	0.482466931	14.5627	1.333483176	75	0.776215572	15.8379	2.02079793
64	0.509072081	14.6608	1.373314034	76	0.800709603	15.9799	2.129580031
65	0.533579713	14.7558	1.412822113	77	0.824908291	16.1418	2.258820586
66	0.557532606	14.8492	1.452998977	78	0.849040916	16.3459	2.412996774
67	0.580915215	14.9507	1.493740902	79	0.873265835	16.644	2.642970819
68	0.606217553	15.041	1.541021023	80	0.89747521	17.1561	2.922506766
69	0.628509142	15.15	1.588140342	81	0.920860733	18.2209	3.367180749
70	0.654752886	15.2549	1.647156498	82	0.941237451	21.5865	3.877730766

（2）对测试样数据进行 Akima 光滑　如图 7-2 所示，图中方框"■"表示测试样数据点，圆圈"○"表示对测试样数据点进行 Akima 光滑后每隔 0.005nm 厚度步长对应的数据点，相当于在有限的测试样数据点之间插入新的数据点，将数据间隔变小，数据点更密集，插值依据为 Akima 函数关系式［式(7-20)］。表 7-5 中第二列以 0.005nm 为间隔进行等差序列增长，第三列为按 Akima 函数关系式计算得到的吸附氮气体积。

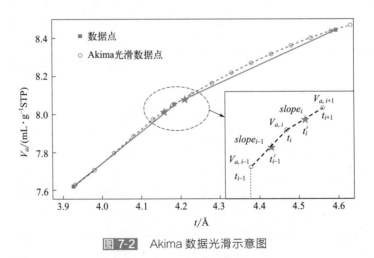

图 7-2　Akima 数据光滑示意图

（3）计算比表面积 S　根据相邻两点的吸附层厚度和吸附氮气体积计算该区间内的斜率，斜率与面积系数 f_s 的乘积表示这一段对应的比表面积 S_{i-1}，如式(7-23)和式(7-24)所示，对应的厚度值为 t'_{i-1}，如图 7-2 中"★"所示数据点。

$$S_{i-1} = \frac{V_{a,i} - V_{a,i-1}}{t_i - t_{i-1}} f_s \qquad \text{式（7-23）}$$

$$S_i = \frac{V_{a,i+1} - V_{a,i}}{t_{i+1} - t_i} f_s \qquad \text{式（7-24）}$$

例如，以表 7-5 中第 1 个点和第 2 个点为例，面积系数 f_s 为 6.154439，第 1 个插入点 S_1 的计算值为 57.19。

$$f_s = \frac{12.30}{4.858842} \times \left(\frac{0.6185088}{1.017629303} \times 2 \right) \times 2 = 6.154439$$

$$S_1 = \frac{7.281741554 - 7.235278571}{0.362994273 - 0.357994273} \times 6.154439 = 57.19$$

（4）计算孔体积 ΔV 将孔视为圆柱孔，孔体积为孔面积、平均厚度和体积系数 f_v 的积，如式（7-25）所示。

$$\Delta V_{i-2} = (slope_{i-2} - slope_{i-1}) \times \left(\frac{t_{i-1} + t_i}{2} \right) \times f_v \qquad \text{式（7-25）}$$

$$f_v = \frac{12.30}{4.858842} \times \left(\frac{0.6185088}{1.017629303} \times 2 \right) = 3.0772204$$

以表 7-5 中第 13 个点为例，计算结果为 0.681038。

$$\Delta V_{13} = \left(\frac{8.10410722 - 8.044346553}{0.422994273 - 0.417994273} - \frac{8.161267193 - 8.10410722}{0.427994273 - 0.422994273} \right) \times$$

$$\left(\frac{0.422994273 + 0.427994273}{2} \right) \times 3.0772204$$

$$= (11.9521334 - 11.4319946) \times 0.425494273 \times 3.0772204 = 0.681038$$

（5）计算孔比表面积 ΔS 孔比表面积 ΔS 为前后两个点的比表面积差，如式（7-26）所示，以表 7-5 中第 11 个点为例，其对应的孔比表面积为第 11 个点与第 12 个点的比表面积差，计算结果为 16.694084。

$$\Delta S_{i-1} = S_{i-1} - S_i \qquad \text{式（7-26）}$$

$$\Delta S_{11} = S_{11} - S_{12} = 106.288218 - 89.59413309 = 16.694084$$

⊡ 表 7-5 测试样各参数计算结果列表

序号	孔径 d /nm	吸附氮气体积 V_a /(mL·g⁻¹ STP)	坐标厚度 t /nm	S /(m²·g⁻¹)	ΔV /(mL·g⁻¹)	ΔS /(m²·g⁻¹)
1	0.357994273	7.235278571	0.360494273	57.19073585	0.00E+00	−4.122852949
2	0.362994273	7.281741554	0.365494273	61.3135888	0.00E+00	−4.018562652
3	0.367994273	7.331554031	0.370494273	65.33215145	0.00E+00	−3.914272355
4	0.372994273	7.384631274	0.375494273	69.24642381	0.00E+00	−3.809982058
5	0.377994273	7.440888556	0.380494273	73.05640587	0.00E+00	−3.705691761
6	0.382994273	7.50024115	0.385494273	76.76209763	0.00E+00	−3.731669346
7	0.387994273	7.562604327	0.390494273	80.49376697	0.00E+00	−14.41602324
8	0.392994273	7.627999193	0.395494273	94.90979022	0.00E+00	−14.0362563
9	0.397994273	7.705105946	0.400494273	108.9460465	0.00E+00	−3.792809246

序号	孔径 d /nm	吸附氮气体积 V_a /(mL·g⁻¹ STP)	坐标厚度 t /nm	S /(m²·g⁻¹)	ΔV /(mL·g⁻¹)	ΔS /(m²·g⁻¹)
10	0.402994273	7.793616054	0.405494273	112.7388558	0.00E+00	6.450637809
11	0.407994273	7.885207523	0.410494273	106.288218	1.323974938	16.69408486
12	0.412994273	7.971558355	0.415494273	89.59413309	3.468148325	16.03543494
13	0.417994273	8.044346553	0.420494273	73.55869815	3.371404277	3.201162975
14	0.422994273	8.10410722	0.425494273	70.35753518	0.681038256	3.439630601
15	0.427994273	8.161267193	0.430494273	66.91790458	0.740370637	3.873414517
16	0.432994273	8.215632736	0.435494273	63.04449006	0.843424919	4.307198432
17	0.437994273	8.266851435	0.440494273	58.73729163	0.948648121	4.740982348
18	0.442994273	8.314570872	0.445494273	53.99630928	1.056040242	5.174766264
19	0.447994273	8.358438634	0.450494273	48.82154301	1.165601283	5.60855018
20	0.452994273	8.398102304	0.455494273	43.21299283	1.277331243	4.542772098

为了便于读者更好地理解 MP 方法，给出 MP 方法计算流程图，如图 7-3 所示。

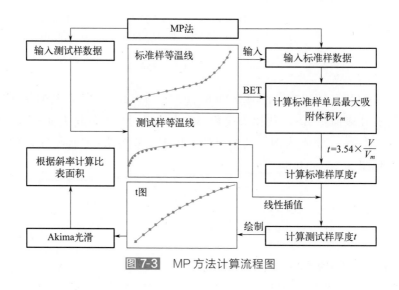

图 7-3 MP 方法计算流程图

7.4 C程序源代码

```
#include <windows.h>
#include <stdio.h>
#include <stddef.h>
#include <stdlib.h>
```

数据结构

```c
# include <tchar. h>
# include <math. h>
# include <malloc. h>
# include <time. h>
# include <memory. h>


//数组起始地址
# define    ARRAY_BASE  1
//插值方式
# define    LINEAR 2              //线性插值需要 2 个参数
//精度
# define    EPSILON      1.0E-8   //精度极限
# define    STEP         0.005    //步长
# define    thick_times  2.0      //厚度倍数
# define    gas_limit    2 * 0.354//氮气分子的 2 倍,最小孔径
# define    ltimes       0.0      //截断倍数,用于 cut,interpolation,dV and dS range
# define    stimes       1.0      //计算面积时的倍数设定值
# define    vtimes       1.0      //计算体积时的倍数设定值
# define    alpha_s_coeff 12.30/4.858842  //alpha_s 系数
# define    alpha_s_to_t_coeff 0.6185088/1.017629303 * thick_times   //alpha_s 转换
thick 厚度系数


//MP 方法计算出错信息结构体
static struct   tagMPError
{
    int   iErrCode;              //错误号
    TCHAR  * szErrDescription; //错误描述
}
MPErrors[]=
{
//    iErrCode szErrDesciption
    0,    TEXT("成功!"),
    -1,   TEXT("指针为空!"),
    -2,   TEXT("打开文件失败!"),
    -3,   TEXT("数组下限大于数组上限!"),
    -4,   TEXT("内存分配失败!"),
    -5,   TEXT("数据个数不能小于 2!"),
    -6,   TEXT("数据列不在矩阵列范围内!"),
    -7,   TEXT("矩阵中没有数据!"),
};
```

221

```
//矩阵
typedef  struct tagMatrix
{
    int  iRowL;                  //行下限
    int  iRowH;                  //行上限
    int  iColL;                  //列下限
    int  iColH;                  //列上限
    int  iRows;                  //矩阵的行数
    int  iCols;                  //矩阵的列数
    double  **ppdData;           //指向数据的指针
}MATRIX;


#define X_FIELDS\
    X_MACROS(REL_PRESSURE,double,dRelPressure)\
    X_MACROS(GAS_VOLUME,double,dGasVolume)\
    X_MACROS(THETA,double,dTheta)\
    X_MACROS(ALPHA_S,double,dAlphaS)\
    X_MACROS(THICK,double,dThick)


typedef struct{
    #define X_MACROS(member,type,name) type  name;
        X_FIELDS
    #undef X_MACROS
}STANDARD;

//定义结构体成员顺序列表
typedef  enum
{
    #define X_MACROS(a,b,c)  a,
        X_FIELDS
    #undef  X_MACROS
        STD_MAX
}Standard_enum;

typedef struct tagSample
{
    double    dRelPressure;        //相对压力,无量纲
    double    dGasVolume;          //吸附的气体体积,mL/g
}SAMPLE;


//链表中矩阵节点
```

```
typedef struct tagMatrixNode
{
    MATRIX    * pm;
    struct   tagMatrixNode * pmnNext;
}MATRIX_NODE;
```

//堆栈,指向矩阵链表的头
```
typedef struct tagStacks
{
    MATRIX_NODE    * pmnMNHead;//矩阵链表头
}STACKS;
```

//内存分配与矩阵操作
```
int   IVector(int   ** ppiV,int   iL,int   iH);
int   FreeIVector(int   ** ppiV,int   iL,int   iH);
int   DVector(double   ** ppdV,int   iL,int   iH);
int   FreeDVector(double   ** ppdV,int   iL,int   iH);
int   DDVector(double   *** pppdData,int   iRowL,int iRowH,int iColL,   int iColH);
int   FreeDDVector(double   *** pppdData,int   iRowL,int iRowH,int iColL,   int iColH);
int   InitStack(STACKS   * psStack);
int   FreeStack(STACKS   * psStack);
```

//文件操作
```
int   GetIntDig(double   dNum,int   * iInteger,int   * iDigital);
int   FileData2Matrix(const char   * pstrFileName,   MATRIX   ** ppmD,STACKS   *
psStack);
```
//矩阵运算
```
int   CreateMatrix(int   iRowL,int iRowH,int iColL,int   iColH,MATRIX   ** ppmMa-
trix,STACKS   * psStack,int iValue);
int   PrintMatrix(MATRIX   * pmA,   TCHAR   * tcString);
int   PrintMatrixA(MATRIX   * pmA,   TCHAR   * tcString);
int   GetMaxMin(MATRIX   * pmA,int column,double   * pdMin,double   * pdMax);
int   MatrixZeros(MATRIX   ** ppmA);
int   DeleteMatrix(STACKS   * psStack,MATRIX   ** ppmMatrix);
```
//工艺方法
```
int   InterpolateLinear(MATRIX   * pmA,int columnX,int columnY,MATRIX   ** ppmA_L,STACKS
* psStack);
int   LinearFit(MATRIX   * pmA,MATRIX   * pmS,MATRIX   ** ppmF,STACKS   * psStack);
int   UnionThickVolume(MATRIX   * pmS,MATRIX   * pmFS,MATRIX   ** ppmTV,STACKS   * psStack);
int   AkimaInterpolate(MATRIX   * pmS,MATRIX   ** ppmA_S,STACKS   * psStack);
int   SplineAkima(MATRIX   ** ppmSrc);
```

223

```
int  ScaleTV(MATRIX  * pmTV,double dStep,MATRIX  ** ppmS_TV,  STACKS  * psStack);
int  SplineAkimaInterpolatoin(MATRIX  * pmSrc,MATRIX  ** ppmDst);
int  CalculateSdSdV(MATRIX  * pmTV,MATRIX  ** ppmSdSdV,STACKS  * psStack);

int  main(int  argc,char  * argv[])
{
    int   i＝0;                          //循环变量
    clock_t       StartTime＝0;          //开始时间
    clock_t       EndTime＝0;            //结束时间
    double        dDiffTime＝0.0；        //时间差
    int   iRet;                          //函数返回值
    STACKSS;                             //矩阵管理堆栈
    MATRIX  * pmStandard＝NULL;          //标准样矩阵
    MATRIX  * pmSample＝NULL;            //测试样矩阵
    MATRIX  * pmS_LF＝NULL;              //标准样线性插值后矩阵
    MATRIX  * pmLF＝NULL;                //测试样线性拟合矩阵
    MATRIX  * pmA_L_F＝NULL;             //测试样线性拟合矩阵
    MATRIX  * pmAkima_S＝NULL;           //测试样 Akima 拟合矩阵
    MATRIX  * pmTV＝NULL;                //Thick 与 Volume 矩阵
    MATRIX  * pmTV_A＝NULL;              //对 Thick 与 Volume 矩阵进行插值
    MATRIX  * pmS_TV＝NULL;              //按步长细分 Thick 与 Volume 矩阵
    MATRIX  * pmSdSdV＝NULL;             //根据 Thick 与 Volume 矩阵计算比表面积 S、dS、dV

    Standard_enum  StdStructMem＝STD_MAX;//结构体成员数量

    //标准样-->相对压力(无量纲),吸附量(mL/g),Theta(无量纲),alpha-s(无量纲),Thick(nm)
    STANDARD  stdStandard[]＝{
           0.000362, 0.988,   0.3491, 0.203340631, 0.1235814,
           0.000603, 1.5154,  0.5355, 0.311885013, 0.189567,
           0.00555,  2.2464,  0.7938, 0.462332383, 0.2810052,
           0.0122,   2.444,   0.8636, 0.503000509, 0.3057144,
           0.0192,   2.5425,  0.8984, 0.523272829, 0.3180336,
           0.0336,   2.6704,  0.9436, 0.549595974, 0.3340344,
           0.0446,   2.7505,  0.9719, 0.566081383, 0.3440526,
           0.0611,   2.8494,  1.0069, 0.586436027, 0.3564426,
           0.0765,   2.9297,  1.0352, 0.602962599, 0.3664608,
           0.0916,   3.0051,  1.0619, 0.6184807,   0.3759126,
           0.1166,   3.1288,  1.1056, 0.643939441, 0.3913824,
           0.1416,   3.2518,  1.149,  0.669254114, 0.406746,
           0.1575,   3.3304,  1.1768, 0.685430808, 0.4165872,
```

```
        0. 1724,    3. 4102,    1. 205,     0. 701854475,   0. 42657,
        0. 1919,    3. 5225,    1. 2447,    0. 724966978,   0. 4406238,
        0. 2117,    3. 6377,    1. 2854,    0. 748676331,   0. 4550316,
        0. 2317,    3. 7586,    1. 3281,    0. 773558803,   0. 4701474,
        0. 2601,    3. 9457,    1. 3942,    0. 81206592,    0. 4935468,
        0. 2899,    4. 1469,    1. 4653,    0. 853474964,   0. 5187162,
        0. 3113,    4. 297,     1. 5184,    0. 884367098,   0. 5375136,
        0. 3396,    4. 4892,    1. 5863,    0. 923923849,   0. 5615502,
        0. 3608,    4. 6239,    1. 6339,    0. 951646503,   0. 5784006,
        0. 3937,    4. 8238,    1. 7045,    0. 992787994,   0. 603393,
        0. 4154,    4. 9445,    1. 7472,    1. 017629303,   0. 6185088,
        0. 4398,    5. 0869,    1. 7975,    1. 046936698,   0. 636315,
        0. 465,     5. 2277,    1. 8472,    1. 075914796,   0. 6539088,
        0. 4902,    5. 3756,    1. 8995,    1. 106354148,   0. 672423,
        0. 5147,    5. 5232,    1. 9517,    1. 136731756,   0. 6909018,
        0. 5434,    5. 7119,    2. 0183,    1. 17556817,    0. 7144782,
        0. 5645,    5. 8553,    2. 069,     1. 205081375,   0. 732426,
        0. 589,     6. 0276,    2. 1299,    1. 2405425,     0. 7539846,
        0. 6136,    6. 2164,    2. 1966,    1. 279399495,   0. 7775964,
        0. 6441,    6. 4859,    2. 2918,    1. 334865386,   0. 8112972,
        0. 6706,    6. 73,      2. 3781,    1. 385103693,   0. 8418474,
        0. 6948,    6. 9859,    2. 4685,    1. 437770563,   0. 873849,
        0. 7195,    7. 2768,    2. 5713,    1. 497640796,   0. 9102402,
        0. 7437,    7. 5814,    2. 6789,    1. 56033063,    0. 9483306,
        0. 7674,    7. 9316,    2. 8027,    1. 632405417,   0. 9921558,
        0. 7914,    8. 3288,    2. 943,     1. 71415329,    1. 041822,
        0. 8142,    8. 7784,    3. 1019,    1. 806685626,   1. 0980726,
        0. 8408,    9. 4006,    3. 3218,    1. 934740829,   1. 1759172,
        0. 8611,    10. 003,    3. 5346,    2. 058720987,   1. 2512484,
        0. 9045,    12. 006,    4. 2424,    2. 47095913,    1. 5018096,
        0. 9384,    15. 017,    5. 3064,    3. 090654111,   1. 8784656,
        0. 9551,    17. 859,    6. 3106,    3. 675567141,   2. 2339524
};

//测试样-->相对压力(无量纲),吸附量(mL/g)
SAMPLEsmpSample[]={
        0. 000000188,   0. 510281,   0. 00000045,   1. 02256,
        0. 00000106,    1. 54166,    0. 00000236,   2. 05975,
        0. 00000494,    2. 58003,    0. 00000935,   3. 09167,
        0. 0000165,     3. 60649,    0. 0000282,    4. 12025,
```

0.0000461,   4.63325,   0.0000733,   5.14278,

0.000116583, 5.65215,   0.000189447, 6.15738,

0.000316512, 6.66319,   0.000546134, 7.15274,

0.000963055, 7.62057,   0.001671058, 8.05205,

0.002776612, 8.44275,   0.004306585, 8.78956,

0.006198334, 9.08882,   0.008141506, 9.32422,

0.010614566, 9.5693,   0.013215041, 9.79498,

0.016130095, 9.9955,   0.019238385, 10.1831,

0.022449559, 10.3557,   0.025813942, 10.5129,

0.029265568, 10.6629,   0.032816289, 10.8033,

0.03642025,   10.9343,   0.040136324, 11.06,

0.043894368, 11.1801,   0.047788814, 11.2928,

0.051727756, 11.4013,   0.055743545, 11.5028,

0.059756906, 11.5983,   0.064911222, 11.7107,

0.069073129, 11.7963,   0.073234549, 11.8788,

0.077473886, 11.9577,   0.081746643, 12.0313,

0.086115095, 12.1002,   0.090211034, 12.1613,

0.094609895, 12.2246,   0.099170126, 12.2852,

0.103614842, 12.3437,   0.108132423, 12.4002,

0.112658747, 12.4529,   0.117141353, 12.5027,

0.121590927, 12.5475,   0.12623092,   12.5949,

0.130771817, 12.6388,   0.135308828, 12.681,

0.139990596, 12.7223,   0.14452275,   12.7607,

0.14921229,   12.7992,   0.153960121, 12.836,

0.158594285, 12.8696,   0.163335316, 12.9049,

0.168058859, 12.9384,   0.172777545, 12.9696,

0.177565209, 13.0023,   0.182422823, 13.0334,

0.187118192, 13.0629,   0.191915571, 13.0919,

0.213155001, 13.2158,   0.241476832, 13.3651,

0.265150898, 13.4841,   0.29094094,   13.6067,

0.314674269, 13.7151,   0.338111283, 13.8216,

0.362102065, 13.9263,   0.387371372, 14.0421,

0.410529559, 14.143,   0.43396463,   14.2464,

0.460477486, 14.3602,   0.482466931, 14.4518,

0.509072081, 14.5627,   0.533579713, 14.6608,

0.557532606, 14.7558,   0.580915215, 14.8492,

0.606217553, 14.9507,   0.628509142, 15.041,

0.654752886, 15.15,   0.679083701, 15.2549,

0.703599105, 15.3607,   0.727623891, 15.4721,

0.751900301, 15.5858,   0.776215572, 15.7056,

0. 800709603, 15. 8379, 0. 824908291, 15. 9799,
0. 849040916, 16. 1418, 0. 873265835, 16. 3459,
0. 89747521, 16. 644, 0. 920860733, 17. 1561,
0. 941237451, 18. 2209, 0. 958790924, 21. 5865,
0. 942249778, 19. 4276, 0. 917552698, 17. 4274,
0. 880262742, 16. 5296, 0. 850050328, 16. 2158,
0. 8250035, 16. 0344, 0. 798097178, 15. 8695,
0. 753942442, 15. 637, 0. 728259267, 15. 5158,
0. 702605238, 15. 397, 0. 678571708, 15. 2912,
0. 654245751, 15. 1899, 0. 630456074, 15. 0924,
0. 606683884, 14. 998, 0. 583124458, 14. 9039,
0. 556783562, 14. 7978, 0. 533547653, 14. 7014,
0. 508475566, 14. 5952, 0. 484541132, 14. 494,
0. 460827234, 14. 3845, 0. 436125297, 14. 2756,
0. 412060679, 14. 1674, 0. 388038808, 14. 0628,
0. 364459951, 13. 9567, 0. 339726926, 13. 8483,
0. 316000397, 13. 7393, 0. 291396584, 13. 6245,
0. 267212469, 13. 5068, 0. 24362584, 13. 3864,
0. 219543735, 13. 2595, 0. 195449, 13. 1205,
0. 171732187, 12. 9696, 0. 147816212, 12. 7927,
0. 124366568, 12. 582, 0. 102845396, 12. 3371,
0. 088431205, 12. 1382, 0. 086115095, 12. 1002,
0. 081746643, 12. 0313, 0. 077473886, 11. 9577,
0. 073234549, 11. 8788, 0. 069073129, 11. 7963,
0. 064911222, 11. 7107, 0. 059756906, 11. 5983,
0. 055743545, 11. 5028, 0. 051727756, 11. 4013,
0. 047788814, 11. 2928, 0. 043894368, 11. 1801,
0. 040136324, 11. 06, 0. 03642025, 10. 9343,
0. 032816289, 10. 8033, 0. 029265568, 10. 6629,
0. 025813942, 10. 5129, 0. 022449559, 10. 3557,
0. 019238385, 10. 1831, 0. 016130095, 9. 9955,
0. 013215041, 9. 79498, 0. 010614566, 9. 5693,
0. 008141506, 9. 32422, 0. 006198334, 9. 08882,
0. 004306585, 8. 78956, 0. 002776612, 8. 44275,
0. 001671058, 8. 05205, 0. 000963055, 7. 62057,
0. 000546134, 7. 15274, 0. 000316512, 6. 66319,
0. 000189447, 6. 15738, 0. 000116583, 5. 65215,
0. 0000733, 5. 14278, 0. 0000461, 4. 63325,
0. 0000282, 4. 12025, 0. 0000165, 3. 60649,
0. 00000935, 3. 09167, 0. 00000494, 2. 58003,

```
                0.00000236,    2.05975,    0.00000106,   1.54166,
                0.00000045,    1.02256,    0.000000188,  0.510281
        };


        //开始时间
        StartTime=clock();
        InitStack(&S);


        //读入标准样数据文件
        iRet=FileData2Matrix((const char * )"standard.txt",&pmStandard,&S);
        //如果没有找到文件,则从程序内部读入数据
        if(iRet)
        {
            int   i;          //行循环变量
            int   n;          //x数组个数
            n=sizeof(stdStandard)/sizeof(stdStandard[0]);
            //如果pmTemp为空,建立新的矩阵,分配内存
            if(NULL==pmStandard)
            {
                int  iRows=n;          //行数
                int  iCols=STD_MAX;    //列数
                CreateMatrix(1,iRows,1,iCols,&pmStandard,&S,0);
            }
            //将程序内数据拷入分配的内存
            for(i=ARRAY_BASE;i<=ARRAY_BASE+n-1;i++)
            {
                //相对压力,无量纲
                pmStandard->ppdData[i][REL_PRESSURE+ARRAY_BASE]=stdStandard[i-1].
        dRelPressure;
                //气体吸附量,量纲(mL/g)
                pmStandard->ppdData[i][GAS_VOLUME+ARRAY_BASE]=stdStandard[i-1].
        dGasVolume;
                pmStandard->ppdData[i][THETA+ARRAY_BASE]=stdStandard[i-1].dTheta;
                pmStandard->ppdData[i][ALPHA_S+ARRAY_BASE]=stdStandard[i-1].dAlphaS;
                pmStandard->ppdData[i][THICK+ARRAY_BASE]=stdStandard[i-1].dThick;
            }
        }//if(iRet)
        PrintMatrixA(pmStandard,TEXT("pmStandard"));


        //读入测试样数据文件
```

```
iRet=FileData2Matrix((const char * )"sample.txt",&pmSample,&S);
//如果没有找到文件,则从程序内部读入数据
if(iRet)
{
    int   i;    //循环变量
    int   n;    //X 数组个数
    n=sizeof(smpSample)/sizeof(smpSample[0]);
    //如果 pmTemp 为空,建立新的矩阵,分配内存
    if(NULL==pmSample)
    {
        int   iRows=n;    //行数
        int   iCols=offsetof(SAMPLE,dGasVolume)/sizeof(double)+1;    //列数
        CreateMatrix(1,iRows,1,iCols,&pmSample,&S,0);
    }
    //将程序内数据拷入分配的内存
    for(i=ARRAY_BASE;i<=ARRAY_BASE+n-1;i++)
    {
        //相对压力,无量纲
        pmSample->ppdData[i][1]=smpSample[i-1].dRelPressure;
        //气体吸附量,量纲(mL/g)
        pmSample->ppdData[i][2]=smpSample[i-1].dGasVolume;
    }
}//if(iRet)
//PrintMatrix(pmSample,TEXT("pmSample"));

InterpolateLinear(pmStandard,ARRAY_BASE+REL_PRESSURE,ARRAY_BASE+THICK,&pmS_LF,&S);
//PrintMatrix(pmS_LF,TEXT("pmS_LF"));

//计算测试样的厚度插值点
LinearFit(pmS_LF,pmSample,&pmLF,&S);
//PrintMatrix(pmLF,TEXT("pmLF"));

//将吸附量与插值计算得到的厚度合并
UnionThickVolume(pmSample,pmLF,&pmTV,&S);
//PrintMatrix(pmTV,TEXT("pmTV"));

//对厚度(Thick)与体积(Volume)数据进行 Akima 插值参数计算
AkimaInterpolate(pmTV,&pmTV_A,&S);
//PrintMatrix(pmTV_A,TEXT("pmTV_A"));
```

```
                    //对厚度(Thick)与体积(Volume)数据按指定步长划分
                    ScaleTV(pmTV,STEP,&pmS_TV,&S);
                    //PrintMatrix(pmS_TV,TEXT("pmS_TV"));

                    //根据 Akima 计算相应插值
                    SplineAkimaInterpolatoin(pmTV_A,&pmS_TV);
                    PrintMatrix(pmS_TV,TEXT("pmS_TV"));

                    //根据厚度(Thick)与体积(Volume)数据求 dt、slope、deltaS、deltaV,共计 6 列
                    CalculateSdSdV(pmS_TV,&pmSdSdV,&S);
                    PrintMatrix(pmSdSdV,TEXT("pmSdSdV"));

                    //终止时间
                    EndTime=clock();
                    //计算消耗时间
                    dDiffTime=(double)(EndTime-StartTime)/CLOCKS_PER_SEC;//运行时间差
                    printf("\n 程序运行时间:%.3lf 秒\n\n",dDiffTime);
                    //按"F5"键运行时会停留在运行结果
                    system("pause");
                    return  0;
}


//功能:   从文件读取数据到矩阵
//pstrFileName -->文件名字符串
//ppmD          -->存放数据(data)矩阵
//psStack        -->管理矩阵的堆栈指针
//返回值         -->错误码,非 0 表示有错误
int  FileData2Matrix(const char * pstrFileName,  MATRIX ** ppmD,STACKS * psStack)
{
    int  j,iRet;          //打开文件的返回值
    int  iRows;           //数据行数,即文件中数据的行数
    int  iCols;           //数据列数
    int  iNumFlagOld;     //前一字符数字标志
    int  iNumFlagNew;     //后一字符数字标志
    FILE * pFile=NULL; //文件指针
    TCHAR  szLine[MAX_PATH]={0};    //存储行的临时字符串
    TCHAR  * pStr;                   //待转换字符串头指针
    double     dTemp=0.0;            //临时变量

    //打开数据文件
```

```
iRet=fopen_s(&pFile,pstrFileName,"r");
if(iRet)
{
    //打开文件失败,返回-2
    return  MPErrors[2].iErrCode;
}

//巡检文件中数据有多少行、多少列
iRows=0;
while(!feof(pFile))
{
    memset(szLine,0,MAX_PATH);
    pStr=_fgetts(szLine,MAX_PATH,pFile);
    //如果是空行或注释行,跳过
    if(szLine[0]==TEXT('\n')||szLine[0]==TEXT('\0')||szLine[0]==TEXT('#'))
    {
        continue;
    }
    //第一次进入循环,取出第一行,对数据进行分析,计算有几列
    if(iRows==0)
    {
        iCols=0;
        iNumFlagOld=0;//空格或 tab 标志,0 表示为空格或 tab
        iNumFlagNew=0;
        //当指定的字符不为回车或换行时进行循环
        while(*pStr)
        {
            //如果是空格或 tab 或换行
            if(TEXT(' ')==*pStr || TEXT('\t')==*pStr || TEXT('\n')==*pStr || TEXT
(',')==*pStr)
            {
                iNumFlagNew=0;//标志为 0
            }
            //是其他符号
            else
            {
                iNumFlagNew=1;
                //前后符号标志进行异或,不同为1,相同为 0
                if(iNumFlagNew^iNumFlagOld)
                {
```

```
                    iCols++;
                }
            }
            //将新的赋值给旧的
            iNumFlagOld=iNumFlagNew;
            pStr++;      //指针向后移动
        }
    }//if(iRows==0)
    iRows++;
}//while(!feof(pFile))

//如果*ppmD为空,建立新的矩阵,分配内存
if(NULL==(*ppmD))
{
    CreateMatrix(1,iRows,1,iCols,ppmD,psStack,0);
}

//重新定位文件指针到文件头
fseek(pFile,0L,SEEK_SET);

    //行数清0
    iRows=0;
    while(!feof(pFile))
    {
        memset(szLine,0,MAX_PATH);
        pStr=_fgetts(szLine,MAX_PATH,pFile);
        //如果是空行或注释行,跳过
        if(szLine[0]==TEXT('\n')|| szLine[0]==TEXT('\0')|| szLine[0]==TEXT('#'))
        {
            continue;
        }
        //行数递加
        iRows++;
        //对列进行处理,防止一行出现超过iCols列情况
        for(j=0;j<MAX_PATH;j++)
        {
            pStr[j]==TEXT(',')? pStr[j]=TEXT(' '):pStr[j];
        }
        for(j=1;j<=iCols;j++)
        {
```

```
        dTemp=_tcstod(pStr,&pStr);     //取完数据后 pStr 地址向后移
        (＊ppmD)->ppdData[iRows][j]=dTemp;
    }//for(j=1;j<=iCols;j++)
}//while(!feof(pFile))


//关闭文件
fclose(pFile);


//成功,返回 0
return  MPErrors[0].iErrCode;
}
```

内存分配
与释放

```
//功能:分配 int 型内存
//iL->      数组下限
//iH->      数组上限
//ppiV->    指向 int 型内存(数组)的指针
//返回值:错误码
int  IVector(int  ＊＊ppiV,int  iL,int  iH)
{
    int  ＊piVector;


    //数组下限大于数组上限,返回-3
    if(iL> iH)
    {
        return  MPErrors[3].iErrCode;
    }


    //分配内存,多分配 ARRAY_BASE＊sizeof(double)个字节的内存
    piVector=(int＊)calloc((size_t)(iH-iL+1＋ARRAY_BASE),sizeof(int));


    //内存分配失败,返回-4
    if(NULL==piVector)
    {
        return  MPErrors[4].iErrCode;
    }


    //多余 ARRAY_BASE＊sizeof(double)个字节的内存
    (＊ppiV)=piVector-iL＋ARRAY_BASE;
    //成功,返回
    return  MPErrors[0].iErrCode;
```

```
}

//功能:释放(int*)内存区
int  FreeIVector(int  **ppiV,int  iL,int  iH)
{
    free((char*)((*ppiV)+iL-ARRAY_BASE));
    (*ppiV)=NULL;
    //成功,返回0
    return  MPErrors[0].iErrCode;
}


//功能:分配(iH-iL+1+ARRAY_BASE)个 double 型内存
//iL       -->数组下限
//iH       -->数组上限
//pdV      -->指向 double 型内存的指针
//返回值   -->错误码
Int  DVector(double  **ppdV,int  iL,int  iH)
{
    double  *pdVector;

    //数组下限大于数组上限,返回-3
    if(iL> iH)
    {
        returnMPErrors[3].iErrCode;
    }


    //分配内存,多分配 ARRAY_BASE * sizeof(double)个字节的内存
    pdVector=(double*)calloc((size_t)(iH-iL+1+ARRAY_BASE),sizeof(double));
    //内存分配失败,返回-4
    if(NULL==pdVector)
    {
        return  MPErrors[4].iErrCode;
    }
    //多 ARRAY_BASE * sizeof(double)个字节的内存
    (*ppdV)=pdVector-iL+ARRAY_BASE;

    //成功,返回0
    return  MPErrors[0].iErrCode;
}
```

```
//功能:释放(double*)内存区
int  FreeDVector(double  **ppdV,int  iL,int  iH)
{
    //判断指针是否为空
    if(NULL!=(*ppdV))
    {
        free((char*)((*ppdV)+iL-ARRAY_BASE));
        (*ppdV)=NULL;
    }
    //成功,返回 0
    return  MPErrors[0].iErrCode;
}


//功能:   为矩阵分配内存
//iRowL   -->矩阵行下限
//iRowH   -->矩阵行上限
//iColL   -->矩阵列下限
//iColH   -->矩阵列上限
//pppdData  -->指向(double**)的指针
//返回值:错误码
int  DDVector(double  ***pppdData,int  iRowL,int iRowH,int iColL,  int iColH)
{
    int  i;
    int  nRows;       //行数
    int  nCols;       //列数
    double  **ppdM;  //指向 Matrix 矩阵(double**)型数据区的指针

    //数组下限大于等于数组上限,返回-3
    if(iRowL> iRowH || iColL> iColH)
    {
        return  MPErrors[3].iErrCode;
    }

    //计算行数与列数
    nRows=iRowH-iRowL+1;       //行数
    nCols=iColH-iColL+1;       //列数

    //分配指向(double*)的行指针
    ppdM=(double  **)calloc((size_t)(nRows+ARRAY_BASE),sizeof(double*));
    //内存分配失败,返回-4
```

```
        if(NULL==ppdM)
        {
            return  MPErrors[4].iErrCode;
        }

        //ppdM 指向的是数组的 0 单元
        ppdM+=ARRAY_BASE;
        ppdM-=iRowL;        //向低地址偏移 iRowL 个 double 单位

        //分配矩阵存放数据的内存
        ppdM[iRowL]=(double *)calloc((size_t)(nRows*nCols+ARRAY_BASE),sizeof(double));
        //内存分配失败,返回-4
        if(NULL==ppdM[iRowL])
        {
            return  MPErrors[4].iErrCode;
        }
        ppdM[iRowL]+=ARRAY_BASE;
        ppdM[iRowL]-=iColL;

        //矩阵行指针赋值
        for(i=iRowL+1;i<=iRowH;i++)
        {
            ppdM[i]=ppdM[i-1]+nCols;
        }

        (*pppdData)=ppdM;
        //成功,返回 0
        return  MPErrors[0].iErrCode;
}

//功能:释放(double **)内存区
int   FreeDDVector(double   ***pppdData,int   iRowL,int iRowH,int iColL,  int iColH)
{
    //释放指向列的数据指针
    free((char*)((*pppdData)[iRowL]+iColL  -ARRAY_BASE));
    //释放数据区
    free((char*)((*pppdData)+iRowL-ARRAY_BASE));

    //成功,返回 0
    return  MPErrors[0].iErrCode;
```

```
}

//功能:初始化栈
//psStack-->栈指针
//返回值-->错误码,非 0 表示有错误
int    InitStack(STACKS  * psStack)
{
    //将栈清 0
    memset(psStack,0,sizeof(STACKS));
    return   MPErrors[0].iErrCode;
}

//功能:释放栈
//psStack-->栈指针
//返回值-->错误码,非 0 表示有错误
int   FreeStack(STACKS  * psStack)
{
//定义临时链表矩阵节点
MATRIX_NODE  * pmnTempMN＝NULL;

//释放矩阵节点
while(psStack->pmnMNHead !＝NULL)
{
    //将链表第一个矩阵节点赋给临时矩阵节点
    pmnTempMN＝psStack->pmnMNHead;
    psStack->pmnMNHead＝pmnTempMN->pmnNext;

    //释放矩阵
    FreeDDVector(&(pmnTempMN->pm->ppdData),pmnTempMN->pm->iRowL,pmnTempMN->pm->
iRowH,pmnTempMN->pm->iColL,pmnTempMN->pm->iColH);
    //释放矩阵节点
    free(pmnTempMN->pm);
    pmnTempMN->pm＝NULL;
    //释放链表矩阵节点
    free(pmnTempMN);
    pmnTempMN＝NULL;
}

//成功,返回 0
return   MPErrors[0].iErrCode;
```

```
    }
//功能:创建矩阵,各元素置设定值
//iRowL        -->矩阵行下限
//iRowH -->矩阵行上限
//iColL -->矩阵列下限
//iColH -->矩阵列上限
//ppmMatrix -->增加到栈中的矩阵
//psStack     -->栈指针
//iValue       -->iValue=0,全部元素赋 0;iValue=1,对角线元素赋 1,其余元素赋 0
//返回值       -->错误码,非 0 表示有错误
int   CreateMatrix(int   iRowL,int iRowH,int iColL,int   iColH,MATRIX   ** ppmMatrix,
STACKS * psStack,int iValue)
{
    int   iRet;
    int   iRows,iCols;
    //临时矩阵指针
    MATRIX   * pmTempM=NULL;
    //临时矩阵节点指针
    MATRIX_NODE   * pmnTempMN=NULL;

    //分配矩阵节点内存
    pmTempM=(MATRIX * )calloc(1,sizeof(MATRIX));
    //分配链表矩阵节点内存
    pmnTempMN=(MATRIX_NODE * )calloc(1,sizeof(MATRIX_NODE));
    //分配内存失败,返回-4
    if(NULL==pmTempM || NULL==pmnTempMN)
    {
        free(pmTempM);
        pmTempM=NULL;
        free(pmnTempMN);
        pmnTempMN=NULL;
        return   MPErrors[4].iErrCode;
    }
    //矩阵内容赋值
    pmTempM->iRowL=iRowL;
    pmTempM->iRowH=iRowH;
    pmTempM->iColL=iColL;
    pmTempM->iColH=iColH;
    iRows=iRowH-iRowL+1;
    pmTempM->iRows=iRows;
```

创建矩阵

```
    iCols= iColH-iColL+1;
    pmTempM->iCols=iCols;
    //分配矩阵内存,全部元素置0
    iRet=DDVector(&(pmTempM->ppdData),iRowL,iRowH,iColL,iColH);

    //矩阵内存分配失败
    if(iRet !=MPErrors[0].iErrCode)
    {
        //释放当前分配的地址
        FreeDDVector(&(pmTempM->ppdData),iRowL,iRowH,iColL,iColH);
        //释放前面已分配成功的地址
        free(pmTempM);
        pmTempM= NULL;
        free(pmnTempMN);
        pmnTempMN= NULL;
        return MPErrors[4].iErrCode;
    }

    //对角线赋值1
    //(1)如果行与列相等,对角线全部置1
    //(2)如果行大于列,取列对角线全部置1
    //(3)如果行小于列,取行对角线全部置1
    if(iValue)
    {
        int n;
        int nMin;
        nMin=(iRows>iCols)? iCols:iRows;
        for(n=1;n <=nMin;n++)
        {
            pmTempM->ppdData[n][n]=1.0;
        }
    }//if(iValue)

    //链表矩阵节点指针指向矩阵
    pmnTempMN->pm= pmTempM;
    pmnTempMN->pmnNext=psStack->pmnMNHead;
    psStack->pmnMNHead=pmnTempMN;

    * ppmMatrix= pmTempM;
```

```
    //成功,返回 0
    return  MPErrors[0].iErrCode;
}
```

```
//功能: 在控制台界面打印输出矩阵
//pmA      -->指向矩阵的指针
//tcString-->矩阵名称
//返回值    -->错误码,非 0 表示有错误
int  PrintMatrix(MATRIX  * pmA,  TCHAR  * tcString)
{
    int   i,j;

    //矩阵指针为空,返回-1
    if(NULL==pmA)
    {
        return  MPErrors[1].iErrCode;
    }

    //输出矩阵头
    printf("\nmatrix %S-->%d 行×%d 列\n",tcString,pmA->iRows,pmA->iCols);
    //输出矩阵内容
    for(i=1;i<=pmA->iRows;i++)
    {
        for(j=1;j<=pmA->iCols;j++)
        {
            //行满后输出回车进行换行
            double  dTemp;
            //先计算绝对值
            dTemp=  fabs(pmA->ppdData[i][j]);
            //根据绝对值判断用哪种格式输出
            if(dTemp> 1.0E3 || dTemp <1.0E-1)
            {
                //末尾行
                j%pmA->iCols==0? printf("%e\n",pmA->ppdData[i][j]):printf("%e\t",
pmA->ppdData[i][j]);
            }
            else
            {
                //中间行
                j%pmA->iCols==0? printf("%12.9lf\n",pmA->ppdData[i][j]):printf
("%12.9lf\t",pmA->ppdData[i][j]);
```

打印矩阵

240

```
        }
      }
   }
   //成功,返回 0
   return  MPErrors[0].iErrCode;
}


//功能:在控制台界面打印输出矩阵
//pmA        -->指向矩阵的指针
//tcString  -->矩阵名称
//返回值       -->错误码,非 0 表示有错误
int  PrintMatrixA(MATRIX  * pmA,  TCHAR  * tcString)
{
    int  i,j;        //循环变量
    int  iRet;
    int  n=0,m=0;
    int  * piNM=NULL;      //指向小数整数部分与小数部分位数的指针

    //矩阵指针为空,返回-1
    if(NULL==pmA)
    {
        return  MPErrors[1].iErrCode;
    }
    //分配内存存储各列小数部分与整数部分
    IVector(&piNM,ARRAY_BASE,2 * (ARRAY_BASE+pmA->iCols  -1));

    //输出矩阵头
    printf("\n 新的矩阵输出函数%S-->%d 行×%d 列\n",tcString,pmA->iRows,pmA->iCols);

    //计算每一列整数部分与小数部分最大的位数
    for(j=1;j<=pmA->iCols;j++)
    {
        double  dTemp;
        //处理每一列数据
        n=0;
        m=0;
        for(i=1;i<=pmA->iRows;i++)
        {
            //按列处理数据
            dTemp=  fabs(pmA->ppdData[i][j]);
```

```
            iRet＝GetIntDig(dTemp,&n,&m);
            n> piNM[2 * j-1]? piNM[2 * j-1]＝n:piNM[2 * j-1];
            m> piNM[2 * j]? piNM[2 * j]＝m:piNM[2 * j];
        }
    }


    //输出矩阵内容
    for(i＝1;i<＝pmA->iRows;i++)         //处理每一行
    {
        for(j＝1;j<＝pmA->iCols;j++)    //处理第一列
        {
            if(j%pmA->iCols＝＝0)
            {
                printf("% *. * lf\n",piNM[2 * j-1],piNM[2 * j],pmA->ppdData[i][j]);
            }
            else
            {
                printf("% *. * lf\t",  piNM[2 * j-1],piNM[2 * j],pmA->ppdData[i][j]);
            }
        }
    }


    //用完释放内存
    FreeIVector(&piNM,ARRAY_BASE,2 * (ARRAY_BASE＋pmA->iCols  -1));
    //成功,返回 0
    return  MPErrors[0]. iErrCode;
}


//功能:矩阵所有元素置 0.0
//ppmA      ->方阵
//返回值    ->错误码,非 0 表示有错误
int  MatrixZeros(MATRIX  * * ppmA)
{
    int   i,j;

    //如果 * ppmA 为空,返回-1
    if(NULL＝＝( * ppmA))
    {
        return  MPErrors[1]. iErrCode;
    }
```

矩阵清零

```
//对每个元素赋 0.0
for(i=( * ppmA)->iRowL;i<=( * ppmA)->iRowH;i++)
{
    for(j=( * ppmA)->iColL;j<=( * ppmA)->iColH;j++)
    {
        ( * ppmA)->ppdData[i][j]=0.0;
    }
}

//成功,返回 0
return  MPErrors[0].iErrCode;
}


//功能:从堆栈中删除指定的矩阵
//psStack    -->堆栈指针
//ppmMatrix -->矩阵
//返回值     -->错误码,非 0 表示有错误
int  DeleteMatrix(STACKS  * psStack,MATRIX  * * ppmMatrix)
{
    MATRIX_NODE  * pmnCur=NULL;      //当前矩阵节点
    MATRIX_NODE  * pmnPrev=NULL;      //前一个矩阵节点

    //指向堆栈的头节点
    pmnCur=psStack->pmnMNHead;
    //如果堆栈为空,直接返回
    if(NULL==pmnCur)
    {
        //成功,返回 0
        return  MPErrors[0].iErrCode;
    }
    //查找指定的 MATRIX
    while(pmnCur->pm !=( * ppmMatrix)&& pmnCur->pmnNext !=NULL)
    {
        pmnPrev=pmnCur;
        pmnCur=pmnCur->pmnNext;
    }
    //找到了指定的矩阵地址
    if(pmnCur==(psStack->pmnMNHead))
    {
        //头节点
```

释放清零

243

```
            psStack->pmnMNHead＝pmnCur->pmnNext;
        }
        else
        {
            //普通节点
            pmnPrev->pmnNext＝pmnCur->pmnNext;
        }

        //释放矩阵
        FreeDDVector（&（pmnCur->pm->ppdData），pmnCur->pm->iRowL，pmnCur->pm->iRowH，
pmnCur->pm->iColL，pmnCur->pm->iColH）；

        //释放矩阵节点
        free(pmnCur->pm)；
        pmnCur->pm＝NULL；
        （*ppmMatrix)＝NULL；
        //释放链表矩阵节点
        free(pmnCur)；
        pmnCur＝NULL；

        //成功,返回 0
        return  MPErrors[0].iErrCode；
}


//功能:计算一个浮点型数据的整数位个数和小数位个数
//dNum-->浮点型数据
//iInteger-->整数位个数
//iDigital-->小数位个数
//返回值-->错误码,非 0 表示有错误
int  GetIntDig(double  dNum,int  *iInteger,int  *iDigital)
{
    int  a＝0;       //整数位数
    int  b＝0;       //小数位数
    int  iHigh;      //整型整数部分
    double  high;    //整数部分
    double  low;     //小数部分
    double  num;     //暂存小数部分
    double  fraction;//小数位阶

    low＝modf(dNum,&high);//将一个数分成整数部分与小数部分
```

```
//整数位数计数
iHigh=(int)high;
while(iHigh>0)
{
    a++;
    iHigh=iHigh/10;
}
//将整数位数传回
(*iInteger)=a;

//小数位数计数
num=low;
fraction=0.1;
while(low>EPSILON)
{
    b++;
    num=num*10;
    if(((int)num%10)!=0)
    {
        low=low-(int)num%10*fraction;
    }
    fraction=fraction/10;
}
//将小数位数传回
(*iDigital)=b;

//成功,返回0
return  MPErrors[0].iErrCode;
}


//功能:计算一个矩阵中某一列的最大值和最小值
//pmA    -->矩阵
//column-->矩阵的某一列
//pdMin  -->最小值
//pdMax  -->最大值
//返回值 -->错误码,非0表示有错误
int  GetMaxMin(MATRIX  *pmA,int column,double  *pdMin,double  *pdMax)
{
    int  i;
    double  dMax;
```

计算矩阵最大
值与最小值

```
    double  dMin;
    //矩阵指针为空,返回-1
    if(NULL==pmA)
    {
        return  MPErrors[1].iErrCode;
    }
    //检查数据列是不是在矩阵列范围内
    if(column> pmA->iCols || column <1)
    {
        return  MPErrors[6].iErrCode;
    }
    //将设定列 column 的第一个数赋给最大值与最小值
    dMax=pmA->ppdData[ARRAY_BASE][column];
    dMin=pmA->ppdData[ARRAY_BASE][column];
    for(i=ARRAY_BASE;i<=ARRAY_BASE+pmA->iRows-1;i++)
    {
        dMax=dMax> pmA->ppdData[i][1]? dMax:pmA->ppdData[i][1];
        dMin=dMin <pmA->ppdData[i][1]? dMin:pmA->ppdData[i][1];
    }
    ( * pdMax)=dMax;
    ( * pdMin)=dMin;

    //成功,返回 0
    return  MPErrors[0].iErrCode;
}


//功能:根据矩阵中的某两列进行线性插值
//pmA       -->源矩阵
//columnX  -->矩阵的自变量列
//columnY  -->矩阵的因变量列
//ppmA_L-->带线性插值系数和源矩阵自变量列与因变量列的新矩阵
//返回值 -->错误码,非 0 表示有错误
int  InterpolateLinear(MATRIX  * pmA,int columnX,int columnY,MATRIX  * * ppmA_L,
STACKS  * psStack)
{
    int  i,j;
    int  iRows;
    int  iCols;
    //矩阵指针为空,返回-1
    if(NULL==pmA)
```

线性插值

246

```
        {
            return  MPErrors[1].iErrCode;
        }


    iRows=pmA->iRows;
    iCols=pmA->iCols;
    //如果＊ppmA_L 为空,建立新的矩阵
    if(NULL==(＊ppmA_L))
    {
        //行数为源矩阵行数,列数为自变量＋因变量＋线性插值系数共四列的矩阵,存放输出数据
        CreateMatrix(ARRAY_BASE,iRows,ARRAY_BASE,LINEAR+LINEAR,ppmA_L,psStack,0);
    }
    else if((＊ppmA_L)->iRows==iRows &&(＊ppmA_L)->iCols==LINEAR+LINEAR)
    {
        //将矩阵清 0
        MatrixZeros(ppmA_L);
    }
    else
    {
        //先将矩阵从堆栈链表中卸载,然后再重新装入
        DeleteMatrix(psStack,ppmA_L);
        CreateMatrix(ARRAY_BASE,iRows,ARRAY_BASE,LINEAR+LINEAR,ppmA_L,psStack,0);
    }


    for(i=pmA->iRowL;i<=pmA->iRowH;i++)
    {
        for(j=pmA->iColL;j<=pmA->iRowH;j++)
        {
            (＊ppmA_L)->ppdData[i][1]=pmA->ppdData[i][columnX];
            (＊ppmA_L)->ppdData[i][2]=pmA->ppdData[i][columnY];
            if(i<pmA->iRowH)
            {
                //插值对应直线的斜率
                (＊ppmA_L)->ppdData[i][3]=(pmA->ppdData[i+1][columnY]-pmA->ppdData
[i][columnY])/(pmA->ppdData[i+1][columnX]-pmA->ppdData[i][columnX]);
                //插值对应直线的截距
                (＊ppmA_L)->ppdData[i][4]=(pmA->ppdData[i][columnY]＊pmA->ppdData
[i+1][columnX]-pmA->ppdData[i+1][columnY]＊pmA->ppdData[i][columnX])/(pmA->ppd-
Data[i+1][columnX]-pmA->ppdData[i][columnX]);
            }
```

```
        }
    }
    //成功,返回0
    return  MPErrors[0].iErrCode;
}


//功能:根据矩阵中的某两列进行线性插值
//pmA       -->源矩阵+线性化系数
//pmS       -->测试样矩阵
//ppmF      -->线性拟合后的矩阵
//返回值     -->错误码,非0表示有错误
```

线性拟合

```
intLinearFit(MATRIX  * pmA,MATRIX  * pmS,MATRIX  * * ppmF,STACKS  * psStack)
{
    inti,j;
    int  iPosition;
    double  dTemp;
    double  dMax;
    double  dMin;
    int  iRows=0;
    //矩阵指针为空,返回-1
    if(NULL==pmA || NULL==pmS)
    {
        return  MPErrors[1].iErrCode;
    }
    //计算压力列的最小值与最大值
    GetMaxMin(pmA,ARRAY_BASE+REL_PRESSURE,&dMin,&dMax);

    //如果 * ppmF 为空,建立新的矩阵
    if(NULL==( * ppmF))
    {
        //行数为源矩阵行数,列数为自变量+因变量+线性插值系数共四列的矩阵,存放输出数据
        CreateMatrix(ARRAY_BASE,ARRAY_BASE+pmS->iRows-1,ARRAY_BASE,2,ppmF,psStack,0);
    }
    else if(( * ppmF)->iRows==iRows &&( * ppmF)->iCols==2)
    {
        //将矩阵清0
        MatrixZeros(ppmF);
    }
    else
    {
```

```
        //先将矩阵从堆栈链表中卸载,然后再重新装入
        DeleteMatrix(psStack,ppmF);
        CreateMatrix(ARRAY_BASE,ARRAY_BASE+pmS->iRows-1,ARRAY_BASE,2,ppmF,psStack,0);
    }


    //将测试样矩阵的相对压力插入到标准样压力中,计算吸附层厚度
    for(i=pmS->iRowL+1;i<=pmS->iRowH;i++)
    {
        //将测试样的相对压力拷入新的插值矩阵中
        (*ppmF)->ppdData[i][ARRAY_BASE+REL_PRESSURE]=pmS->ppdData[i][ARRAY_BASE+
REL_PRESSURE];
        //取出测试样压力中的一个数
        dTemp=pmS->ppdData[i][ARRAY_BASE+REL_PRESSURE];
        if(dTemp> dMin && dTemp>=pmS->ppdData[i-1][ARRAY_BASE+REL_PRESSURE] &&
dTemp <dMax)
        {
            //初始值置为边界外的值
            iPosition=ARRAY_BASE-1;
            //检验每一个标准值
            for(j=pmA->iRowL;j<=pmA->iRowH;j++)
            {
                if(dTemp>=pmA->ppdData[j][ARRAY_BASE+REL_PRESSURE])
                {
                    //找到了位置
                    iPosition=j;
                }
                else
                {
                    //继续下一循环
                    break;
                }
                //说明找到了位置
                if(iPosition !=ARRAY_BASE-1)
                {
                    //计算测试样的吸附层厚度,乘以 2 是为了计算孔径
                    (*ppmF)->ppdData[i][2]=2*((*ppmF)->ppdData[i][ARRAY_BASE+
REL_PRESSURE] * pmA->ppdData[iPosition][3]+pmA->ppdData[iPosition][4]);
                }
            }//for(j=pmA->iRowL;j<=pmA->iRowH;j++)
        }
```

```
    }//for(i=pmS->iRowL+1;i<=pmS->iRowH;i++)

    //成功,返回 0
    return  MPErrors[0].iErrCode;
}
```

//功能:将测试样数据的吸附量体积与线性插值得到的厚度合并到一个矩阵中

//pmS   -->测试样 Sample 矩阵

//pmFS   -->线性插值后的测试样矩阵

//ppmTV   -->厚度,吸附体积

//psStack   -->堆栈

//返回值   -->错误码,非 0 表示有错误

合并吸附量
与厚度

```
int  UnionThickVolume(MATRIX  *pmS,MATRIX  *pmFS,MATRIX  **ppmTV,STACKS  *psStack)
{
    int  i;
    int  newFlag=0;
    int  oldFlag=0;
    int  start,counts=0;
    //矩阵指针为空,返回-1
    if(NULL==pmS || NULL==pmFS)
    {
        return  MPErrors[1].iErrCode;
    }

    start=pmFS->iRowL-1;
    for(i=pmFS->iRowL;i<=pmFS->iRowH;i++)
    {
        if(pmFS->ppdData[i][2] !=0.0)
        {
            newFlag=1;
            counts++;
            if(oldFlag==0 && newFlag==1)
            {
                start=i;
                oldFlag=newFlag;
            }
        }
        else
        {
            newFlag=0;
            if(oldFlag==1 && newFlag==0)
```

比表面积计算方法与C程序设计案例教程

```
            {
                oldFlag＝newFlag;
            }
        }
    }

    //如果＊ppmTV 为空,建立新的矩阵
    if(NULL＝＝(＊ppmTV))
    {
        //存放插值计算后的厚度＋吸附量数据
        CreateMatrix(ARRAY_BASE,ARRAY_BASE＋counts-1,ARRAY_BASE,2,ppmTV,psStack,0);
    }
    else if((＊ppmTV)->iRows＝＝counts &&(＊ppmTV)->iCols＝＝2)
    {
        //将矩阵清 0
        MatrixZeros(ppmTV);
    }
    else
    {
        //先将矩阵从堆栈链表中卸载,然后再重新装入
        DeleteMatrix(psStack,ppmTV);
        CreateMatrix(ARRAY_BASE,ARRAY_BASE＋counts-1,ARRAY_BASE,2,ppmTV,psStack,0);
    }

    //将测试样数据中的体积值与插值数据中的厚度值合并
    for(i＝start;i<＝start＋counts-1;i＋＋)
    {
        (＊ppmTV)->ppdData[i-start＋1][1]＝pmFS->ppdData[i][2];       //厚度
        (＊ppmTV)->ppdData[i-start＋1][2]＝pmS->ppdData[i][2];        //吸附体积
    }

    //成功,返回 0
    return  MPErrors[0].iErrCode;
}


//功能:计算源矩阵 Akima 插值多项式系数
//pmS       -->源矩阵,Source
//ppmA_S    -->源矩阵与系数矩阵
//返回值    -->错误码,非 0 表示有错误
int  AkimaInterpolate(MATRIX  ＊pmS,MATRIX  ＊＊ppmA_S,STACKS  ＊psStack)
```

Akima 插值

```
{
    int  i;
    //矩阵指针为空,返回-1
    if(NULL==pmS)
    {
        return  MPErrors[1].iErrCode;
    }

    //如果 * ppmA_S 为空,建立新的矩阵
    if(NULL==( * ppmA_S))
    {
        //存放插值计算后的厚度＋吸附量数据
        CreateMatrix(ARRAY_BASE,ARRAY_BASE＋pmS->iRows-1,ARRAY_BASE,6,ppmA_S,psStack,0);
    }
    else if(( * ppmA_S)->iRows==pmS->iRows &&( * ppmA_S)->iCols==6)
    {
        //将矩阵清 0
        MatrixZeros(ppmA_S);
    }
    else
    {
        //先将矩阵从堆栈链表中卸载,然后再重新装入
        DeleteMatrix(psStack,ppmA_S);
        CreateMatrix(ARRAY_BASE,ARRAY_BASE＋pmS->iRows-1,ARRAY_BASE,6,ppmA_S,psStack,0);
    }
    //将厚度与体积数据拷入要进行 Akima 插值的矩阵
    for(i=pmS->iRowL;i<=pmS->iRowH;i++)
    {
        ( * ppmA_S)->ppdData[i][1]=pmS->ppdData[i][1];
        ( * ppmA_S)->ppdData[i][2]=pmS->ppdData[i][2];
    }
    SplineAkima(ppmA_S);

    //成功,返回 0
    return  MPErrors[0].iErrCode;
}

//功能:计算源矩阵 Akima 插值多项式系数
//pmTV        -->厚度,吸附体积矩阵
//dStep       -->步长
```

计算 Akima 插
值多项式

```
//ppmS_TV  -->按步长细分的厚度与吸附体积矩阵
//psStack  -->矩阵链表堆栈
//返回值    -->错误码,非 0 表示有错误
int  ScaleTV(MATRIX  * pmTV,double dStep,MATRIX  ** ppmS_TV,  STACKS  * psStack)
{
    int  i;
    int  counts;
    double  dMin;
    double  dMax;
    double  dStart;
    //矩阵指针为空,返回-1
    if(NULL==pmTV)
    {
        return  MPErrors[1].iErrCode;
    }
    GetMaxMin(pmTV,1,&dMin,&dMax);
    counts=(int)(((dMax-2 * dStep)-(dMin+2 * dStep))/dStep)+1;

    //如果 * ppmA_S 为空,建立新的矩阵
    if(NULL==( * ppmS_TV))
    {
        //存放插值计算后的厚度+吸附量数据
        CreateMatrix(ARRAY_BASE,ARRAY_BASE+counts-1,ARRAY_BASE,2,ppmS_TV,psStack,0);
    }
    else if(( * ppmS_TV)->iRows==counts &&( * ppmS_TV)->iCols==2)
    {
        //将矩阵清 0
        MatrixZeros(ppmS_TV);
    }
    else
    {
        //先将矩阵从堆栈链表中卸载,然后再重新装入
        DeleteMatrix(psStack,ppmS_TV);
        CreateMatrix(ARRAY_BASE,ARRAY_BASE+counts-1,ARRAY_BASE,2,ppmS_TV,psStack,0);
    }
    dStart=dMin+dStep;
    for(i=( * ppmS_TV)->iRowL;i<=( * ppmS_TV)->iRowH;i++)
    {
        ( * ppmS_TV)->ppdData[i][1]=dStart+i * dStep;
    }
```

```
    //成功,返回 0
    return  MPErrors[0].iErrCode;
}


//功能:Akima 光滑插值
//ppmSrc  -->输入 m×6 矩阵,m 行×6 列,第一列为 x 值,第二列为 y 值
//第 3 列到第 6 列为拟合后的 4 个系数
//返回值    -->错误码,非 0 表示有错误
int   SplineAkima(MATRIX * * ppmSrc)
{
    int   i,k,n;
    double  * X;
    double  * Y;
    double  C0;              //拟合多项式常数项系数
    double  C1;              //拟合多项式未知数 1 次方前系数
    double  C2;              //拟合多项式未知数 2 次方前系数
    double  C3;              //拟合多项式未知数 3 次方前系数
    double  U[5];            //中间变量,共 5 个元素
    double  dGradiantK＝0.0;    //在 k 点处的导数
    double  dGradiantKP1＝0.0;  //在 k＋1 点处的导数

    //矩阵指针为空,返回-1
    if(NULL＝＝( * ppmSrc))
    {
        return  MPErrors[1].iErrCode;
    }


    //得到列表的最大行数
    n＝( * ppmSrc)->iRows;
    //没有数据
    if(n <1)
    {
        return  MPErrors[7].iErrCode;
    }

    //将矩阵中的第 1 列放入 X 中,第 2 列放入 Y 中
    DVector(&X,1,n);
    DVector(&Y,1,n);
    for(i＝1;i<=n;i＋＋)
    {
```

Akima 光
滑插值

```
        X[i]=(*ppmSrc)->ppdData[i][1];
        Y[i]=(*ppmSrc)->ppdData[i][2];
    }

    //只有一个数据点
    if(1==n)
    {
        (*ppmSrc)->ppdData[1][3]=Y[1];
        (*ppmSrc)->ppdData[1][4]=0.0;
        (*ppmSrc)->ppdData[1][5]=0.0;
        (*ppmSrc)->ppdData[1][6]=0.0;
        return  MPErrors[0].iErrCode;
    }
    //有两个数据点
    if(2==n)
    {
        (*ppmSrc)->ppdData[1][3]=Y[1];
        (*ppmSrc)->ppdData[1][4]=(Y[2]-Y[1])/(X[2]-X[1]);
        (*ppmSrc)->ppdData[1][5]=0.0;
        (*ppmSrc)->ppdData[1][6]=0.0;
        return  MPErrors[0].iErrCode;
    }

    //n>=3时,从第 k=1 段到第 n-1 段
    for(k=1;k <n;k++)
    {
        //中间变量初始化
        C0=0.0;
        C1=0.0;
        C2=0.0;
        C3=0.0;
        for(i=0;i<sizeof(U)/sizeof(U[0]);i++)
        {
            U[i]=0.0;
        }
        //大于等于 3 时系数的计算
        U[2]=(Y[k+1]-Y[k])/(X[k+1]-X[k]);
        //只有 3 个数据点
        if(3==n)
        {
```

```
//第 1 个区间
if(1==k)
{
    U[3]=(Y[3]-Y[2])/(X[3]-X[2]);
    U[4]=2.0*U[3]-U[2];
    U[1]=2.0*U[2]-U[3];
    U[0]=2.0*U[1]-U[2];
}
//第 2-->n-1 个区间
else
{
    U[1]=(Y[2]-Y[1])/(X[2]-X[1]);
    U[0]=2.0*U[1]-U[2];
    U[3]=2.0*U[2]-U[1];
    U[4]=2.0*U[3]-U[2];
}//if(1==k)
}
//大于 3 个数据点
else
{
    //当 k=1 和 k=2 时
    if(k<=2)
    {
        U[3]=(Y[k+2]-Y[k+1])/(X[k+2]-X[k+1]);
        //第 k=2 段
        if(2==k)
        {
            U[1]=(Y[2]-Y[1])/(X[2]-X[1]);
            U[0]=2.0*U[1]-U[2];
            //有 4 个数据点
            if(4==n)
            {
                U[4]=2.0*U[3]-U[2];
            }
            //大于 4 个数据点
            else
            {
                U[4]=(Y[5]-Y[4])/(X[5]-X[4]);
            }//if(4==n)
        }
```

```
        //第 k=1 段
        else
        {
            U[1]=2.0*U[2]-U[3];
            U[0]=2.0*U[1]-U[2];
            U[4]=(Y[4]-Y[3])/(X[4]-X[3]);
        }//if(2==k)
    }
    //当 k=n-2,n-1 时
    else if(k>=n-2)
    {
        U[1]=(Y[k]-Y[k-1])/(X[k]-X[k-1]);
        //第 n-2 段
        if(k==n-2)
        {
            U[3]=(Y[n]-Y[n-1])/(X[n]-X[n-1]);
            U[4]=2.0*U[3]-U[2];
            //有 4 个数据点
            if(4==n)
            {
                U[0]=2.0*U[1]-U[2];
            }
            //大于 4 个数据点
            else
            {
                U[0]=(Y[k-1]-Y[k-2])/(X[k-1]-X[k-2]);
            }
        }
        //第 n-1 段
        else
        {
            U[3]=2.0*U[2]-U[1];
            U[4]=2.0*U[3]-U[2];
            U[0]=(Y[k-1]-Y[k-2])/(X[k-1]-X[k-2]);
        }
    }
    //当 k=3,...,n-3 时
    else
    {
        U[1]=(Y[k]-Y[k-1])/(X[k]-X[k-1]);
```

```
        U[0]=(Y[k-1]-Y[k-2])/(X[k-1]-X[k-2]);
        U[3]=(Y[k+2]-Y[k+1])/(X[k+2]-X[k+1]);
        U[4]=(Y[k+3]-Y[k+2])/(X[k+3]-X[k+2]);
    }//if(k<=2)
}//if(3==n)
C0=fabs(U[3]-U[2]);
C1=fabs(U[0]-U[1]);
//判断 C0 和 C1 是不是 0.0
if((C0+1.0==1.0)&&(C1+1.0==1.0))
{
    dGradiantK=(U[1]+U[2])/2.0;
}
else
{
    dGradiantK=(C0*U[1]+C1*U[2])/(C0+C1);
}
C0=fabs(U[3]-U[4]);
C1=fabs(U[2]-U[1]);
//判断 C0 和 C1 是不是 0.0
if((C0+1.0==1.0)&&(C1+1.0==1.0))
{
    dGradiantKP1=(U[2]+U[3])/2.0;
}
else
{
    dGradiantKP1=(C0*U[2]+C1*U[3])/(C0+C1);
}
C0=Y[k];
C1=dGradiantK;
C3=X[k+1]-X[k];
C2=(3.0*U[2]-2.0*dGradiantK-dGradiantKP1)/C3;
C3=(dGradiantKP1+dGradiantK-2.0*U[2])/(C3*C3);
(*ppmSrc)->ppdData[k][3]=C0;
(*ppmSrc)->ppdData[k][4]=C1;
(*ppmSrc)->ppdData[k][5]=C2;
(*ppmSrc)->ppdData[k][6]=C3;
}//for(k=1;k<n;k++)

//用完后释放内存
FreeDVector(&X,1,n);
```

258

```
    FreeDVector(&Y,1,n);
    //成功,返回 0
    return  MPErrors[0].iErrCode;
}


//功能:给定数据,根据 Akima 进行插值,ppmDst 的数据范围不需要界定
//pmSrc  -->输入 m×6 矩阵,m 行×6 列,第 1 列为样点 x 值,第 2 列为样点 y 值,第 3-->
6 列为二阶导数值
//ppmDst -->第一列为未知的 x 值,第二列为待求的 f(x)值
//返回值 -->错误码,非 0 表示有错误
int   SplineAkimaInterpolatoin(MATRIX  * pmSrc,MATRIX  ** ppmDst)
{
    int   i,n,m;
    int   high,low,middle;        //界限值
    int   position;                //待插入数的位置
    double   dTempX=0.0;         //X 临时变量
    double  ** X;
    double  ** Y;
    double   dX=0.0;
    //矩阵指针为空,返回-1
    if(NULL==pmSrc || NULL==( * ppmDst))
    {
        return  MPErrors[1].iErrCode;
    }


    //替换为简单变量,提高程序可读性
    X=pmSrc->ppdData;
    Y=( * ppmDst)->ppdData;

    //得到列表的最大行数
    n=pmSrc->iRows;             //原始列表的行数
    m=( * ppmDst)->iRows;       //待插入数据列的行数

    //对每个原始数据进行处理
    for(i=1;i<=m;i++)
    {
        //依次取出要比较的值
        dTempX=Y[i][1];

        //检测数据是升还是降
```

```
//ascend=(X[n][1]>=X[1][1]);
if(dTempX <=X[2][1])
{
    position=1;
}
else if(dTempX>=X[n][1])
{
    position=n-1;
}
else
{
    //给定上、下边界初值
    low=2;
    high=n;
    //在已排好序的数据中查找指定的值
    while(((high-low)!=1)&&((high-low)!=-1))
    {
        middle=(high+low)>> 1;//取中间位置
        if(dTempX <X[middle][1])
        {
            high=middle;        //更新上边界
        }
        else
        {
            low=middle;        //更新下边界
        }
    }//while(((high-low)!=1)&&((high-low)!=-1))
    position=high-1;
}//if(dTempX <=X[2][1])
dX=dTempX-X[position][1];        //dX 表示 X 数据为 double 型
//将 X 值代入公式计算 Y 值
Y[i][2]=X[position][3]+X[position][4] * dX+X[position][5] * dX * dX+X[posi-
tion][6] * dX * dX * dX;
}//for(i=1;i<=m;i++)

//成功,返回 0
return  MPErrors[0].iErrCode;
}


//功能:根据厚度与吸附体积矩阵计算 dt、比表面积 S、dS、dV
```

```
//pmTV          -->厚度、吸附体积矩阵
//pmSdSdV       -->厚度、吸附体积、dt、比表面积 S、dS、dV 矩阵
//psStack       -->矩阵链表堆栈
//返回值         -->错误码,非 0 表示有错误
int  CalculateSdSdV(MATRIX  * pmTV,MATRIX  ** ppmSdSdV,STACKS  * psStack)
{
    int  i;
    double  dVol;
    double  dt_old=0.0;
    double  dt;
    //矩阵指针为空,返回-1
    if(NULL==pmTV)
    {
        return  MPErrors[1].iErrCode;
    }
    //如果 * ppmSdSdV 为空,建立新的矩阵
    if(NULL==( * ppmSdSdV))
    {
        //厚度、体积、dt、S、dS、dV
        CreateMatrix(ARRAY_BASE,ARRAY_BASE+pmTV->iRows-1,ARRAY_BASE,6,ppmSdSdV,psStack,0);
    }
    else if(( * ppmSdSdV)->iRows==pmTV->iRows &&( * ppmSdSdV)->iCols==6)
    {
        //将矩阵清 0
        MatrixZeros(ppmSdSdV);
    }
    else
    {
        //先将矩阵从堆栈链表中卸载,然后再重新装入
        DeleteMatrix(psStack,ppmSdSdV);
        CreateMatrix(ARRAY_BASE,ARRAY_BASE+pmTV->iRows-1,ARRAY_BASE,6,ppmSdSdV,psStack,0);
    }
    //将厚度与吸附量数据拷到新的矩阵中
    for(i=pmTV->iRowL;i<=pmTV->iRowH;i++)
    {
        ( * ppmSdSdV)->ppdData[i][1]=pmTV->ppdData[i][1];
        ( * ppmSdSdV)->ppdData[i][2]=pmTV->ppdData[i][2];
    }
    //计算 dt、Slope、deltaV
    for(i=( * ppmSdSdV)->iRowL+1;i<=( * ppmSdSdV)->iRowH;i++)
```

```
{
    //dt 计算,对应表 7-5 中第四列
    ( * ppmSdSdV)->ppdData[i-1][3]=( * ppmSdSdV)->ppdData[i-1][1]+STEP/2.0;
    //dS 计算,对应表 7-5 中第五列
    ( * ppmSdSdV)->ppdData[i-1][4]=(( * ppmSdSdV)->ppdData[i][2]-( * ppmSdSdV)->
ppdData[i-1][2])/(( * ppmSdSdV)->ppdData[i][1]-( * ppmSdSdV)->ppdData[i-1][1]) * alpha_
s_coeff * alpha_s_to_t_coeff * thick_times;

    //deltaV 计算,对应表 7-5 中第六列
    if(( * ppmSdSdV)->ppdData[i][1]>=gas_limit * ltimes)
    {
        dt = (( * ppmSdSdV)-> ppdData [i] [2]-( * ppmSdSdV)-> ppdData [i-1] [2])/
(( * ppmSdSdV)->ppdData[i][1]-( * ppmSdSdV)->ppdData[i-1][1]);
        dVol=(dt_old-dt) * (( * ppmSdSdV)->ppdData[i-1][1]+( * ppmSdSdV)->ppdData
[i][1])/2.0 * alpha_s_coeff * alpha_s_to_t_coeff;
        //如果体积差小于零,则当零处理
        if(dVol <=0.0)
            dVol=0.0;
        ( * ppmSdSdV)->ppdData[i-1][5]=dVol * vtimes;
        dt_old=dt;
    }
}

//计算 deltaS
for(i=( * ppmSdSdV)->iRowL+1;i<( * ppmSdSdV)->iRowH;i++)
{
    //deltaS 计算,对应表 7-5 中第七列
    if(( * ppmSdSdV)->ppdData[i][1]>=gas_limit * ltimes)
    {
        ( * ppmSdSdV)->ppdData[i-1][6]=(( * ppmSdSdV)->ppdData[i-1][4]-( * ppmSdS-
dV)->ppdData[i][4]) * stimes;
    }
}

//成功,返回 0
return  MPErrors[0].iErrCode;
}
```

MP 法程序运行结果部分数据示意图如图 7-4 所示。

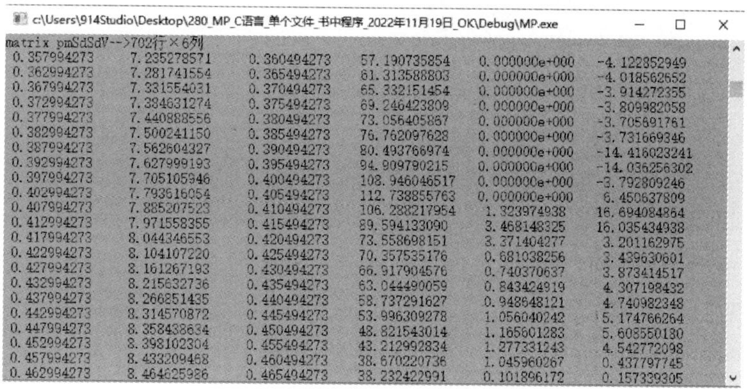

```
c:\Users\914Studio\Desktop\280_MP_C语言_单个文件_书中程序_2022年11月19日_OK\Debug\MP.exe
matrix pmSdSdV-->702行×6列
 0.357994273    7.235278571    0.360494273    57.190735854    0.000000e+000    -4.122852949
 0.362994273    7.281741554    0.365494273    61.313588803    0.000000e+000    -4.018562652
 0.367994273    7.331554031    0.370494273    65.332151454    0.000000e+000    -3.914272355
 0.372994273    7.384631274    0.375494273    69.246423809    0.000000e+000    -3.809982058
 0.377994273    7.440888556    0.380494273    73.056405867    0.000000e+000    -3.705691761
 0.382994273    7.500241150    0.385494273    76.762097628    0.000000e+000    -3.731669346
 0.387994273    7.562604327    0.390494273    80.493766974    0.000000e+000    -14.416023241
 0.392994273    7.627999193    0.395494273    94.909790215    0.000000e+000    -14.036256302
 0.397994273    7.705105946    0.400494273    108.946046517   0.000000e+000    -3.792809246
 0.402994273    7.793616054    0.405494273    112.738855763   0.000000e+000    6.450637809
 0.407994273    7.885207523    0.410494273    106.288217954   1.323974938      16.694084864
 0.412994273    7.971558355    0.415494273    89.594133090    3.468148325      16.035434938
 0.417994273    8.044346553    0.420494273    73.558698151    3.371404277      3.201162975
 0.422994273    8.104107220    0.425494273    70.357535176    0.681038256      3.439630601
 0.427994273    8.161267193    0.430494273    66.917904576    0.740370637      3.873414517
 0.432994273    8.215632736    0.435494273    63.044490059    0.843424919      4.307198432
 0.437994273    8.266851435    0.440494273    58.737291627    0.948648121      4.740982348
 0.442994273    8.314570872    0.445494273    53.996309278    1.056040242      5.174766264
 0.447994273    8.358438634    0.450494273    48.821543014    1.165601283      5.608550180
 0.452994273    8.398102304    0.455494273    43.212992834    1.277331243      4.542772098
 0.457994273    8.433209468    0.460494273    38.670220736    1.045960267      0.437797745
 0.462994273    8.464625926    0.465494273    38.232422991    0.101896172      0.157339305
```

图 7-4　MP 法程序运行结果部分数据示意图

第 8 章
α-s 法及计算案例

t 图法根据标准等温线计算吸附层厚度 t，但是，当标准样的吸附层厚度 t 小于 0.708nm 时，数值的可靠性就会丧失，即无法计算单分子层的厚度，也不可能使用 t 图法。1984 年，D. Atkinson，A. I. Mcleod 和 K. S. W. Sing 提出了 α-s 法，有效解决了 t 图法的缺陷。

α-s 法

为了解决 t 图法分析中存在的问题，出现了 α-s 法。α-s 法推导过程所用变量如表 8-1 所示。α-s 法采用相对压力 P_r 为 0.4 时对应的吸附量 $n_{0.4}$ 进行归一化分析，如式（8-1）所示，n_a 表示在任意平衡压力下的吸附量。α-s 法不同于 t 图法采用标准样单层最大吸附量 V_m 进行标准化分析，但与 t 图法相似之处在于 α-s 法也是通过比较标准样品和测试样品的等温线计算样品的比表面积。

⊡ 表 8-1 α-s 法各方程推导过程各物理量列表

物理量符号	意义	量纲	备注
α_s	α_s 值	无量纲	α_s value
n_a	任意平衡压力下的吸附量	mol·g^{-1}	Adsorption amount at arbitrary equilibrium pressure
$n_{0.4}$	相对压力 P_r 为 0.4 时对应的吸附量	mol·g^{-1}	Adsorption amount at relative pressure 0.4
t	厚度	Å	Thickness
θ	表面覆盖度	无	Surface coverage
V_a	某一相对压力下吸附的吸附质体积	mL·g^{-1}	The volume of adsorbate adsorbed at certain relative pressure
V_m	单分子层最大吸附体积	mL·g^{-1}	Maximum adsorption volume of monolayer
$A_{s,test}$	测试样的比表面积	m^2·g^{-1}	Sample specific surface area
$A_{s,standard}$	标准样的比表面积	m^2·g^{-1}	Standard sample specific surface area
$s_{a,test}$	测试样对应的斜率	mL·g^{-1}	The slope of α_s-plot of analysis sample
$s_{a,standard}$	标准样对应的斜率	mL·g^{-1}	The slope of α_s-plot of standard sample

$$\alpha_s = \frac{n_a}{n_{0.4}} \qquad \text{式(8-1)}$$

$$t = 0.354 \times \theta = 0.354 \times \frac{V_a}{V_m}(\text{nm}) \qquad \text{式(8-2)}$$

采用相对压力 0.4 进行归一化的主要原因包括两点：第一是吸附剂和吸附质之间的相互作用主要发生在相对压力 0.4 以下的区间；第二是理论上证明了吸附等温线的吸附曲线

与脱附曲线在相对压力 0.42 时重叠，即迟滞曲线在此压力点发生闭合。

α-s 法分析过程采用式(8-1)计算标准样的 α_s 值，然后绘制 α-s 曲线（α_s 值与相对压力的曲线），利用标准样的 α-s 曲线将测试样吸附等温线的相对压力根据线性插值转换为 α_s 值，并以测试样的吸附量 V_a 和转换后的 α_s 值绘制测试样 α-s 曲线，如图 8-1 所示。

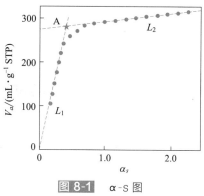

图 8-1　α-S 图

α-s 法与 t 图法分析过程相似，也包括三种不同类型的 α-s 图，比表面积由 α-s 图中直线的线性斜率计算得到。首先根据标准样的 α-s 图计算标准样对应的斜率 $s_{a,standard}$，再根据测试样的 α-s 图计算第一条直线的斜率 $s_{a,test}$，如图 8-1 曲线 L_1 所示，测试样与标准样吸附量的比值等于测试样与标准样比表面积比值，也等于各自对应直线的斜率之比，如式(8-3)与式(8-4)所示。

$$\frac{s_{a,test}}{s_{a,standard}} = \frac{n_{0.4,test}}{n_{0.4,standard}} = \frac{A_{s,test}}{A_{s,standard}} \qquad 式(8-3)$$

$$A_{s,test} = \frac{s_{a,test}}{s_{a,standard}} \times A_{s,standard} = s_{a,test} \times \frac{A_{s,standard}}{s_{a,standard}} \qquad 式(8-4)$$

令

$$k = \frac{A_{s,standard}}{s_{a,standard}} \qquad 式(8-5)$$

对于 $s_{a,standard}$，该值可以用标准样在相对压力为 0.4 处的吸附量 V_a 代替，代入式(8-5)后变为式(8-6)。

$$k = \frac{A_{s,standard}}{(V_{a,standard})_{0.4}} \qquad 式(8-6)$$

则测试样的比表面积可以由式(8-7)计算得到。

$$A_{s,test} = s_{a,test} \times k \qquad 式(8-7)$$

$A_{s,standard}$ 为标准样的比表面积，可以根据 BET 或 Langmuir 方法来计算。如果 α-s 图中的直线不经过原点，如图 8-1 中的 L_2 直线，此时 L_2 直线的截距 I 即为孔体积，将孔体积转化为对应的液态体积，需要乘以比例系数，以氮气为例，将氮气的摩尔质量 M、气态吸附质的摩尔体积 V_{mol} 和液氮密度 ρ_l 代入式(8-8)，可以计算得到比例系数为 0.001550642。

$$V_{micro} = \frac{I}{1000V_{mol}} \times \frac{M}{\rho_l} = \frac{I}{1000} \times \frac{28.01348}{22.414 \times 0.808} = 0.001550642 \times I \qquad 式(8-8)$$

在 t 图法分析中，由于 t 值在 0.354nm 以下没有物理意义，因此，不能评价 0.354nm 以下的孔径和比表面积。然而，在 α-s 法中，由于 α_s 值为无量纲量，没有维数，所以，可以比较较低相对压力下的吸附数据。在 α-s 图中，即使 α_s 值很小，也可以得到第一条线性曲线。此外，在 t 图法分析中，第一条线性曲线必须通过原点，但在 α-s 法分析中，可以选择不固定原点的范围，以便于绘制线性曲线。

建议选择与被分析样品表面相似的非多孔材料作为标准等温线（标准样），例如，选择氮气吸附在 SiO_2、Al_2O_3 和碳（石墨化碳和非石墨化碳）的非多孔材料上的吸附等温线。由于 $\alpha\text{-}s$ 法不需要单分子层吸附量或吸附截面积，因此，可以使用除氮以外的吸附质（例如甲烷、氧等）。

8.1 α-s 法计算案例

采用 $\alpha\text{-}s$ 法计算比表面积与 t 图法类似，需要标准样与测试样数据。t 图法以厚度公式或标准样的 BET 比表面积计算不同压力下的吸附层厚度 t，$\alpha\text{-}s$ 法不需要计算吸附层厚度，以标准样在设定相对压力下的吸附体积为准对标准样吸附量数据进行归一化，再将测试样的吸附量数据通过测试样的相对压力插值到标准样的压力中，计算得到测试样对应的 α_s 值，以测试样吸附量为 Y 轴，以插值计算得到的 α_s 值为 X 轴，回归分析得到斜率 S 与截距 I，液态吸附量截距 I 即为对应的微孔体积，比表面积根据斜率 S 计算。

表 8-2 为氧化铝（标准样）吸附氮气数据列表，第 2 列为相对压力，第 3 列为吸附氮气的体积，以相对压力 0.4 对应的吸附氮气体积为基准，各个压力对应的氮气体积除以该基准即为表 8-2 中第 4 列的 α_s 值。

▫ 表 8-2 氧化铝（标准样）吸附氮气数据列表

序号	相对压力 P_r	吸附氮气体积 V_a/(mL·g^{-1} STP)	α_s
1	0.001	0.26	0.26
2	0.005	0.35	0.35
3	0.01	0.4	0.4
4	0.02	0.5	0.5
5	0.03	0.55	0.55
6	0.04	0.58	0.58
7	0.05	0.6	0.6
8	0.06	0.61	0.61
9	0.07	0.63	0.63
10	0.08	0.65	0.65
11	0.09	0.66	0.66
12	0.1	0.68	0.68
13	0.12	0.7	0.7
14	0.14	0.73	0.73
15	0.16	0.75	0.75
16	0.18	0.77	0.77
17	0.2	0.8	0.8
18	0.22	0.82	0.82

序号	相对压力 P_r	吸附氮气体积 $V_a/(\mathrm{mL \cdot g^{-1}\ STP})$	α_s
19	0.24	0.84	0.84
20	0.26	0.86	0.86
21	0.28	0.88	0.88
22	0.3	0.9	0.9
23	0.32	0.92	0.92
24	0.34	0.94	0.94
25	0.36	0.96	0.96
26	0.38	0.98	0.98
27	0.4	1	1
28	0.42	1.01	1.01
29	0.44	1.04	1.04
30	0.46	1.06	1.06
31	0.5	1.1	1.1
32	0.55	1.14	1.14
33	0.6	1.22	1.22
34	0.65	1.29	1.29
35	0.7	1.38	1.38
36	0.75	1.47	1.47
37	0.8	1.62	1.62
38	0.85	1.81	1.81
39	0.9	2.4	2.4

表 8-3 为测试样吸附氮气数据列表。第 2 列为相对压力，第 3 列为吸附氮气体积，第 4 列是第 3 列乘以气体转化为液体的体积缩小系数 0.001550642 得到的液态氮体积，第 5 列为根据表 8-2 通过相对压力插值计算得到的 α_s 值。

▣ 表 8-3 测试样吸附氮气数据列表

序号	相对压力 P_r	吸附氮气体积 $V_a/(\mathrm{mL \cdot g^{-1}\ STP})$	液态氮体积 $V_L/(\mathrm{mL \cdot g^{-1}\ STP})$	α_s
1	0.026796	227.05177	0.352076	0.53398
2	0.05181	230.70173	0.357736	0.60181
3	0.075234	232.67033	0.360788	0.640468
4	0.100781	234.18053	0.36313	0.680781
5	0.126245	235.38776	0.365002	0.709367
6	0.151532	236.33752	0.366475	0.741532
7	0.176464	237.18995	0.367797	0.766464
8	0.201711	237.88697	0.368878	0.801711
9	0.226701	238.53692	0.369885	0.826701

序号	相对压力 P_r	吸附氮气体积 V_a/(mL·g^{-1} STP)	液态氮体积 V_L/(mL·g^{-1} STP)	α_s
10	0.251801	239.18995	0.370898	0.851801
11	0.276705	239.81636	0.371869	0.876705
12	0.301878	240.36264	0.372716	0.901878
13	0.326656	240.87284	0.373508	0.926656
14	0.35205	241.37049	0.374279	0.95205
15	0.376473	242.01884	0.375285	0.976473
16	0.401909	242.53375	0.376083	1.000955
17	0.426382	242.99843	0.376804	1.019573
18	0.45125	243.46623	0.377529	1.05125
19	0.476664	243.9309	0.378249	1.076664
20	0.501797	244.58242	0.37926	1.101438
21	0.525722	245.06279	0.380005	1.120578
22	0.551078	245.56358	0.380781	1.141725
23	0.576539	246.08948	0.381597	1.182462
24	0.600987	246.81162	0.382716	1.221382
25	0.625683	247.44584	0.3837	1.255956
26	0.651335	248.07221	0.384671	1.292403
27	0.675767	248.74725	0.385718	1.336381
28	0.700606	249.61852	0.387069	1.381091
29	0.725126	250.78493	0.388878	1.425227
30	0.750209	251.93564	0.390662	1.470627
31	0.775191	253.14757	0.392541	1.545573
32	0.800518	254.45526	0.394569	1.621968
33	0.826378	256.49294	0.397729	1.720236
34	0.851638	258.64364	0.401064	1.816224
35	0.876772	261.18997	0.405012	1.911734
36	0.90048	264.74413	0.410523	2.001824
37	0.926611	270.69702	0.419754	2.101122
38	0.951116	278.74254	0.43223	2.194241
39	0.975502	293.81005	0.455594	2.286908
40	0.994071	335.28258	0.519903	2.35747

（1）计算标准样的 α_s 值　选取标准样相对压力 0.4 对应的吸附氮气体积 1(mL·g^{-1}) 为基准 $V_{0.4}$，其余各相对压力对应的吸附氮气体积 V_a 除以 1(mL·g^{-1}) 得到对应的 α_s 值。例如，选取表 8-2 中的第 36 个点，其相对压力为 0.75，氮气吸附体积为 1.47(mL·g^{-1})，

则对应的 α_s 值为 $1.47/1 = 1.47$，如式（8-9）所示。

$$\alpha_s = \frac{V_a}{V_{0.4}} \qquad \text{式（8-9）}$$

（2）计算测试样液态氮体积 V_L　氮气体积转化为对应的液态体积，其换算系数为 0.001550642，例如，表 8-3 中第 40 个点对应的吸附氮气体积为 $335.28258（mL \cdot g^{-1}）$，乘以换算系数后为液态氮体积，即 $0.519903（mL \cdot g^{-1}）$，如式（8-10）所示。

$$V_L = 0.001550642 \times V_a = 0.001550642 \times 335.28258 = 0.519903（mL \cdot g^{-1}）$$

$$\text{式（8-10）}$$

（3）计算测试样的 α_s 值　对于标准样而言，α_s 值是标准样各相对压力对应氮气体积与相对压力为 0.4 时对应氮气体积的比值，相当于对各氮气体积的归一化；而测试样的 α_s 值是以相对压力为对应关系的插值。例如，表 8-3 中第 31 个点，相对压力为 0.775191，介于标准样的第 36 和第 37 个点之间，通过插值计算对应的 α_s 值为 1.545573。

$$\alpha_s = 1.47 + (0.775191 - 0.75) \times \frac{1.62 - 1.47}{0.8 - 0.75} = 1.545573$$

（4）计算标准样的比表面积　对于式（8-7），需要计算标准样的比表面积，通过 B 点 BET 方法计算得到的比表面积值 $A_{s,standard}$ 为 $2.87956 \text{m}^2 \cdot \text{g}^{-1}$，具体计算过程见第 3 章。

（5）计算吸附氮气体积、α_s 值曲线的斜率、截距与相关系数　将表 8-3 中第 3 列吸附氮气体积 V_a 作为 Y 变量，第 5 列 α_s 值作为 X 变量进行回归分析，得到对应的斜率 S、截距 I 和相关系数 R。线性回归计算各公式中的参数定义如表 8-4 所示。表 8-5 给出了回归过程中间的计算结果。

▢ 表 8-4　线性回归分析单一自变量与单一因变量函数关系参数列表

参数符号	物理意义	备注
x_i	自变量 X 第 i 次测量值	The i-th measurement of X
y_i	因变量 Y 第 i 次测量值	The i-th measurement of Y
n	测量次数	Number of measurements
x_{ave}	自变量 X 的平均值	The average of X
y_{ave}	因变量 Y 的平均值	The average of Y
σ_x	自变量 X 的标准差（或均方差）	The standard deviation of X
σ_y	因变量 Y 的标准差（或均方差）	The standard deviation of Y
$Cov(x,y)$	自变量 X 与因变量 Y 的协方差	The covariance of X and Y
R	回归直线的线性相关系数	The linear correlation coefficient of a regression line
S	回归直线的斜率	The slope of a regression line
I	回归直线的截距	The intercept of a regression line

▢ 表 8-5　测试样吸附氮气数据一元线性回归计算数据列表

序号	X	Y	X^2	Y^2	$X \times Y$
1	0.53398	227.051774	0.28513464	51552.50808	121.24111

序号	X	Y	X²	Y²	X×Y
2	0.60181	230.701727	0.362175276	53223.28684	138.83861
3	0.640468	232.67033	0.410199259	54135.48246	149.0179
4	0.680781	234.180534	0.46346277	54840.5225	159.42566
5	0.709367	235.387755	0.503201541	55407.3952	166.97631
6	0.741532	236.33752	0.549869707	55855.42336	175.25183
7	0.766464	237.189953	0.587467063	56259.0738	181.79756
8	0.801711	237.88697	0.642740528	56590.2105	190.7166
9	0.826701	238.536923	0.683434543	56899.86363	197.19871
10	0.851801	239.189953	0.725564944	57211.83362	203.74224
11	0.876705	239.816358	0.768611657	57511.88556	210.2482
12	0.901878	240.362637	0.813383927	57774.19727	216.77777
13	0.926656	240.872841	0.858691342	58019.72553	223.20626
14	0.95205	241.370487	0.906399203	58259.71199	229.79677
15	0.976473	242.018838	0.95349952	58573.11795	236.32486
16	1.000955	242.533752	1.001910912	58822.62086	242.76537
17	1.019573	242.99843	1.039529102	59048.23698	247.75464
18	1.05125	243.466232	1.105126563	59275.80612	255.94388
19	1.076664	243.930895	1.159205369	59502.28154	262.63161
20	1.101438	244.582418	1.213165668	59820.55919	269.39237
21	1.120578	245.062794	1.255695054	60055.773	274.61198
22	1.141725	245.563579	1.303535976	60301.47133	280.36608
23	1.182462	246.089482	1.398216381	60560.03315	290.99146
24	1.221382	246.811617	1.49177399	60915.97429	301.45127
25	1.255956	247.44584	1.577425474	61229.44373	310.78109
26	1.292403	248.072214	1.670305514	61539.82336	320.60927
27	1.336381	248.747253	1.785914177	61875.19588	332.4211
28	1.381091	249.618524	1.90741235	62309.40752	344.7459
29	1.425227	250.784929	2.031272002	62893.08061	357.42545
30	1.470627	251.935636	2.162743773	63471.56469	370.50335
31	1.545573	253.147567	2.388795898	64083.69068	391.25804
32	1.621968	254.455259	2.630780193	64747.47883	412.71829
33	1.720236	256.492936	2.959211896	65788.62622	441.22838
34	1.816224	258.643642	3.298669618	66896.53355	469.75479
35	1.911734	261.189969	3.654726887	68220.19991	499.32574
36	2.001824	264.744129	4.007299327	70089.45384	529.97115

序号	X	Y	X^2	Y^2	$X \times Y$
37	2.101122	270.697017	4.414713659	73276.87501	568.76746
38	2.194241	278.742543	4.814693566	77697.40528	611.62832
39	2.286908	293.810047	5.2299482	86324.34372	671.91655
40	2.35747	335.282575	5.557664801	112414.4051	790.41861
平均值	1.2355847	249.460597			
和			70.57357227	2503274.523	12649.943

$$\sigma_x = \sqrt{\frac{\sum_{i=1}^{n} x_i^2}{n} - x_{ave}^2} = \sqrt{\frac{70.57357227}{40} - 1.2355847^2} = 0.487513789$$

$$\sigma_y = \sqrt{\frac{\sum_{i=1}^{n} y_i^2}{n} - y_{ave}^2} = \sqrt{\frac{2503274.523}{40} - 249.460597^2} = 18.74229506$$

$$Cov(x,y) = \frac{\sum_{i=1}^{n} x_i y_i}{n} - x_{ave} y_{ave} = \frac{12649.943}{40} - 1.2355847 \times 249.460597 = 8.018860386$$

$$R = \frac{Cov(x,y)}{\sigma_x \sigma_y} = \frac{\sum_{i=1}^{n} x_i y_i - n x_{ave} y_{ave}}{\sqrt{\sum_{i=1}^{n} x_i^2 - n x_{ave}^2} \sqrt{\sum_{i=1}^{n} y_i^2 - n y_{ave}^2}} = \frac{8.018860386}{0.487513789 \times 18.74229506}$$

$$= 0.877612859$$

$$S = \frac{\sum_{i=1}^{n} x_i y_i - n x_{ave} y_{ave}}{\sum_{i=1}^{n} x_i^2 - n x_{ave}^2} = \frac{12649.943 - 40 \times 1.2355847 \times 249.460597}{70.57357227 - 40 \times 1.2355847^2} = 33.73951574$$

$$I = y_{ave} - x_{ave} S = 249.460597 - 1.2355847 \times 33.73951574 = 207.7725667$$

（5）计算测试样的比表面积 $A_{s,test}$ 和微孔体积 V_{micro}

$$A_{s,test} = S \times k = S \times \frac{a_{s,standard}}{(V_{a,standard})_{0.4}} = 33.73951574 (\text{mL} \cdot \text{g}^{-1}) \times \frac{2.87956 (\text{m}^2 \cdot \text{g}^{-1})}{1 (\text{mL} \cdot \text{g}^{-1})}$$

$$= 97.15496 \text{m}^2 \cdot \text{g}^{-1}$$

$$V_{micro} = 0.001550642 \times I = 0.001550642 \times 207.772566 = 0.322181 (\text{mL} \cdot \text{g}^{-1})$$

为了便于读者更好地理解 α-s 法，给出 α-s 法计算流程图，如图 8-2 所示。

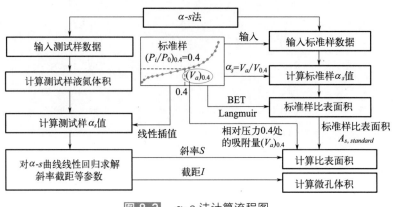

图 8-2 α-s 法计算流程图

8.2 C程序源代码

```
# include <windows. h>
# include <stdio. h>
# include <stddef. h>
# include <stdlib. h>
# include <tchar. h>
# include <math. h>
# include <malloc. h>
# include <time. h>
# include <memory. h>
//常数
# define    ARRAY_BASE      0

//工艺方法计算用常数
# define   DELTA_ERROR            1. 0E-8        //计算过程中用到的误差
# define   AVOGADRO_NUMBER        6. 023E23      //阿伏加德罗常数,6. 023×10^23(molecules/mol)
# define   CROSS_SECTION_N2       16. 2          //氮原子的横截面积,16. 2 A^2(Angstrom)
# define   MASS_MOLE_N2           28. 0134       //氮气的摩尔质量,28. 0134(g/mol)
# define   VOLUME_MOLE_N2         22. 414        //氮气的摩尔体积,22. 414(L/mol)
# define   STANDARD_PRESSURE      101325         //标准大气压,101325 Pa
# define   STANDARD_TEMPERATURE   273. 15        //标准温度,273. 15 K
# define   GAS_CONSTANT           8. 314         //普适气体常数,8. 314(J/mol·K)
# define   GAS2LIQUID_COEFFICIENT 15. 4689       //N2 液化系数,15. 4689(mL/mol)
# define   GAS2LIQUID_N2          0. 001550642   //气体转化为液体体积缩小系数,0. 001550642
```

```
#define  SURFACE_AREA_STANDARD  2.87956  //标准样品的比表面积,0.87956(m^2/g)


//alpha-s 方法计算出错信息结构体
static struct  tagAlphaSError
{
    int  iErrCode;               //错误号
    TCHAR  * szErrDescription;   //错误描述
}
AlphaSErrors[]=
{
//    iErrCode  szErrDesciption
    0,      TEXT("成功!"),
    -1,     TEXT("指针为空!"),
    -2,     TEXT("打开文件失败!"),
    -3,     TEXT("数组下限大于数组上限!"),
    -4,     TEXT("内存分配失败!"),
    -5,     TEXT("数据个数不能小于 2!")
};


//回归分析参数结构体
typedef  struct  tagLinearParameter{
    double  dSlope;            //回归直线的斜率(Slope of regression line)
    double  dIntercept;        //回归直线的截距(Intercept of regression line)
    double  dCorrelationCoe;//回归直线的线性相关系数(Correlation coefficient)
}LINEAR_PARAMETER;


typedef  struct  tagAlpha_S{
    TCHAR  * tszName;                //样品名称
    double  dRefPoint;               //参考的相对压力,例如:0.4
    int     nDataCount;              //数据的个数
    double  * pdPP0;                 //相对压力,无量纲
    double  * pdVolumeUnit;          //单位质量吸附剂吸附气体的体积,mL/g(气)
    double  * pdLiquidVolumeUnit;//单位质量吸附剂吸附的气体转化为液态的体积,mL/g(液)
    double  * pdAlpha_S;             //alpha_s 值,体积/体积=无量纲
}ALPHA_S;


//吸附剂参数
typedef  struct  tagAdsorbent
{
    TCHAR  * tszName;      //吸附剂名称
```

数据结构定义

```
        TCHAR  * tszDesc;          //吸附剂描述
        double  dMass;             //吸附剂质量,g
    }ADSORBENT;

    //读入文件
    int  GetXY(const char  * pstrFileName, double  * * ppdXHead, double  * * pp-
dYHead,int  * pnDataCount);

    //数学算法
    int  LeastSquareForLinear(double  * pdXHead, double  * pdYHead,int nData-
Count,LINEAR_PARAMETER  * plpData);

    //工艺方法
    int  AlphaSFile(const char  * szRefFile, double dRefMass,ALPHA_S  * palphas-
Ref,const char  * szSplFile,double dSplMass,ALPHA_S  * palphasSpl);

    int  main(int  argc,char  * argv[])
    {
        int  i;                              //循环变量
        clock_t      StartTime=0;            //开始时间
        clock_t      EndTime=0;              //结束时间
        double       dDiffTime=0.0;          //时间差
        ALPHA_S                  alphasRef={0};//Standard 对应 ALPHA_S 结构体
        ALPHA_S                  alphasSpl={0};//Sample 对应 ALPHA_S 结构体
        //参考样品-->吸附剂
        ADSORBENT   adsbtStandard=
        {
            TEXT("silica"),          //硅胶
            TEXT("粒状颗粒物"),
            1                        //mass, g
        };
        //样品-->吸附剂
        ADSORBENT   adsbtSample=
        {
            TEXT("分子筛"),           //molecular sieve
            TEXT("粒状颗粒物"),
            0.0637                   //mass,g
        };

        LINEAR_PARAMETER lp={0};
```

程序框架

```
//开始时间
StartTime=clock();
alphasRef.dRefPoint=0.4;   //设定规定的参考点
AlphaSFile((const char * )"Standard.txt",  adsbtStandard.dMass,&alphasRef,
(const char * )"Sample.txt",adsbtSample.dMass,&alphasSpl);
    LeastSquareForLinear(alphasSpl.pdAlpha_S,alphasSpl.pdVolumeUnit,alphasSpl.
nDataCount,&lp);

//输出 alphasRef 结构体的内容
printf("标准物数据行数为:%d 行\n",alphasRef.nDataCount);//原始有效数据的行数
for(i=0;i<alphasRef.nDataCount;i++)
{
    printf ( "% lf \ t% lf \ t% lf \ n", * (alphasRef.pdPP0 + i), * (alphas-
Ref.pdVolumeUnit+i), * (alphasRef.pdAlpha_S+i));         //显示数据
}

//输出 alphasSpl 结构体的内容
printf("样品数据行数为:%d 行\n",alphasSpl.nDataCount);   //原始有效数据的行数
printf("相对压力\t 气体吸附量\t 液体吸附量\t alpha_s 值\n")//输出标题头
for(i=0;i<alphasSpl.nDataCount;i++)
{
    //显示 alphasSpl 结构体每一列数据
    printf("%lf\t%lf\t%lf\t%lf\n", * (alphasSpl.pdPP0 + i), * (alphasSpl.
pdVolumeUnit+i), * (alphasSpl.pdLiquidVolumeUnit+i), * (alphasSpl.pdAlpha_S+i));
}

//输出结果
printf("气体体积相对 alphas-s 斜率:slope=%lf\n",lp.dSlope);
printf("气体体积相对 alphas-s 截距:intercept=%lf\n",lp.dIntercept);
printf("液体体积相对 alphas-s 截距(微孔体积):volume=%lf mL\n",lp.dIntercept *
GAS2LIQUID_N2);
printf("气体体积相对 alphas-s 相关系数:R=%lf\n",lp.dCorrelationCoe);
printf("待测样品的比表面积:Area of sample=%lfm^2/g\n",lp.dSlope * SURFACE_
AREA_STANDARD);

//终止时间
EndTime=clock();
//计算消耗时间
dDiffTime=(double)(EndTime-StartTime)/CLOCKS_PER_SEC;//运行时间差
printf("程序运行时间:%.3lf 秒\n",dDiffTime);
```

```
        //按"F5"键运行时会停留在运行结果
        system("pause");
        return  0;


    }


    //功能:采用最小二乘法对数据进行一元一次回归分析(线性回归)
    //pdXHead        -->X 数据序列头指针
    //pdYHead        -->Y 数据序列头指针
    //nDataCount     -->数据个数
    //plpData        -->回归分析参数结构体指针
    //返回值         -->错误码,非 0 表示有错误
    int   LeastSquareForLinear(double  * pdXHead,  double  * pdYHead,int nData-
Count,LINEAR_PARAMETER  * plpData)
    {
        int   i;
        double  dSumOfX=0.0;           //X 的加和
        double  dSumOfY=0.0;           //Y 的加和
        double  dSumOfX2=0.0;          //X 平方的加和
        double  dSumOfY2=0.0;          //Y 平方的加和
        double  dSumOfXY=0.0;          //X 与 Y 积的加和
        double  dSumOfYMYFit2=0.0;     //观测值 Y 与回归拟合 Y 之差的平方和
        double  dXAverage=0.0;         //X 的平均值
        double  dYAverage=0.0;         //Y 的平均值
        double  dSigmaX=0.0;           //X 的标准差(或均方差)
        double  dSigmaY=0.0;           //Y 的标准差(或均方差)
        double  dCovXY=0.0;            //自变量 X 与因变量 Y 的协方差
        double  dCorrelationCoe=0.0;   //回归直线的线性相关系数
        double  dSlope=0.0;            //回归直线的斜率
        double  dIntercept=0.0;        //回归直线的截距


        if(nDataCount <2)
            return  AlphaSErrors[5].iErrCode;    //数据个数不能小于 2,至少 2 个


        for(i=ARRAY_BASE;i<ARRAY_BASE+nDataCount;i++)
        {
            dSumOfX+= * (pdXHead+i);
            dSumOfY+= * (pdYHead+i);
            dSumOfX2+=pow( * (pdXHead+i),2);
            dSumOfY2+=pow( * (pdYHead+i),2);
```

线性回归

```
            dSumOfXY＋＝(＊(pdXHead＋i))＊(＊(pdYHead＋i));
    }


    //计算自变量 X 的平均值(Average of X)
    dXAverage＝dSumOfX/nDataCount;
    //计算因变量 Y 的平均值(Average of Y)
    dYAverage＝dSumOfY/nDataCount;
    //自变量 X 的标准差(或均方差)(Standard deviation of X)
    dSigmaX＝sqrt(dSumOfX2/nDataCount-pow(dXAverage,2));
    //因变量 Y 的标准差(或均方差)(Standard deviation of Y)
    dSigmaY＝sqrt(dSumOfY2/nDataCount-pow(dYAverage,2));
    //自变量 X 与因变量 Y 的协方差(Covariance of X and Y)
    dCovXY＝dSumOfXY/nDataCount-dXAverage＊dYAverage;
    //回归直线的线性相关系数(Correlation coefficient)
    plpData->dCorrelationCoe＝dCorrelationCoe＝dCovXY/(dSigmaX＊dSigmaY);
    //计算回归直线的斜率(Slope of regression line)
    plpData->dSlope＝dSlope＝(dSumOfXY-nDataCount＊dXAverage＊dYAverage)/(dSu-
mOfX2-nDataCount＊pow(dXAverage,2));
    //计算回归直线的截距(Intercept of regression line)
    plpData->dIntercept＝dIntercept＝dYAverage-dXAverage＊dSlope;
    //成功,返回 0
    return  AlphaSErrors[0].iErrCode;
}


//功能:alpha-s 方法,对标准样(Standard)吸附量数据按参考点归一,测试样(Sample)压力依据
Standard 插值,
//tszRefFile:     Standard 数据文件
//dRefMass:       Standard 质量,g
//palphasRef:     Standard 对应 ALPHA_S 结构体
//tszSplFile      Sample 数据文件
//dSplMass:       Sample 质量,g
//palphasSpl:     Sample 对应 ALPHA_S 结构体
int AlphaSFile(const char ＊szRefFile, double dRefMass,ALPHA_S ＊palphas-
Ref,const char ＊szSplFile,double dSplMass,ALPHA_S ＊palphasSpl)
{
    int  iReturnValue;               //读取文件返回值
    int  i＝0;
    int  nHead;                      //二分查找算法头指针
    int  nTail;                      //二分查找算法尾指针
    int  nMid;                       //二分查找算法中间指针
```

归一计算

277

```
        int    nFindPosition=0;                //通过插值得到的正确的位置
        double    dVolumeUnitAtRefPoint=0.0;   //对应参考点相对压力的气体吸附量值
        double    dTempPP0;                     //存放 Sample 的相对压力
        double    dTempAlphaS;                  //存储临时 Sample 的 alpha_s 值
        //标准样-->相对压力
        double    StandardX[]={0.001,0.005,0.01,0.02,0.03,0.04,0.05,0.06,0.07,0.08,
        0.09,0.1,0.12,0.14,0.16,0.18,0.2,0.22,0.24,0.26,0.28,0.3,0.32,0.34,0.36,
        0.38,0.4,0.42,0.44,0.46,0.5,0.55,0.6,0.65,0.7,0.75,0.8,0.85,0.9};
        //标准样-->气体吸附量
        double    StandardY[]={0.26,0.35,0.4,0.5,0.55,0.58,0.6,0.61,0.63,0.65,0.66,
        0.68,0.7,0.73,0.75,0.77,0.8,0.82,0.84,0.86,0.88,0.9,0.92,0.94,0.96,0.98,1,
        1.01,1.04,1.06,1.1,1.14,1.22,1.29,1.38,1.47,1.62,1.81,2.4};
        //测试样-->相对压力
        double    SampleX[]={0.026796,0.05181,0.075234,0.100781,0.126245,0.151532,
        0.176464,0.201711,0.226701,0.251801,0.276705,0.301878,0.326656,0.35205,
        0.376473,0.401909,0.426382,0.45125,0.476664,0.501797,0.525722,0.551078,
        0.576539,0.600987,0.625683,0.651335,0.675767,0.700606,0.725126,0.750209,
        0.775191,0.800518,0.826378,0.851638,0.876772,0.90048,0.926611,0.951116,
        0.975502,0.994071};
        //测试样-->气体吸附量
        double    SampleY[]={14.463198,14.6957,14.8211,14.9173,14.9942,15.0547,
        15.109,15.1534,15.194802,15.2364,15.276302,15.3111,15.3436,15.3753,15.4166,
        15.4494,15.479,15.508799,15.538398,15.5799,15.6105,15.6424,15.6759,15.7219,
        15.7623,15.8022,15.8452,15.9007,15.975,16.0483,16.1255,16.2088,16.3386,
        16.4756,16.637801,16.864201,17.2434,17.7559,18.7157,21.3575};


        //读入参考物数据(Standard.txt),返回读文件的结果
        iReturnValue=GetXY((const char * )szRefFile,   &palphasRef->pdPP0,&palphasRef->
        pdVolumeUnit,&palphasRef->nDataCount);
        //如果打开文件失败,从内部静态数组调入到内存
        if(iReturnValue)
        {
            int   i;    //循环变量
            int   n;    //StandardX 数组个数
            //数据个数赋值给 alphasRef 结构体
            n=sizeof(StandardX)/sizeof(StandardX[0]);
            palphasRef->nDataCount=n;
            //如果 palphasRef->pdPP0 为空,先释放内存,再分配内存,防止内存大小不一致
            if(palphasRef->pdPP0!=NULL)
            {
```

```
            free(palphasRef->pdPP0);
        }
        palphasRef->pdPP0= (double *)calloc(n,sizeof(double));
        if(NULL==(palphasRef->pdPP0))
        {
            //内存分配失败
            return  AlphaSErrors[4].iErrCode;    //返回-4
        }


        //如果 palphasRef->pdVolumeUnit 为空,先释放内存,再分配内存,防止内存大小不一致
        if(palphasRef->pdVolumeUnit!=NULL)
        {
            free(palphasRef->pdVolumeUnit);
        }
        palphasRef->pdVolumeUnit= (double *)calloc(n,sizeof(double));
        if(NULL==(palphasRef->pdVolumeUnit))
        {
            //内存分配失败
            return  AlphaSErrors[4].iErrCode;    //返回-4
        }


        //将静态数组中的数据拷入动态内存
        for(i=0;i<n;i++)
        {
            //相对压力,无量纲
            *(palphasRef->pdPP0+i)=StandardX[i];
            //气体吸附量,量纲(mL),根据需要换算为单位质量吸附量,量纲(mL/g)
            *(palphasRef->pdVolumeUnit+i)=StandardY[i];
        }
    }//if(iReturnValue)


    //数据点个数小于3,相当于只有2个点,说明数据点不足
    if(palphasRef->nDataCount <3)
        return  AlphaSErrors[5].iErrCode;    //返回-5


    //分配内存给 Y 因变量序列,alpha_s 值,Standard 标准样
    if(palphasRef->pdAlpha_S !=NULL)
        free(palphasRef->pdAlpha_S);
    palphasRef->pdAlpha_S = (double *) calloc (palphasRef->nDataCount, sizeof
(double));
```

```
    if(NULL==palphasRef->pdAlpha_S)
    {
        //内存分配失败
        return   AlphaSErrors[4].iErrCode;      //返回-4
    }


    //计算 VolumeUnit 列的数据值
    for(i=0;i<palphasRef->nDataCount;i++)
    {
        *(palphasRef->pdVolumeUnit+i)=*(palphasRef->pdVolumeUnit+i)/dRefMass;
    }


    //采用二分查找算法在参考数据点中查找小于等于 palphasRef->dRefPoint 的值,并记录其位置
    nHead=0;
    nTail=palphasRef->nDataCount-1;
    while(nHead <=nTail)
    {
        nMid=(nHead+nTail)/2;
        //找到确切的位置
        if(fabs(((*(palphasRef->pdPP0+nMid))-palphasRef->dRefPoint))<DELTA_ERROR)
        {
            nFindPosition=nMid;
            break;
        }
        else if(*(palphasRef->pdPP0+nMid)<palphasRef->dRefPoint)
        {
            nHead=nMid+1;
        }
        else
        {
            nTail=nMid-1;
        }
    }//while(nHead <=nTail)

    //如果找到 palphasRef->dRefPoint 值对应的确切位置
    if(nFindPosition)
    {
        dVolumeUnitAtRefPoint=*(palphasRef->pdVolumeUnit+nFindPosition);
    }
    else
```

```
//进行插值计算
{
    //比第 1 个值还小,进行外延
    if(nHead==0)
    {
        dVolumeUnitAtRefPoint = * (palphasRef->pdVolumeUnit + nHead)-( * (pal-
phasRef->pdVolumeUnit + nHead + 1)- * (palphasRef->pdVolumeUnit + nHead)) * ( * (pal-
phasRef->pdPP0 + nHead)-palphasRef->dRefPoint)/( * (palphasRef->pdPP0 + nHead + 1)- *
(palphasRef->pdPP0+nHead));
    }
    //比最后 1 个值还大,进行外延
    else if(nTail==(palphasRef->nDataCount-1))
    {
        dVolumeUnitAtRefPoint = * (palphasRef->pdVolumeUnit + nTail) + ( * (palphas-
Ref->pdVolumeUnit + nTail )- * (palphasRef->pdVolumeUnit + nTail-1)) * (palphasRef->dRef-
Point- *(palphasRef->pdPP0 + nTail))/( * (palphasRef->pdPP0 + nTail)- * (palphasRef->
pdPP0+nTail-1));
    }
    //介于两个点之间,进行内插
    else
    {
        dVolumeUnitAtRefPoint = * (palphasRef->pdVolumeUnit + nTail) + ( * (pal-
phasRef->pdVolumeUnit+nHead)- * (palphasRef->pdVolumeUnit+nTail)) * (palphasRef->
dRefPoint- * (palphasRef->pdPP0 + nTail))/( * (palphasRef->pdPP0 + nHead)- * (palphasRef->
pdPP0+nTail));
    }
}//if(nFindPosition)

//如果选定的参考点为 0,则退出
if(palphasRef->dRefPoint <DELTA_ERROR || dVolumeUnitAtRefPoint <DELTA_ERROR)
{
    return AlphaSErrors[4].iErrCode;
}
else
{
    //计算标准物的 alpha_s 值
    for(i=0;i<palphasRef->nDataCount;i++)
    {
        * (palphasRef->pdAlpha_S+i) = * (palphasRef->pdVolumeUnit+i)/dVolume-
UnitAtRefPoint;
```

```
    }
  }//if(palphasRef->dRefPoint <DELTA_ERROR)

  //读入被测样品数据(Sample.txt),返回读文件的结果
  iReturnValue=GetXY((const char*)szSplFile, &palphasSpl->pdPP0,&palphasSpl->
pdVolumeUnit,&palphasSpl->nDataCount);
  //如果打开文件失败,从内部静态数组调入到内存
  if(iReturnValue)
  {
    int i;      //循环变量
    int n;      //SampleX数组个数
    //数据个数赋值给 alphasSpl 结构体
    n=sizeof(SampleX)/sizeof(SampleX[0]);
    palphasSpl->nDataCount=n;
    //如果 palphasSpl->pdPP0 为空,先释放内存,再分配内存,防止内存大小不一致
    if(palphasSpl->pdPP0!=NULL)
    {
      free(palphasSpl->pdPP0);
    }
    palphasSpl->pdPP0= (double*)calloc(n,sizeof(double));
    if(NULL==(palphasSpl->pdPP0))
    {
      //内存分配失败
      return  AlphaSErrors[4].iErrCode;    //返回-4
    }
    //如果 palphasSpl->pdVolumeUnit 为空,先释放内存,再分配内存,防止内存大小不一致
    if(palphasSpl->pdVolumeUnit!=NULL)
    {
      free(palphasSpl->pdVolumeUnit);
    }
    palphasSpl->pdVolumeUnit= (double*)calloc(n,sizeof(double));
    if(NULL==(palphasSpl->pdVolumeUnit))
    {
      //内存分配失败
      return  AlphaSErrors[4].iErrCode;    //返回-4
    }
    //将静态数组中的数据拷入动态内存
    for(i=0;i<n;i++)
    {
      //相对压力,无量纲
```

```
                *(palphasSpl->pdPP0+i)=SampleX[i];
                //气体吸附量,量纲(mL),根据需要换算为单位质量吸附量,量纲(mL/g)
                *(palphasSpl->pdVolumeUnit+i)=SampleY[i];
            }
        }//if(iReturnValue)


        //数据点个数小于3,相当于只有2个点,说明数据点不足
        if(palphasSpl->nDataCount <3)
            return  AlphaSErrors[5].iErrCode;      //返回-5


        //分配内存给Y因变量序列,VolumeUnit值,Sample被测样品
        if(palphasSpl->pdLiquidVolumeUnit !=NULL)
            free(palphasSpl->pdLiquidVolumeUnit);
        palphasSpl->pdLiquidVolumeUnit=(double *)calloc(palphasSpl->nDataCount,
sizeof(double));
        if(NULL==palphasSpl->pdLiquidVolumeUnit)
        {
            //内存分配失败
            return  AlphaSErrors[4].iErrCode;      //返回-4
        }


        //分配内存给Y因变量序列,alpha_s值,Sample被测样品
        if(palphasSpl->pdAlpha_S !=NULL)
            free(palphasSpl->pdAlpha_S);
        palphasSpl->pdAlpha_S=(double *)calloc(palphasSpl->nDataCount,sizeof
(double));
        if(NULL==palphasSpl->pdAlpha_S)
        {
            //内存分配失败
            return  AlphaSErrors[4].iErrCode;      //返回-4
        }


        //计算Sample被测样品VolumeUnit列的数据值
        for(i=0;i<palphasSpl->nDataCount;i++)
        {
            *(palphasSpl->pdVolumeUnit+i)=*(palphasSpl->pdVolumeUnit+i)/dSplMass;
            *(palphasSpl->pdLiquidVolumeUnit+i)=*(palphasSpl->pdVolumeUnit+i)
* GAS2LIQUID_N2;
        }
```

```
//采用二分查找算法在 Sample 被测样品数据点中查找小于等于 palphasSpl->pdPP0 的值
//根据 palphasSpl->pdPP0 的值计算对应的 palphasSpl->pdAlpha_S 值
for(i=0;i<palphasSpl->nDataCount;i++)
{
    //逐个将 Sample 中的数据取出,一个一个与标准样进行对比
    dTempPP0=*(palphasSpl->pdPP0+i);
    nFindPosition=0;
    nHead=0;
    //取倒数第二个点
    nTail=palphasRef->nDataCount-2;
    //palphasRef->pdPP0 指向的数据队列必须是从小到大排好序的
    while(nHead <=nTail)
    {
        nMid=(nHead+nTail)/2;
        //找到确切的位置
        if(fabs(((*(palphasRef->pdPP0+nMid))  -dTempPP0))<DELTA_ERROR  )
        {
            nFindPosition=nMid;
            break;
        }
        else if(*(palphasRef->pdPP0+nMid)<dTempPP0)
        {
            nHead=nMid+1;
        }
        else
        {
            nTail=nMid-1;
        }
    }//while(nHead <=nTail)

    //如果找到 dTempPP0 值对应的确切位置
    if(nFindPosition)
    {
        dTempAlphaS=*(palphasRef->pdAlpha_S+nFindPosition);
    }
    else
    //进行插值计算
    {
        //比第一个值小,进行外延插值
        if(nHead==0)
```

284

```
            {
                dTempAlphaS＝＊(palphasRef->pdAlpha_S＋nHead)-(＊(palphasRef->
pdAlpha_S＋nHead＋1)-＊(palphasRef->pdAlpha_S＋nHead))＊(＊(palphasRef->pdPP0＋
nHead)-dTempPP0)/(＊(palphasRef->pdPP0＋nHead＋1)-＊(palphasRef->pdPP0＋nHead));
            }
            //比最后一个值还大,进行外延插值
            else if(nTail＝＝(palphasRef->nDataCount-2))
            {
                dTempAlphaS＝＊(palphasRef->pdAlpha_S＋nTail)＋(＊(palphasRef->
pdAlpha_S＋nTail)-＊(palphasRef->pdAlpha_S＋nTail-1))＊(dTempPP0-＊(palphasRef->pd-
PP0＋nTail))/(＊(palphasRef->pdPP0＋nTail)-＊(palphasRef->pdPP0＋nTail-1));
            }
            //进行中间插值
            else
            {
                dTempAlphaS＝＊(palphasRef->pdAlpha_S＋nTail)＋(＊(palphasRef->
pdAlpha_S＋nHead)-＊(palphasRef->pdAlpha_S＋nTail))＊(dTempPP0-＊(palphasRef->pdPP0＋nT-
ail))/(＊(palphasRef->pdPP0＋nHead)-＊(palphasRef->pdPP0＋nTail));
            }
        }//if(nFindPosition)
        //将计算得到的 alpha_s 值放入 Sample 对应的数列中
        ＊(palphasSpl->pdAlpha_S＋i)＝dTempAlphaS;
    }
    //成功,返回 0
    return  AlphaSErrors[0].iErrCode;
}


//功能:从文件读取数据到内存区
//pstrFileName        -->数据文件名指针
//ppdXHead            -->自变量 X 序列首地址的地址指针
//ppdYHead            -->自变量 Y 序列首地址的地址指针
//pnDataCount         -->有效实数对变量的个数指针
int  GetXY(const char  ＊pstrFileName,  double  ＊＊ppdXHead,  double  ＊＊ppdY-
Head,int  ＊pnDataCount)
{
    int  iRetValue;          //打开文件的返回值
    int  iTempCount;         //文件中数据的行数
    double  dTempX＝0.0;     //临时存储每一行的 X 值
    double  dTempY＝0.0;     //临时存储每一行的 Y 值
    FILE  ＊pFile＝NULL;     //文件指针
    iRetValue＝fopen_s(&pFile,pstrFileName,"r");
```

```
//打开文件失败,返回失败值
if(iRetValue)
    return  AlphaSErrors[2].iErrCode;      //返回-2

//从文件中读取数据,计算数据的行数 iTempCount,用于动态分配内存
for(iTempCount=0;!feof(pFile);iTempCount++)
{
    //如果读回的数据个数不是 2,则退出循环,说明结束
    //正常返回的值放在 dTempX 与 dTempY 内存中
    if(2 != fscanf_s(pFile,(const char * )"%lf  %lf",&dTempX,&dTempY))
        break;
}
* pnDataCount=iTempCount;        //将文件中数据行数赋值给外部变量
//分配内存给 X 自变量序列
if( * ppdXHead !=NULL)
    free( * ppdXHead);
( * ppdXHead)=(double * )calloc(iTempCount,sizeof(double));
if(NULL==( * ppdXHead))
{
    //内存分配失败
    return  AlphaSErrors[4].iErrCode;      //返回-4
}
//分配内存给 Y 因变量序列
if( * ppdYHead !=NULL)
    free( * ppdYHead);
( * ppdYHead)=(double * )calloc(iTempCount,sizeof(double));
if(NULL==( * ppdYHead))
{
    //内存分配失败
    return  AlphaSErrors[4].iErrCode;      //返回-4
}
//定位文件指针到文件头
fseek(pFile,0L,SEEK_SET);
//从文件中读取数据
for(iTempCount=0;!feof(pFile);  iTempCount++)
//如果读回的数据个数不是 2,则退出循环,说明结束;正常返回的值放在 X 与 Y 内存中
    if(2 != fscanf_s(pFile,(const char * )"%lg  %lf",( * ppdXHead)+iTemp-
        Count,( * ppdYHead)+iTempCount)){break;}
//关闭文件
fclose(pFile);
//成功,返回
return  AlphaSErrors[0].iErrCode;
}
```

采用 α-s 方法计算比表面积与孔容运算结果如图 8-3 所示。

```
■ e:\张辉\我的书\张辉写的书130_常用C语言指令详解\272_al...   —   □   ×
样品数据行数为：40行
相对压力              气体吸附量          液体吸附量          alpha-s值
0.026796            227.051774         0.352076           0.533980
0.051810            230.701727         0.357738           0.601810
0.075234            232.670330         0.360788           0.640468
0.100781            234.180534         0.363130           0.680781
0.126245            235.387755         0.365002           0.709367
0.151532            236.337520         0.366475           0.741532
0.176464            237.189953         0.367797           0.766464
0.201711            237.886970         0.368878           0.801711
0.226701            238.536923         0.369885           0.826701
0.251801            239.189953         0.370898           0.851801
0.276705            239.816358         0.371869           0.876705
0.301878            240.362637         0.372716           0.901878
0.326656            240.872841         0.373508           0.926656
0.352050            241.370487         0.374279           0.952050
0.376473            242.018838         0.375285           0.976473
0.401909            242.533752         0.376083           1.000955
0.426382            242.998430         0.376804           1.019573
0.451250            243.466232         0.377529           1.051250
0.476664            243.930895         0.378249           1.076664
0.501797            244.582418         0.379250           1.101438
0.525722            245.062794         0.380005           1.120578
0.551078            245.563579         0.380781           1.141725
0.576539            246.089482         0.381597           1.182462
0.600987            246.811617         0.382716           1.221382
0.625683            247.445840         0.383700           1.255956
0.651335            248.072214         0.384671           1.292403
0.675767            248.747253         0.385718           1.336381
0.700606            249.618524         0.387069           1.381091
0.725126            250.784929         0.388878           1.425227
0.750209            251.935636         0.390662           1.470627
0.775191            253.147567         0.392541           1.545573
0.800518            254.455259         0.394569           1.621968
0.826378            256.492936         0.397729           1.720236
0.851638            258.643642         0.401064           1.816224
0.876772            261.189969         0.405012           1.911734
0.900480            264.744129         0.410523           2.001824
0.926611            270.697017         0.419754           2.101122
0.951116            278.742543         0.432230           2.194241
0.975502            293.810047         0.455594           2.286908
0.994071            335.282575         0.519903           2.357470
气体体积相对alphas-s斜率：slope = 33.739517
气体体积相对alphas-s截距：intercept = 207.772566
液体体积相对alphas-s截距（微孔体积）：volume = 0.322181 mL
气体体积相对alphas-s相关系数：R = 0.877613
待测样品的比表面积：Area of sample = 97.154965m^2/g
程序运行时间：0.018秒
请按任意键继续. . .
```

图 8-3 采用 α-s 方法计算比表面积与孔容运算结果图

第 9 章
分形维数及计算案例

分形理论是一门新型交叉学科，它为自然科学、社会科学和工程技术等多个领域研究提供了一种普遍的科学方法和思维方式。具有自相似性和标度不变性的分形结构是一种广泛存在的结构类型，不仅指物体的空间几何形状，也指拓扑维数低于测量维数的抽象点集。分形维数是一种基于分形理论的表面特征表征方法，分形是组成部分以某种方式与整体相似的形体。例如，将一线段不断分成 1/2 长度的几何线段，形成 2^1，2^2，$\cdots$，2^n 个小的线段，此时每个小线段便是分形几何，指数 n 便是分形几何的维度。分形维数也被称为 Hausdorff 维数，其定义为：设一个整体 U 可以划分为 N 个大小和形态完全相同的小图形，每一个小图形的线度是原图形的 r 倍，则分形维数 D 为式(9-1)，整理后得式(9-2)。例如：将一线段等分为 7 段，每一段为原来长度的 1/7 倍，此时，$N=7$，$r=1/7$，代入式(9-1) 得 $\ln 7/\ln[1/(1/7)]=1$。

分形维数

$$D = \lim_{r \to \infty} \frac{\ln(N)}{\ln(1/r)} \qquad \text{式(9-1)}$$

$$r^D = \frac{1}{N} \qquad \text{式(9-2)}$$

理想的表面相对光滑，分形维数 D 便可以用简单的几何概念来表征。例如，用 $6L^2$ 表示边长为 L 的立方体表面积，$4\pi R^2$ 表示半径为 R 的球体表面积，这些表面的特征都可以用分形维数 $D=2$ 表示，因为表面积和 X^2 成正比，此处，X 就是几何体的维度特征，立方体中 X 是边长 L，球体中 X 是半径 R。而对于真实材料，分形维数 D 是描述其表面形貌结构粗糙度的参数，许多真实材料的表面由于晶界露头、缺陷、位错以及孔洞等原因呈现出不规则性，但在不同的尺度上看起来是相似的，因此，这些表面也被称为分形，它们的大小与 X^D 成正比，分形维数 D 在多数情况下数值不是整数，真实表面的分形维数一般介于 2 和 3 之间。D 越大，表面越不规则，对于光滑表面，假设 $D=2$，对于粗糙的表面，形状的不规则性基本上占据了所有可用的体积，此时，$D=3$。

分形维数在多孔材料的表征中发挥了极其重要的作用，例如，在煤粉燃烧中，燃烧会导致煤粒膨胀变形、孔隙闭合、膨胀和颗粒破裂等。由于煤粒的非均匀性和孔隙结构的复杂性，使得描述其反应性质非常困难。同时，由于煤炭的多孔结构，使得其表面非常粗糙，致使某些基本的几何概念，例如表面积，在实践上已失去了实用价值，因此，将分形理论应用到各种多孔材料现象和形态的研究之中，利用分形维数描述多孔材料真实表面的形貌，为多孔固体材料结构研究和表征开辟了一个新的领域。

通过单一吸附等温线估计分形维数的方法较多，例如：通用分形 BET 方法、DA 方程的分形模拟方法等。目前，比较受欢迎的计算方法是 Frenkel-Halsey-Hill（FHH）方程和 Neimark-Kiselev（NK）方程，这两种方法与其他计算分形维数的方法不同，只需要计算相对压力和吸附量，简单而快速，其计算流程图如图 9-1 所示，NK 和 FHH 方程各物理量如表 9-1 所示。

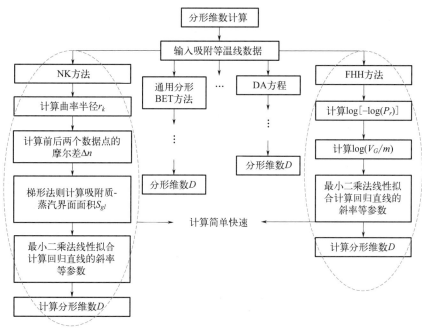

图 9-1 分形维数计算方法流程图

⊡ 表 9-1　NK 方程和 FHH 方程各物理量列表

物理量符号	意义	量纲	备注
P_0	饱和蒸气压	Pa	Saturated vapor pressure
P_i	绝对压力	Pa	Absolute pressure
P_r	相对压力	无	Relative pressure
B	与吸附质-吸附质和吸附质-吸附剂相互作用有关的参数	不确定	Parameter related to adsorbate-adsorbate and adsorbate-adsorbent interactions
V_G	某一相对压力下吸附的吸附质体积	mL	The volume of adsorbate adsorbed at a relative pressure
D	表面分形维数	无	The surface fractal dimension
s	指数	无	Exponent
S_{gl}	液态吸附质-蒸汽界面面积	$m^2 \cdot g^{-1}$	The liquid adsorbate-vapor interface area
K	常数	不确定	Constant
a_c	液态吸附质-蒸汽界面的平均曲率半径	Å	The mean radius of curvature of the liquid adsorbate-vapor interface
r_k	开尔文半径	Å	The Kelvin radius
γ	表面张力,8.85×10^{-3}	$J \cdot m^{-2}$	The surface Tension
V_L	液氮的摩尔体积,34.7	$mL \cdot mol^{-1}$	The molar volume of liquid nitrogen

物理量符号	意义	量纲	备注
R	普适气体常数,8.314	$J \cdot mol^{-1} \cdot K^{-1}$	The universal gas constant
T	吸附温度,77.35	K	The adsorption temperature
m	吸附剂质量	g	The mass of adsorbent
V_{mol}	氮气的摩尔体积,22.4	$L \cdot mol^{-1}$	The molar volume of gas nitrogen

9.1 FHH 方程

在材料表面的多层吸附区,表面张力的影响逐渐减弱,此时,吸附等温线遵从式(9-3)描述的方程,称为 FHH 方程。B 是与吸附质-吸附质和吸附质-吸附剂相互作用有关的参数,V_G 为吸附气体的量,指数 s 是给定吸附剂的固定特性。FHH 方程中的指数 s 与分形维数 D 相关,如式(9-4)所示,该式忽略了表面张力的作用,换句话讲,假设吸附质在分子尺度上的表面张力与它对应的液体的表面张力没有明显的差别。如果考虑表面张力,则分形维数 D 与指数 s 的关系如式(9-5)所示。不管是否考虑表面张力,对于分形表面,$\log(V_G)$ 和对数 $[\log(P_0/P_i)]$ 的曲线在等温线的多层区域内会产生一条具有负斜率的直线,如式(9-6)所示。

FHH 方程

$$\log\left(\frac{P_0}{P_i}\right) = \frac{B}{V_G^s} \qquad 式(9\text{-}3)$$

$$D = 3(1-s) \qquad 式(9\text{-}4)$$

$$D = 3-s \qquad 式(9\text{-}5)$$

$$\log\left[\log\left(\frac{P_0}{P_i}\right)\right] = \log[-\log(P_r)] = \log B - s\log(V_G) \qquad 式(9\text{-}6)$$

9.1.1 FHH 计算案例

(1)计算相对压力与吸附体积 质量 m 为 0.3425g 多孔硅胶材料吸附氮气(吸附分支)的测量数据如表 9-2 所示,其吸附等温线如图 9-2 所示。吸附体积 V_G 为 0.3425g 吸附剂吸附的标准状况下的氮气体积,根据相对压力 P_r 和吸附体积 V_G 计算 FHH 方程对应的分形维数 D。

▣ 表 9-2 FHH 计算过程数据列表

序号	相对压力 P_r/(无量纲)	吸附体积 V_G/(mL STP)	$\log[-\log(P_r)]$	$\log(V_G/m)$
1	0.022842	17.038700	0.215178939	1.696775881
2	0.051283	20.247801	0.110598658	1.771717288
3	0.073301	21.938299	0.054953808	1.806542375
4	0.099548	23.543000	0.000853618	1.837201227

序号	相对压力 P_r/(无量纲)	吸附体积 V_G/(mL STP)	$\log[-\log(P_r)]$	$\log(V_G/m)$
5	0.125549	24.971501	−0.045185206	1.862784072
6	0.152309	26.250201	−0.087632087	1.884472057
7	0.172883	27.190599	−0.117903872	1.899758199
8	0.202588	28.505900	−0.159024754	1.920274181
9	0.224722	29.366699	−0.188187532	1.933194556
10	0.256518	30.285801	−0.228499126	1.946578489
11	0.276664	31.017899	−0.253328951	1.956951802
12	0.299609	31.859600	−0.281128824	1.968579743
13	0.322320	32.769601	−0.308288534	1.980810578
14	0.347296	33.692502	−0.337903348	1.992872687
15	0.371918	34.624199	−0.366983443	2.004719159
16	0.399833	35.802502	−0.399984516	2.019252802
17	0.421872	36.709900	−0.426178057	2.030122626
18	0.450323	37.910001	−0.460327005	2.044093220
19	0.473905	39.079898	−0.489041388	2.057292846
20	0.499438	40.325500	−0.520686155	2.070919185
21	0.523348	41.575001	−0.550970118	2.084171693
22	0.547688	42.957199	−0.582583491	2.098375380
23	0.574770	44.635000	−0.618874251	2.115014963
24	0.597025	46.353698	−0.649737474	2.131423811
25	0.624032	48.657101	−0.688684596	2.152485654
26	0.649175	50.931401	−0.726678711	2.172325047
27	0.673043	53.716000	−0.764579665	2.195443089
28	0.700993	57.320398	−0.811672583	2.223648621
29	0.725231	61.429499	−0.855352201	2.253716398
30	0.749189	66.293097	−0.901672653	2.286807733
31	0.771204	72.061402	−0.947572615	2.323042132
32	0.798187	82.030402	−1.009237937	2.379314264
33	0.823148	95.131696	−1.073029862	2.443664664
34	0.850021	117.546998	−1.151377761	2.535550966
35	0.871897	146.707996	−1.225228980	2.631793209
36	0.898485	189.905004	−1.332648217	2.743875833
37	0.923017	216.874998	−1.458541825	2.801548912
38	0.950780	220.712988	−1.659160195	2.809167314

序号	相对压力 P_r/(无量纲)	吸附体积 V_G/(mL STP)	$\log[-\log(P_r)]$	$\log(V_G/m)$
39	0.977017	221.376017	-1.995769815	2.810469994
40	0.996412	222.090994	-2.806582963	2.811870372

FHH 计算案例

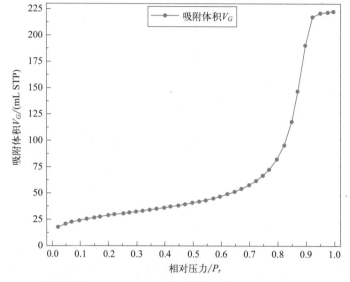

图 9-2　多孔硅胶材料吸附氮气吸附分支等温线图

（2）计算 $\log(V_G/m)$　吸附剂质量 m 为 0.3425g，吸附体积 V_G 除以 m 得到单位质量吸附剂吸附的气体体积，再计算该值以 10 为底的对数。例如：第 40 个数据点吸附体积 $V_G = 222.090994$mL，除以 0.3425 得 648.4408584，再计算其以 10 为底的对数，$\log(222.090994/0.3425) = 2.811870372$。

（3）以 $\log[-\log(P_r)]$ 为 X 轴，以 $\log(V_G/m)$ 为 Y 轴进行回归分析　将表 9-2 中的 $\log[-\log(P_r)]$ 作为 X 轴，$\log(V_G/m)$ 作为 Y 轴，分别计算 X^2、Y^2 和 $X\times Y$，得表 9-3，将线性拟合得到的直线与表 9-3 对应的 X 与 Y 对比，得图 9-3。

表 9-3　FHH 方法一元线性回归计算数据列表

序号	X	Y	X^2	Y^2	$X\times Y$
1	0.215178939	1.696775881	0.046301976	2.879048389	0.365110434
2	0.110598658	1.771717288	0.012232063	3.138982149	0.195949554
3	0.054953808	1.806542375	0.003019921	3.263595354	0.099276382
4	0.000853618	1.837201227	0.000000729	3.375308348	0.001568268
5	-0.045185206	1.862784072	0.002041703	3.469964499	-0.084170282
6	-0.087632087	1.884472057	0.007679383	3.551234935	-0.165140219
7	-0.117903872	1.899758199	0.013901323	3.609081216	-0.223988847

序号	X	Y	X^2	Y^2	$X \times Y$
8	−0.159024754	1.920274181	0.025288872	3.687452932	−0.305371129
9	−0.188187532	1.933194556	0.035414547	3.737241191	−0.363803112
10	−0.228499126	1.946578489	0.052211851	3.789167812	−0.444791483
11	−0.253328951	1.956951802	0.064175557	3.829660354	−0.495752547
12	−0.281128824	1.968579743	0.079033416	3.875306205	−0.553424508
13	−0.308288534	1.980810578	0.095041820	3.923610545	−0.610661190
14	−0.337903348	1.992872687	0.114178672	3.971541547	−0.673398353
15	−0.366983443	2.004719159	0.134676848	4.018898908	−0.735698740
16	−0.399984516	2.019252802	0.159987613	4.077381878	−0.807669855
17	−0.426178057	2.030122626	0.181627736	4.121397875	−0.865193716
18	−0.460327005	2.044093220	0.211900951	4.178317092	−0.940951309
19	−0.489041388	2.057292846	0.239161480	4.232453853	−1.006101350
20	−0.520686155	2.070919185	0.271114072	4.288706271	−1.078298949
21	−0.550970118	2.084171693	0.303568071	4.343771644	−1.148316324
22	−0.582583491	2.098375380	0.339403524	4.403179235	−1.222478853
23	−0.618874251	2.115014963	0.383005339	4.473288295	−1.308928301
24	−0.649737474	2.131423811	0.422158786	4.542967463	−1.384865924
25	−0.688684596	2.152485654	0.474286473	4.633194491	−1.482383714
26	−0.726678711	2.172325047	0.528061949	4.718996109	−1.578582365
27	−0.764579665	2.195443089	0.584582064	4.819970358	−1.678591141
28	−0.811672583	2.223648621	0.658812382	4.944613191	−1.804874620
29	−0.855352201	2.253716398	0.731627388	5.079237601	−1.927721282
30	−0.901672653	2.286807733	0.813013574	5.229489605	−2.061951996
31	−0.947572615	2.323042132	0.897893861	5.396524745	−2.201251108
32	−1.009237937	2.379314264	1.018561214	5.661136367	−2.401294220
33	−1.073029862	2.443664664	1.151393084	5.971496988	−2.622125156
34	−1.151377761	2.535550966	1.325670748	6.429018703	−2.919376994
35	−1.225228980	2.631793209	1.501186052	6.926335495	−3.224549308
36	−1.332648217	2.743875833	1.775951271	7.528854585	−3.656621237
37	−1.458541825	2.801548912	2.127344254	7.848676308	−4.086176263
38	−1.659160195	2.809167314	2.752812554	7.891421000	−4.660858590
39	−1.995769815	2.810469994	3.983097153	7.898741584	−5.609051178
40	−2.806582963	2.811870372	7.876907927	7.906614989	−7.891747480
平均值	−0.652466342	2.167215576			
和			31.398328201	191.665880110	−63.564257004

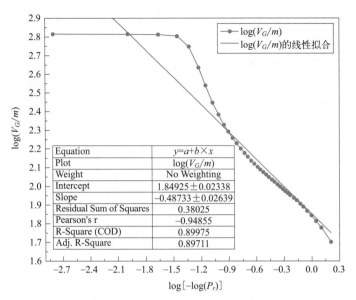

图 9-3　FHH 方法线性拟合结果图

$$\sigma_x = \sqrt{\frac{\displaystyle\sum_{i=1}^{n} x_i^2}{n} - x_{ave}^2} = \sqrt{\frac{31.398328201}{40} - (-0.652466342)^2} = 0.599371235$$

$$\sigma_y = \sqrt{\frac{\displaystyle\sum_{i=1}^{n} y_i^2}{n} - y_{ave}^2} = \sqrt{\frac{191.66588011}{40} - 2.167215576^2} = 0.307934493$$

$$Cov(x,y) = \frac{\displaystyle\sum_{i=1}^{n} x_i y_i}{n} - x_{ave} y_{ave} = \frac{-63.564257004}{40} - (-0.652466342) \times 2.167215576$$

$$= -0.175071206$$

$$R = \frac{Cov(x,y)}{\sigma_x \sigma_y} = \frac{\displaystyle\sum_{i=1}^{n} x_i y_i - n x_{ave} y_{ave}}{\sqrt{\displaystyle\sum_{i=1}^{n} x_i^2 - n x_{ave}^2} \sqrt{\displaystyle\sum_{i=1}^{n} y_i^2 - n y_{ave}^2}} = \frac{-0.175071206}{0.599371235 \times 0.307934493}$$

$$= -0.948550566$$

$$Slope = \frac{\displaystyle\sum_{i=1}^{n} x_i y_i - n x_{ave} y_{ave}}{\displaystyle\sum_{i=1}^{n} x_i^2 - n x_{ave}^2} = \frac{-63.564257004 - 40 \times (-0.652466342) \times 2.167215576}{31.398328201 - 40 \times (-0.652466342)^2}$$

$$= -0.487329756$$

$$Intercept = y_{ave} - x_{ave} Slope = 2.167215576 - (-0.652466342) \times (-0.487329756)$$

$$= 1.849249312$$

（4）线性拟合　线性拟合得到直线的斜率即为指数 s 的相反数，即 $Slope=-s$，代入式（9-4）和式（9-5）计算分形维数 D。

（5）计算分形维数 D

考虑表面张力时的分形维数：

$$D=3-s=3+Slope=3+(-0.487329756)=2.512670244$$

不考虑表面张力时的分形维数：

$$D=3\times(1-s)=3\times(1+Slope)=3\times[1+(-0.487329756)]=1.538010732$$

9.1.2　C 程序源代码

```c
#include <windows.h>
#include <stdio.h>
#include <stddef.h>
#include <stdlib.h>
#include <tchar.h>
#include <math.h>
#include <malloc.h>
#include <time.h>
#include <memory.h>


//数组起始地址
#define   ARRAY_BASE   0
//计算用常数
#define   KEIVIN_CONSTANT           -4.1542      //计算开尔文半径时所用常数
#define   UNIVERSAL_GAS_CONSTANT    8.314        //普适气体常数,8.314J/(mol·K)
#define   SATURATION_TEMPERATURE    77.35        //氮气的沸点温度,77.35K
#define   SURFACE_TENSION           0.00885      //表面张力,0.00885N/m
#define   SAMPLE_MASS               0.3425       //样品质量,0.3425g
#define   MOLAR_VOLUME_GAS          22.4         //标况下的气体摩尔体积,22.4L/mol


//FHH计算过程出错信息
static struct   tagFHHError
{
    int   iErrCode;                //错误号
    TCHAR   * szErrDescription;    //错误描述
}
FHHErrors[]=
{
//iErrCode       szErrDesciption
    0,           TEXT("成功!"),
    -1,          TEXT("内存分配失败!"),
    -2,          TEXT("打开文件失败!"),//这个数值"-2"不能变,与打开文件失败返回值对应
```

```
                              -3,                       TEXT("数据个数不能小于 2!"),
                              -4,                       TEXT("内存区没有数据!")
        };


        typedef struct tagFrenkelHalseyHill {
            double  dSlope;                    //FHH 回归斜率,Slope
            double  dIntercept;                //FHH 回归截距,Intercept
            double  dCorrelationCoe;           //FHH 回归线性相关系数,R
            double  dDimensionAccountForST;  //考虑表面张力时的分形维数(Accounting for
        Adsorbate Surface Tension Effects,Dimension)
            double  dDimensionNeglectST;       //忽略表面张力时的分形维数(Neglecting Adsor-
        bate Surface Tension Effects,Dimension)
            double  * pdLogInvRelativePressureInLog;//Log(Log(P0/Pi)),LogInvRelative-
        PressureInLog,相对压力的倒数
            double  * pdGasVolumeInLog;//Log(Vads),Vads 是 Adsorbed Gas Volume,量纲(mL)
        }FHH;


        //回归分析参数结构体
        typedef  struct  tagLinearParameter{
            double  dCorrelationCoe;          //回归直线的线性相关系数(Correlation coeffi-
        cient of regression line)
            double  dSlope;                    //回归直线的斜率(Slope of regression line)
            double  dIntercept;                //回归直线的截距(Intercept of regression line)
        }LINEAR_PARAMETER;
        int  GetXY(const char  * pstrFileName,double  ** ppdXHead,double  ** ppdY-
        Head,int  * pnDataCount);
            int  GetLogOfRelaPAndGasVInLog(double  * pdXHead,double  * pdYHead,int nData-
        Count,FHH  ** ppfhhData);
            int  LeastSquareForLinear(double  * pdXHead,double  * pdYHead,int nDataCount,
        LINEAR_PARAMETER  * plpData);
            int  LeastSquareInLogorithm(int nDataCount,FHH  ** ppfhhData);
        //主函数
        int  main(int  argc,char * argv[])
        {
            int  i;
            int  iReturnValue;         //返回值
            int  nDataCount=0;         //要处理的数据的行数
            clock_t  StartTime=0;      //开始时间
            clock_t  EndTime=0;        //结束时间
            double  dDiffTime=0.0;     //时间差
            double  * pdXHead=NULL;    //X 列数据首指针,相当于 X 轴
```

程序框架

```
double    * pdYHead＝NULL;    //Y列数据首指针,相当于 Y 轴
FHH     * pfhhData＝NULL;      //FHH 结构体指针

//相对压力,单位(无量纲)
double   X[]＝{
0. 0228424,0. 0512833,0. 0733012,0. 0995482,0. 125549,0. 152309,0. 172883,0. 202588,
0. 2247220,0. 2565180,0. 2766640,0. 2996090,0. 322320,0. 347296,0. 371918,0. 399833,
0. 4218720,0. 4503230,0. 4739050,0. 4994380,0. 523348,0. 547688,0. 574770,0. 597025,
0. 6240320,0. 6491750,0. 6730430,0. 7009930,0. 725231,0. 749189,0. 771204,0. 798187,
0. 8231480,0. 8500210,0. 8718970,0. 8984850,0. 923017,0. 950780,0. 977017,0. 996412};

//吸附量数据,单位(mL)
double   Y[]＝{
17. 038700,20. 247801,21. 938299,23. 5430,24. 971501,26. 250201,27. 190599,28. 5059,
29. 366699,30. 285801,31. 017899,31. 8596,32. 769601,33. 692502,34. 624199,35. 802502,
36. 709900,37. 910001,39. 079898,40. 3255,41. 575001,42. 957199,44. 635000,46. 353698,
48. 657101,50. 931401,53. 716000,57. 320398,61. 429499,66. 293097,72. 061402,82. 030402,
95. 131696,117. 546998,146. 707996,189. 905004,216. 874998,220. 712988,221. 376017,
222. 090994};

pfhhData＝(FHH * )calloc(1,sizeof(FHH));//初始化结构体

//开始时间
StartTime＝clock();

//读入要拟合的数据
    iReturnValue = GetXY ((const char * )"FHH _ data. txt", &pdXHead, &pdYHead,
&nDataCount);//返回读文件结果
//如果打开文件失败,直接返回
if(iReturnValue)
{
    nDataCount＝sizeof(X)/sizeof(X[0]);
    GetLogOfRelaPAndGasVInLog(X,Y,nDataCount,&pfhhData);      //取对数运算
    LeastSquareInLogorithm(nDataCount,&pfhhData);            //回归分析
}
else
{
    GetLogOfRelaPAndGasVInLog(pdXHead,pdYHead,nDataCount,&pfhhData);
//取对数运算
    LeastSquareInLogorithm(nDataCount,&pfhhData);//回归分析
}
```

```
//输出"标题+单位"
printf("%-6s%-12s%-12s%-20s%-15s\n","序号","相对压力","吸附量","log10[-log10
(Pi/P0)]","log10(Vads)");
printf("%-6s%-12s%-12s%-20s%-15s\n","    ","无量纲","mL","不确定","不确定");
////输出内容
for(i=ARRAY_BASE;i<ARRAY_BASE+nDataCount;i++)
{
    if(iReturnValue)
    {
        printf("%-6d%-12lf%-12lf%-20e%-15e\n",i+1,X[i],Y[i],*(pfhhData->
pdLogInvRelativePressureInLog+i),*(pfhhData->pdGasVolumeInLog  +i));
    }
    else
    {
        printf("%-6d%-12lf%-12lf%-20e%-15e\n",i+1,*(pdXHead+i),*(pdYHead+i),
*(pfhhData->pdLogInvRelativePressureInLog+i),*(pfhhData->pdGasVolumeInLog+i));
    }
}
//输出结果
printf("\n斜率(slope):S=%lf\n",pfhhData->dSlope);
printf("截距(intercept):I=%lf\n",pfhhData->dIntercept);
printf("线性相关系数(R):R=%lf\n",pfhhData->dCorrelationCoe);
printf("考虑表面张力-->分形维数:D=%lf\n",pfhhData->dDimensionAccountForST);
printf("不考虑表面张力-->分形维数:D=%lf\n",pfhhData->dDimensionNeglectST);

//释放动态分配的内存
if(NULL!=pdXHead)
{
    free(pdXHead);
}
if(NULL!=pdYHead)
{
    free(pdYHead);
}
//释放 FHH 结构体内存
if(NULL!=pfhhData)
{
    if(NULL !=pfhhData->pdLogInvRelativePressureInLog)
    {
        free(pfhhData->pdLogInvRelativePressureInLog);
    }
```

```
            if(NULL !＝pfhhData->pdGasVolumeInLog)
            {
                free(pfhhData->pdGasVolumeInLog);
            }
            free(pfhhData);
        }


    //终止时间
    EndTime＝clock();
    //计算消耗时间
    dDiffTime＝(double)(EndTime-StartTime)/CLOCKS_PER_SEC;//运行时间差
    printf("\n 程序运行时间:%.3lf 秒\n\n",dDiffTime);
    system("pause");
    return  0;
}


//功能:采用最小二乘法对数据进行一元一次回归分析(线性回归)
//pdXHead        -->X 数据序列头指针
//pdYHead        -->Y 数据序列头指针
//nDataCount     -->数据个数
//plpData        -->回归分析参数结构体指针
//返回值          -->错误码,非 0 表示有错误
int   LeastSqaureForLinear(double  * pdXHead,  double  * pdYHead,int nData-
Count,LINEAR_PARAMETER  * plpData)
{
    int  i;
    double  dSumOfX＝0.0;            //X 的加和
    double  dSumOfY＝0.0;            //Y 的加和
    double  dSumOfX2＝0.0;           //X 平方的加和
    double  dSumOfY2＝0.0;           //Y 平方的加和
    double  dSumOfXY＝0.0;           //X 与 Y 积的加和
    double  dSumOfYMYFit2＝0.0;      //观测值 Y 与回归拟合 Y 之差的平方和
    double  dXAverage＝0.0;          //X 的平均值
    double  dYAverage＝0.0;          //Y 的平均值
    double  dSigmaX＝0.0;            //X 的标准差(或均方差)
    double  dSigmaY＝0.0;            //Y 的标准差(或均方差)
    double  dCovXY＝0.0;             //自变量 X 与因变量 Y 的协方差
    double  dCorrelationCoe＝0.0;    //回归直线的线性相关系数
    double  dSlope＝0.0;             //回归直线的斜率
    double  dIntercept＝0.0;         //回归直线的截距

    if(nDataCount <2)
```

线性回归

```
        return  FHHErrors[3].iErrCode;//数据个数不能小于 2,至少 2 个


    for(i=ARRAY_BASE;i<ARRAY_BASE+nDataCount;i++)
    {
        dSumOfX+=*(pdXHead+i);
        dSumOfY+=*(pdYHead+i);
        dSumOfX2+=pow(*(pdXHead+i),2);
        dSumOfY2+=pow(*(pdYHead+i),2);
        dSumOfXY+=(*(pdXHead+i))*(*(pdYHead+i));
    }


    //计算自变量 X 的平均值(Average of X)
    dXAverage=dSumOfX/nDataCount;
    //计算因变量 Y 的平均值(Average of Y)
    dYAverage=dSumOfY/nDataCount;
    //自变量 X 的标准差(或均方差)(Standard deviation of X)
    dSigmaX=sqrt(dSumOfX2/nDataCount-pow(dXAverage,2));
    //因变量 Y 的标准差(或均方差)(Standard deviation of Y)
    dSigmaY=sqrt(dSumOfY2/nDataCount-pow(dYAverage,2));
    //自变量 X 与因变量 Y 的协方差(Covariance of X and Y)
    dCovXY=dSumOfXY/nDataCount-dXAverage*dYAverage;
    //回归直线的线性相关系数(Correlation coefficient)
    plpData->dCorrelationCoe=dCorrelationCoe=dCovXY/(dSigmaX*dSigmaY);
    //计算回归直线的斜率(Slope of regression line)
    plpData->dSlope=dSlope=(dSumOfXY-nDataCount*dXAverage*dYAverage)/(dSu-
mOfX2-nDataCount*pow(dXAverage,2));
    //计算回归直线的截距(Intercept of regression line)
    plpData->dIntercept=dIntercept=dYAverage-dXAverage*dSlope;
    //成功,返回 0
    return  FHHErrors[0].iErrCode;
}


//功能:从文件读取数据到内存区
//pstrFileName        -->数据文件名指针
//ppdXHead            -->自变量 X 序列首地址的地址指针
//ppdYHead            -->自变量 Y 序列首地址的地址指针
//pnDataCount         -->有效实数对变量的个数指针
//返回值              -->错误码
int  GetXY(const char *pstrFileName,double **ppdXHead,double **ppdY-
Head,int *pnDataCount)
{
```

```
int    iRetValue;              //返回值
int    iTempCount;             //文件中数据的行数
double  dTempX=0.0;            //临时存储每一行的 X 值
double  dTempY=0.0;            //临时存储每一行的 Y 值
FILE    * pFile=NULL;          //文件指针

iRetValue=fopen_s(&pFile,pstrFileName,"r");
//打开文件失败,返回失败值-2
if(iRetValue)
{
    return  FHHErrors[2].iErrCode;
}


//从文件中读取数据,计算数据行数 iTempCount,用于动态分配内存
for(iTempCount=0;!feof(pFile);iTempCount++)
{
    //如果读回的数据个数不是 2,则退出循环,说明结束
    //正常返回的值放在 dTempX 与 dTempY 内存中
    if(2!=fscanf_s(pFile,(const char * )"%lf %lf",&dTempX,&dTempY))
    {
        break;
    }
}
* pnDataCount=iTempCount;       //将文件中数据行数赋值给外部变量

//分配内存给 X 自变量序列
( * ppdXHead)=(double * )calloc(iTempCount,sizeof(double));
if(NULL==( * ppdXHead))
{
    return  FHHErrors[2].iErrCode;
}
//分配内存给 Y 因变量序列
( * ppdYHead)=(double * )calloc(iTempCount,sizeof(double));
if(NULL==( * ppdYHead))
{
    return  FHHErrors[2].iErrCode;
}

//定位文件指针到文件头
fseek(pFile,0L,SEEK_SET);
//从文件中读取数据
```

从文件读取数据

第 9 章 分形维数及计算案例

```
        for(iTempCount=0;!feof(pFile);iTempCount++)
        {
            //如果读回的数据个数不是2,则退出循环,说明结束;正常返回的值放在X与Y内存中
            if(2!=fscanf_s(pFile,(const char *)"%lg %lg",(*ppdXHead)+iTemp-
Count,(*ppdYHead)+iTempCount))
            {
                break;
            }
        }
        fclose(pFile);
        //成功,返回0
        return  FHHErrors[0].iErrCode;
    }
```

FHH 计算
过程

```
    //功能:计算 log[-log10(相对压力)]和 log10(吸附气体体积)
    //pdXHead     -->X 列数据,相对压力,Relative Pressure(RelaP)
    //pdYHead     -->Y 列数据,吸附气体的体积,Adsorbed Gas Volume(GasV)
    //nDataCount -->数据个数
    //ppfhhData  -->FHH 结构体
    //返回值      -->错误码
    int  GetLogOfRelaPAndGasVInLog(double  *pdXHead,double  *pdYHead,int nData-
Count,FHH  **ppfhhData)
    {
        int  i;
        //分配 nDataCount 个 double 型数据空间-->(*ppfhhData)->pdLogInvRelativePres-
sureInLog,并置 0
        if(NULL==(*ppfhhData)->pdLogInvRelativePressureInLog)
        {
            (*ppfhhData)->pdLogInvRelativePressureInLog=(double *)calloc(nData-
Count,sizeof(double));
        }
        else
        {
            free((*ppfhhData)->pdLogInvRelativePressureInLog);
            (*ppfhhData)->pdLogInvRelativePressureInLog=(double *)calloc(nData-
Count,sizeof(double));
        }
        //分配 nDataCount 个 double 型数据空间-->(*ppfhhData)->pdGasVolumeInLog,并置 0
        if(NULL==(*ppfhhData)->pdGasVolumeInLog)
        {
            (*ppfhhData)->pdGasVolumeInLog=(double *)calloc(nDataCount,sizeof
(double));
```

```c
    }
    else
    {
        free((*ppfhhData)->pdGasVolumeInLog);
        (*ppfhhData)->pdGasVolumeInLog=(double*)calloc(nDataCount,sizeof
(double));
    }
    //计算相对压力和吸附量的 log10 对数
    for(i=0;i<nDataCount;i++)
    {
        *((*ppfhhData)->pdLogInvRelativePressureInLog+i)=log10((-1.0)*
log10(*(pdXHead+i)));//计算 log10(-log10(relative pressure))
        *((*ppfhhData)->pdGasVolumeInLog+i)=log10(*(pdYHead+i)/SAMPLE_
MASS);//计算 log10(Vads)
    }
    //成功,返回 0
    return  FHHErrors[0].iErrCode;
}


//功能:采用最小二乘法对对数数据进行回归分析
//nDataCount      -->数据个数
//pfhhData        -->FHH 参数结构体
//返回值          -->错误码
int  LeastSquareInLogorithm(int nDataCount,FHH  **ppfhhData)
{
    LINEAR_PARAMETER  lpData={0};     //回归分析结果结构体
    //计算 log10[-log10(relative pressure)]和 log10(Vads)的有关参数
    if((NULL==(*ppfhhData)->pdLogInvRelativePressureInLog)||(NULL==
(*ppfhhData)->pdGasVolumeInLog))
    {
        return  FHHErrors[4].iErrCode;     //内存区没有数据
    }
    LeastSquareForLinear((*ppfhhData)->pdLogInvRelativePressureInLog,(*ppf-
hhData)->pdGasVolumeInLog,nDataCount,&lpData);
    (*ppfhhData)->dSlope=lpData.dSlope;     //斜率(slope)
    (*ppfhhData)->dDimensionAccountForST=3+(lpData.dSlope);      //表面张力
(Surface Tension),当考虑表面张力时计算分形维数
    (*ppfhhData)->dDimensionNeglectST=3*(1+(lpData.dSlope));      //当忽略表面
张力时计算分形维数
    (*ppfhhData)->dIntercept=lpData.dIntercept;     //截距
```

```
( * ppfhhData)->dCorrelationCoe＝lpData.dCorrelationCoe;      //相关系数

    //成功,返回 0
    return   FHHErrors[0].iErrCode;
}
```

FHH 方法 C 程序运行结果如图 9-4 所示。

序号	相对压力 无量纲	吸附量 mL	log10[-log10(Pr)] 不确定	log10(Va/m) 不确定
1	0.022842	17.038700	2.151769e-001	1.696776e+000
2	0.051283	20.247801	1.105978e-001	1.771717e+000
3	0.073301	21.938299	5.495335e-002	1.806542e+000
4	0.099543	23.543000	8.532398e-004	1.837201e+000
5	0.125549	24.971501	-4.518521e-002	1.862784e+000
6	0.152309	26.250201	-8.763209e-002	1.884472e+000
7	0.172883	27.190599	-1.179039e-001	1.899758e+000
8	0.202588	28.505900	-1.590248e-001	1.920274e+000
9	0.224722	29.366699	-1.881875e-001	1.933195e+000
10	0.256518	30.285801	-2.284991e-001	1.946578e+000
11	0.276664	31.017899	-2.533290e-001	1.956952e+000
12	0.299609	31.859600	-2.811288e-001	1.968580e+000
13	0.322320	32.769601	-3.082885e-001	1.980811e+000
14	0.347296	33.692502	-3.379033e-001	1.992873e+000
15	0.371918	34.624199	-3.669834e-001	2.004719e+000
16	0.399833	35.802502	-3.999845e-001	2.019253e+000
17	0.421872	36.709900	-4.261781e-001	2.030123e+000
18	0.450323	37.910001	-4.603270e-001	2.044093e+000
19	0.473905	39.079898	-4.890414e-001	2.057293e+000
20	0.499438	40.325500	-5.206862e-001	2.070919e+000
21	0.523348	41.575001	-5.509701e-001	2.084172e+000
22	0.547688	42.957199	-5.825835e-001	2.098375e+000
23	0.574770	44.635000	-6.188743e-001	2.115015e+000
24	0.597025	46.353698	-6.497375e-001	2.131424e+000
25	0.624032	48.657101	-6.886846e-001	2.152486e+000
26	0.649175	50.931401	-7.266787e-001	2.172325e+000
27	0.673043	53.716000	-7.645797e-001	2.195443e+000
28	0.700993	57.320398	-8.116726e-001	2.223649e+000
29	0.725231	61.429499	-8.553522e-001	2.253716e+000
30	0.749189	66.293097	-9.016727e-001	2.286808e+000
31	0.771204	72.061402	-9.475726e-001	2.323042e+000
32	0.798187	82.030402	-1.009238e+000	2.379314e+000
33	0.823148	95.131696	-1.073030e+000	2.443665e+000
34	0.850021	117.546998	-1.151378e+000	2.535551e+000
35	0.871897	146.707996	-1.225229e+000	2.631793e+000
36	0.898485	189.905004	-1.332648e+000	2.743376e+000
37	0.923017	216.874998	-1.458542e+000	2.801549e+000
38	0.950780	220.712988	-1.659160e+000	2.809167e+000
39	0.977017	221.376017	-1.995770e+000	2.810470e+000
40	0.996412	222.090994	-2.806583e+000	2.811870e+000

```
斜率(slope): S=-0.487330
截距(intercept): I=1.849249
线性相关系数(R): R=-0.948551
考虑表面张力-->分形维数, D=2.512670
不考虑表面张力-->分形维数, D=1.538010
```

图 9-4 FHH 方法 C 程序运行结果图

9.2 NK 方程

结合热力学和分形理论，Neimark 认为在毛细凝聚开始之前，分形表面应符合式(9-7)，其中，D 为表面分形维数，K 为常数，a_c 是开尔文方程中

NK 计算过程

吸附质-蒸汽界面的平均曲率半径。S_{gl} 为吸附质-蒸汽界面面积，可由式（9-10）所示的 Kiselev 方程计算，其中，R 为普适气体常数，T 表示吸附温度，γ 为吸附质表面张力，V_L 为液态吸附质摩尔体积，n 为相对压力 P_i/P_0 下吸附的气体摩尔数，n_{max} 为饱和蒸气压力对应的气体摩尔数。从式（9-10）的 Kiselev 方程可以看出，在任意给定的 P_i/P_0 下，累积面积 S_{gl} 等于用尺寸与半径成正比的标尺测量的吸附质-蒸汽界面面积。将式（9-7）和式（9-8）代入式（9-10）并取对数得式（9-11），根据斜率 $2-D$ 计算得到分形维数 D，式（9-11）称为 NK 方程。

$$S_{gl} = K(a_c)^{2-D} \qquad \text{式（9-7）}$$

$$a_c = r_k = \frac{-2\gamma V_L}{RT\ln(P_i/P_0)} \qquad \text{式（9-8）}$$

$$r_k = \frac{-2 \times 8.85 \times 10^{-3}(\text{J} \cdot \text{m}^{-2}) \times 34.7 \times 10^{-6}(\text{m}^3 \cdot \text{mol}^{-1})}{8.314(\text{J} \cdot \text{mol}^{-1} \cdot \text{K}^{-1}) \times 77.35(\text{K}) \times 2.303 \times \log(P_i/P_0)} = -\frac{4.15}{\log(P_i/P_0)}\text{Å}$$

$$\text{式（9-9）}$$

$$S_{gl} = -\frac{RT}{\gamma}\int_n^{n_{max}}\ln\left(\frac{P_i}{P_0}\right)dn \qquad \text{式（9-10）}$$

$$\log(S_{gl}) = \log K + (2-D)\log(a_c) = \log K + (2-D)\log(r_k) \qquad \text{式（9-11）}$$

9.2.1　NK 计算案例

质量 m 为 0.3425g 多孔硅胶材料吸附氮气（吸附分支）的测量数据如表 9-4 所示。吸附体积 V_G 为 0.3425g 吸附剂吸附的标准状况下氮气的体积，根据相对压力 P_r 和吸附体积 V_G 计算 NK 方程对应的分形维数 D。

NK 计算案例

▫ 表 9-4　NK 计算过程数据列表

序号	相对压力 P_r /（无量纲）	曲率半径 r_k /Å	吸附体积 V_G /（mL STP）	前后摩尔差 Δn /（mol · g^{-1}）	积分面积 S_{gl} /（m^2 · g^{-1}）	$\log(r_k)$	$\log(S_{gl})$
1	0.0228424	2.526744317	17.038700	4.182874E-04	7.181596E+02	0.402561298	2.856220976
2	0.0512833	3.214699791	20.247801	2.203465E-04	6.155837E+02	0.507140422	2.789287141
3	0.0733012	3.654137373	21.938299	2.091633E-04	5.708830E+02	0.56278487	2.756547091
4	0.0995482	4.138900487	23.543000	1.861967E-04	5.334914E+02	0.616884985	2.727127445
5	0.1255490	4.601754338	24.971501	1.666710E-04	5.038459E+02	0.66292343	2.702297769
6	0.1523090	5.0742319	26.250201	1.225753E-04	4.798845E+02	0.705370311	2.681136746
7	0.1728830	5.440541108	27.190599	1.714417E-04	4.636873E+02	0.735642096	2.666225168
8	0.2025880	5.980850936	28.505900	1.122001E-04	4.428096E+02	0.776762978	2.646217047
9	0.2247220	6.396254803	29.366699	1.197995E-04	4.302153E+02	0.805925756	2.633685857
10	0.2565180	7.01838762	30.285801	9.542466E-05	4.177953E+02	0.84623735	2.620963541
11	0.2766640	7.43134075	31.017899	1.097108E-04	4.086232E+02	0.871067175	2.611323057

序号	相对压力 P_r /(无量纲)	曲率半径 r_k /Å	吸附体积 V_G /(mL STP)	前后摩尔差 Δn /(mol·g^{-1})	积分面积 S_{gl} /(m^2·g^{-1})	$\log(r_k)$	$\log(S_{gl})$
12	0.2996090	7.922587572	31.859600	1.186133E-04	3.986970E+02	0.898867048	2.600642943
13	0.3223200	8.433867206	32.769601	1.202947E-04	3.886235E+02	0.926026759	2.589529053
14	0.3472960	9.029039899	33.692502	1.214412E-04	3.790528E+02	0.955641572	2.578699652
15	0.3719180	9.654319512	34.624199	1.535849E-04	3.700223E+02	0.984721668	2.568227913
16	0.3998330	10.41652212	35.802502	1.182740E-04	3.593877E+02	1.01772274	2.555563242
17	0.4218720	11.06410481	36.709900	1.564261E-04	3.517397E+02	1.043916281	2.546221417
18	0.4503230	11.9692029	37.910001	1.524892E-04	3.423005E+02	1.078065229	2.534407568
19	0.4739050	12.78732233	39.079898	1.623569E-04	3.337433E+02	1.106779613	2.523412509
20	0.4994380	13.75385304	40.325500	1.628651E-04	3.252429E+02	1.13842438	2.512207817
21	0.5233480	14.74715831	41.575001	1.801614E-04	3.173031E+02	1.168708342	2.501474382
22	0.5476880	15.86067678	42.957199	2.186915E-04	3.091239E+02	1.200321715	2.490132537
23	0.5747700	17.24298599	44.635000	2.240222E-04	2.999400E+02	1.236612475	2.477034414
24	0.5970250	18.512953	46.353698	3.002350E-04	2.912344E+02	1.267475699	2.464242601
25	0.6240320	20.2498971	48.657101	2.964416E-04	2.804640E+02	1.306422821	2.44787714
26	0.6491750	22.10125499	50.931401	3.629561E-04	2.707317E+02	1.344416935	2.432539123
27	0.6730430	24.11670045	53.716000	4.698120E-04	2.598128E+02	1.382317889	2.414660469
28	0.7009930	26.87885765	57.320398	5.355971E-04	2.469901E+02	1.429410807	2.392679504
29	0.7252310	29.72284834	61.429499	6.339413E-04	2.338252E+02	1.473090426	2.368891275
30	0.7491890	33.06822452	66.293097	7.518646E-04	2.197745E+02	1.519410878	2.341977341
31	0.7712040	36.75452713	72.061402	1.299400E-03	2.047892E+02	1.56531084	2.311307063
32	0.7981870	42.36197131	82.030402	1.707676E-03	1.818819E+02	1.626976162	2.25978948
33	0.8231480	49.06458004	95.131696	2.921703E-03	1.558213E+02	1.690768086	2.192626777
34	0.8500210	58.76462716	117.546998	3.800964E-03	1.179125E+02	1.769115985	2.071560014
35	0.8718970	69.65739098	146.707996	5.630475E-03	7.654106E+01	1.842967204	1.883894493
36	0.8984850	89.20443395	189.905004	3.515380E-03	2.659952E+01	1.950386442	1.424873804
37	0.9230170	119.2010412	216.874998	5.002594E-04	2.695779E+00	2.076280049	0.430684334
38	0.9507800	189.1901056	220.712988	8.642192E-05	3.223863E-01	2.27689842	-0.491623463
39	0.9770170	410.6842418	221.376017	9.319304E-05	9.089813E-02	2.613508039	-1.041445055
40	0.9964120	2656.56953	222.090994	0.00	0.00	3.424321187	♯NUM!

（1）计算曲率半径 r_k　根据开尔文公式计算相对压力 P_r 对应的曲率半径 r_k，例如：第 1 个数据点对应的相对压力为 0.0228424，液氮的表面张力 γ 为 8.85×10^{-3}(J·m^2)，液氮的摩尔体积 V_L 为 34.7×10^{-6}(mL·mol^{-1})，普适气体常数 R 为 8.314(J·mol^{-1}K^{-1})，吸附温度 T 为 77.35K。曲率半径 r_k 为 2.526744Å。

$$r_k = \frac{-2\gamma V_L}{RT\ln(P_i/P_0)} = \frac{-2 \times 8.85 \times 10^{-3}(\text{J} \cdot \text{m}^{-2}) \times 34.7 \times 10^{-6}(\text{m}^3 \cdot \text{mol}^{-1}) \times 10^{10}}{8.314(\text{J} \cdot \text{mol}^{-1} \cdot \text{K}^{-1}) \times 77.35(\text{K}) \times 2.303 \times \log(P_i/P_0)}$$

$$= -\frac{4.14704}{\log(0.0228424)} = 2.526744(\text{Å})$$

（2）计算前后两个数据点摩尔差 Δn　相对压力 P_r 越大，对应的气体吸附体积 V_G 越大，因此，前后两个数据点摩尔差采用较大相对压力对应的吸附量减去较小相对压力对应的吸附量。以第 1 个和第 2 个数据点为例，对应的体积分别为 17.038700mL 和 20.247801mL，两个数据的体积差 ΔV 为 3.209101mL，摩尔差 Δn 为 $4.182874 \times 10^{-4}(\text{mol} \cdot \text{g}^{-1})$。

$$\Delta n_{1,2} = \frac{\Delta V/1000}{mV_{mol}} = \frac{(20.247801 - 17.0387)(\text{mL})}{1000 \times 0.3425(\text{g}) \times 22.4(\text{L} \cdot \text{mol}^{-1})} = \frac{3.209101}{7672}$$

$$= 4.182874 \times 10^{-4}(\text{mol} \cdot \text{g}^{-1})$$

（3）计算积分面积 S_{gl}　吸附质-蒸汽界面面积 S_{gl} 采用梯形法则计算，其计算公式如式（9-12）所示，因为有 40 个数据点，所以只存在 39 个摩尔差，假设第 40 个数据点对应的摩尔差为 0，其对应的吸附质-蒸汽界面面积 S_{gl} 为 0，以第 39 个数据点对应的积分面积为例，其计算公式如式（9-13）所示，第 39 和第 40 个数据点间的摩尔差可由第（2）步计算得到，具体数值见表 9-4。

$$S_{gl,j} = -\frac{RT}{\gamma}\int_n^{n_{max}}\ln\left(\frac{P_i}{P_0}\right)\text{d}n = -\frac{RT}{\gamma}\sum_{i=j}^{40}\frac{(\ln P_{r,i} + \ln P_{r,i+1})}{2}\Delta n_{i,i+1} \quad \text{式（9-12）}$$

$$S_{gl,39} = -\frac{RT}{\gamma}\sum_{i=39}^{40}\frac{(\ln P_{r,i} + \ln P_{r,i+1})}{2}\Delta n_{i,i+1} = -\frac{RT}{\gamma}\frac{(\ln P_{r,39} + \ln P_{r,40})}{2}\Delta n_{39,40} + 0$$

$$\text{式（9-13）}$$

$$S_{gl,39} = -\frac{RT}{\gamma}\frac{(\ln P_{r,39} + \ln P_{r,40})}{2}\Delta n_{39,40}$$

$$= -\frac{8.314(\text{J} \cdot \text{mol}^{-1} \cdot \text{K}^{-1}) \times 77.35(\text{K})}{8.85 \times 10^{-3}(\text{J} \cdot \text{m}^{-2})}\frac{[\ln(0.977017) + \ln(0.996412)]}{2} \times$$

$$9.319304 \times 10^{-5}(\text{mol})$$

$$S_{gl,39} = -338.595007843 \times [\ln(0.977017) + \ln(0.996412)] \times 10^{-2}(\text{m}^2)$$

$$= 9.089813 \times 10^{-2}(\text{m}^2)$$

（4）以 $\log(r_k)$ 为 X 轴，以 $\log(S_{gl})$ 为 Y 轴进行回归分析

表 9-5　NK 方法一元线性回归计算数据列表

序号	X	Y	X^2	Y^2	$X \times Y$
1	0.402561298	2.856220976	0.162055598	8.157998264	1.149804022
2	0.507140422	2.789287141	0.257191408	7.780122757	1.414560258
3	0.56278487	2.756547091	0.31672681	7.598551866	1.551342997
4	0.616884985	2.727127445	0.380547084	7.437224099	1.682323972

序号	X	Y	X²	Y²	X×Y
5	0.66292343	2.702297769	0.439467475	7.30241323	1.791416507
6	0.705370311	2.681136746	0.497547276	7.188494251	1.891194261
7	0.735642096	2.666225168	0.541169294	7.108756647	1.961387471
8	0.776762978	2.646217047	0.603360725	7.002464661	2.055483435
9	0.805925756	2.633685857	0.649516324	6.936301196	2.122555266
10	0.84623735	2.620963541	0.716117653	6.869449886	2.217957242
11	0.871067175	2.611323057	0.758758024	6.819008107	2.274637799
12	0.898867048	2.600642943	0.807961971	6.763343716	2.337632246
13	0.926026759	2.589529053	0.857525558	6.705660716	2.397973195
14	0.955641572	2.578699652	0.913250814	6.649691896	2.46431259
15	0.984721668	2.568227913	0.969676763	6.595794612	2.528989673
16	1.01772274	2.555563242	1.035759577	6.530903485	2.600854826
17	1.043916281	2.546221417	1.089761202	6.483243503	2.658041993
18	1.078065229	2.534407568	1.162224638	6.423221719	2.732256675
19	1.106779613	2.523412509	1.224961111	6.367610693	2.79286152
20	1.13842438	2.512207817	1.296010068	6.311188114	2.859958625
21	1.168708342	2.501474382	1.36587919	6.257374085	2.923493979
22	1.200321715	2.490132537	1.440772219	6.200760052	2.988960157
23	1.236612475	2.477034414	1.529210414	6.135699487	3.063131658
24	1.267475699	2.464242601	1.606494647	6.072491598	3.123367613
25	1.306422821	2.44787714	1.706740587	5.992102494	3.197962558
26	1.344416935	2.432539123	1.807456896	5.917246584	3.270346792
27	1.382317889	2.414660469	1.910802747	5.830585183	3.337828363
28	1.429410807	2.392679504	2.043215256	5.724915211	3.420121942
29	1.473090426	2.368891275	2.169995402	5.611645871	3.489591056
30	1.519410878	2.341977341	2.308609415	5.484857867	3.558425848
31	1.56531084	2.311307063	2.450198025	5.34214034	3.617914
32	1.626976162	2.25978948	2.647051431	5.106648495	3.676623615
33	1.690768086	2.192626777	2.85869672	4.807612182	3.707223378
34	1.769115985	2.071560014	3.129771369	4.291360893	3.664829936
35	1.842967204	1.883894493	3.396528115	3.54905846	3.471955766
36	1.950386442	1.424873804	3.804007272	2.030265358	2.779054549
37	2.076280049	0.430684334	4.310938842	0.185488996	0.894221291

序号	X	Y	X^2	Y^2	$X \times Y$
38	2.27689842	-0.491623463	5.184266414	0.241693629	-1.11937669
39	2.613508039	-1.041445055	6.83042427	1.084607802	-2.72182502
平均值	1.214970902	2.258285133			
和			67.1806486	224.897998	93.82939536

$$\sigma_x = \sqrt{\frac{\sum_{i=1}^{n} x_i^2}{n} - x_{ave}^2} = \sqrt{\frac{67.1806486}{39} - (1.214970902)^2} = 0.496413578$$

$$\sigma_y = \sqrt{\frac{\sum_{i=1}^{n} y_i^2}{n} - y_{ave}^2} = \sqrt{\frac{224.897998}{39} - 2.258285133^2} = 0.816555933$$

$$Cov(x,y) = \frac{\sum_{i=1}^{n} x_i y_i}{n} - x_{ave} y_{ave} = \frac{93.82939536}{39} - 1.214970902 \times 2.258285133$$
$$= -0.337868792$$

$$R = \frac{Cov(x,y)}{\sigma_x \sigma_y} = \frac{\sum_{i=1}^{n} x_i y_i - n x_{ave} y_{ave}}{\sqrt{\sum_{i=1}^{n} x_i^2 - n x_{ave}^2} \sqrt{\sum_{i=1}^{n} y_i^2 - n y_{ave}^2}} = \frac{-0.337868792}{0.496413578 \times 0.816555933}$$
$$= -0.833524728$$

$$Slope = \frac{\sum_{i=1}^{n} x_i y_i - n x_{ave} y_{ave}}{\sum_{i=1}^{n} x_i^2 - n x_{ave}^2} = \frac{93.82939536 - 39 \times 1.214970902 \times 2.258285133}{67.1806486 - 39 \times (1.214970902)^2}$$
$$= -1.37107362$$

$$Intercept = y_{ave} - x_{ave} Slope = 2.258285133 - (1.214970902) \times (-1.37107362)$$
$$= 3.924099685$$

NK 计算的分形维数：

$$D = 2 - Slope = 2 - (-1.37107362) = 3.37107362$$

表 9-5 中 "X" 列数据为 $\log(r_k)$，"Y" 列数据为 $\log(S_{gl})$，对 "X" 列与 "Y" 列数据进行一元线性回归，"X^2" 列、"Y^2" 列与 "$X \times Y$" 列为中间计算数据，表 9-5 给出了具体计算过程。图 9-5 中实心圆圈表示数据点，直线表示拟合后曲线，图中给出了斜率、截距与 Pearson 线性相关系数。

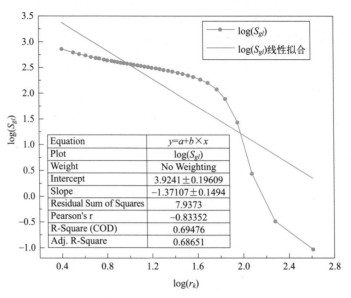

图 9-5　NK 方法线性拟合结果图

9.2.2　C 程序源代码

NK 数据结构

```
# include <windows. h>

# include <stdio. h>

# include <stddef. h>

# include <stdlib. h>

# include <tchar. h>

# include <math. h>

# include <malloc. h>

# include <time. h>

# include <memory. h>


//数组起始地址
# define   ARRAY_BASE   0
//计算用常数
# define   KEIVIN_CONSTANT          -4.14704        //计算开尔文半径时所用常数
# define   AVOGADRO_NUMBER          6.023E23        //阿伏加德罗常数,6.023×10^23
# define   CROSS_SECTION_N2         16.2            //氮原子的横截面积,16.2A^2
# define   UNIVERSAL_GAS_CONSTANT 8.314             //普适气体常数,8.314J/(mol·K)
# define   SATURATION_TEMPERATURE 77.35             //氮气的沸点温度,77.35K
# define   SURFACE_TENSION          0.00885         //表面张力,0.00885N/m
# define   SAMPLE_MASS              0.3425          //样本质量,0.3425g
```

```
#define  MOLAR_VOLUME_GAS  22.4  //标况下的气体摩尔体积,22.4L/mol


//NK 计算过程出错信息
static struct  tagNKError
{
    int  iErrCode;                //错误号
    TCHAR  * szErrDescription;  //错误描述
}
NKErrors[]＝
{
//iErrCode        szErrDesciption
    0,          TEXT("成功!"),
    -1,         TEXT("内存分配失败!"),
    -2,         TEXT("打开文件失败!"),//这个数值"-2"不能变,与打开文件失败返回值对应
    -3,         TEXT("数据个数不能小于 2!")
};


typedef struct tagNeimarkKiselev {
    double dSlope;                //斜率,Slope
    double dIntercept;            //截距,Interception
    double dDimension;            //分形维数,D＝2-Slope
    double dCorrelationCoe;       //线性相关系数
    double * pdRadiusOfCurvature;//曲率半径,Radius of curvature
    double * pdInterfaceArea;     //气液交界面面积,Vapor-Liquid interface area
} NK;


//回归分析参数结构体
typedef  struct   tagLinearParameter{
    double  dCorrelationCoe;  //回归直线的线性相关系数(Correlation coefficient)
    double  dSlope;           //回归直线的斜率(Slope of regression line)
    double  dIntercept;       //回归直线的截距(Intercept of regression line)
}LINEAR_PARAMETER;


    int  GetXY(const char  * pstrFileName,double  * * ppdXHead,double  * * ppdY-
Head,int  * pnDataCount);
    int  GetRadiusOfCurvature(double  * pdXHead,int nDataCount,NK  * * ppnkData);
    int  CalculateDiffValue(double  * pdYHead,int nDataCount,double  * * ppdDiffValue);
    int  CalculateDiffArea(double  * pdXHead,int nDataCount,NK  * * ppnkData,double
  * * ppdDiffValue);
    int  LeastSquareForLinear(double  * pdXHead,double  * pdYHead, int nDataCount,
LINEAR_PARAMETER  * plpData);
```

```
int  LeastSquareInLogorithm(int nDataCount,NK  **ppnkData);

int  main(int  argc,char  *argv[])
{
    int  i;
    int  iReturnValue;              //返回值
    int  nDataCount=0;             //要处理的数据的行数
    clock_t  StartTime=0;          //开始时间
    clock_t  EndTime=0;            //结束时间
    double  dDiffTime=0.0;         //时间差
    double  *pdXHead=NULL;         //X列数据首指针,相当于 X 轴
    double  *pdYHead=NULL;         //Y列数据首指针,相当于 Y 轴
    double  *pdDiffValue=NULL;//Y列数据前后数据差值
    NK   *pnkData=NULL;            //NK 结构体指针

    //相对压力,单位(无量纲)
    double  X[]={
    0.0228424,0.0512833,0.0733012,0.0995482,0.125549,0.152309,0.172883,0.202588,
    0.2247220,0.2565180,0.2766640,0.2996090,0.322320,0.347296,0.371918,0.399833,
    0.4218720,0.4503230,0.4739050,0.4994380,0.523348,0.547688,0.574770,0.597025,
    0.6240320,0.6491750,0.6730430,0.7009930,0.725231,0.749189,0.771204,0.798187,
    0.8231480,0.8500210,0.8718970,0.8984850,0.923017,0.950780,0.977017,0.996412};

    //吸附量数据,单位(mL)
    double  Y[]={
    17.038700,20.247801,21.938299,23.5430,24.971501,26.250201,27.190599,28.5059,
    29.366699,30.285801,31.017899,31.8596,32.769601,33.692502,34.624199,35.802502,
    36.709900,37.910001,39.079898,40.3255,41.575001,42.957199,44.635000,46.353698,
    48.657101,50.931401,53.716000,57.320398,61.429499,66.293097,72.061402,82.030402,
    95.131696,117.546998,146.707996,189.905004,216.874998,220.712988,221.376017,
    222.090994};

    pnkData=(NK*)calloc(1,sizeof(NK));      //初始化结构体

    //开始时间
    StartTime=clock();

    //读入要拟合的数据,返回读文件的结果
    iReturnValue = GetXY((const char *)"NK_data.txt",&pdXHead,&pdYHead,
&nDataCount);
```

312

```
//如果打开文件失败,直接返回
if(iReturnValue)
{
    nDataCount=sizeof(X)/sizeof(X[0]);
    GetRadiusOfCurvature(X,nDataCount,&pnkData);    //计算开尔文半径
    CalculateDiffValue(Y,nDataCount,&pdDiffValue);    //单位吸附剂吸附的摩尔数
    CalculateDiffArea(X,nDataCount,&pnkData,&pdDiffValue);    //积分面积
    LeastSquareInLogorithm(nDataCount,&pnkData);    //回归分析
}
else
{
    GetRadiusOfCurvature(pdXHead,nDataCount,&pnkData);    //计算开尔文半径
    CalculateDiffValue(pdYHead,nDataCount,&pdDiffValue);    //单位吸附剂吸附
的摩尔数
    CalculateDiffArea(pdXHead,nDataCount,&pnkData,&pdDiffValue);    //积分面积
    LeastSquareInLogorithm(nDataCount,&pnkData);    //回归分析
}
//输出"标题+单位"
printf("%-10s%-12s%-12s%-15s%-12s%-14s%-12s\n","相对压力","吸附量","曲率半
径","前后摩尔数之差","积分面积","log(曲率半径)","log(积分面积)");
//输出内容
printf("%-10s%-12s%-12s%-15s%-12s%-14s%-12s\n","无量纲","mL","angstrom","
mol/g","m^2/g","不确定","不确定");
for(i=ARRAY_BASE;i<ARRAY_BASE+nDataCount;i++)
{
    if(iReturnValue)
    {
        printf("%-10lf%-12lf%-12lf%-15e%-12lf%-14lf%-12lf\n",X[i],Y[i],*
(pnkData->pdRadiusOfCurvature+i),*(pdDiffValue+i),*(pnkData->pdInterfaceArea+i),
log10(*(pnkData->pdRadiusOfCurvature+i)),log10(*(pnkData->pdInterfaceArea+i)));
    }
    else
    {
        printf("%-10lf%-12lf%-12lf%-15e%-12lf%-14lf%-12lf\n",*(pdXHead+
i),*(pdYHead+i),*(pnkData->pdRadiusOfCurvature+i),*(pdDiffValue+i),*(pnkDa-
ta->pdInterfaceArea+i),log10(*(pnkData->pdRadiusOfCurvature+i)),log10(*(pnkDa-
ta->pdInterfaceArea+i)));
    }
}
//输出结果
```

```
    printf("斜率(slope)=%lf\n",pnkData->dSlope);
    printf("截距(intercept)=%lf\n",pnkData->dIntercept);
    printf("线性相关系数(R)=%lf\n",pnkData->dCorrelationCoe);
    printf("分形维数(D)=%lf\n",pnkData->dDimension);

    //释放动态分配的内存
    if(NULL!=pdXHead)
    {
        free(pdXHead);
    }
    if(NULL!=pdYHead)
    {
        free(pdYHead);
    }
    if(NULL!=pnkData)
    {
        if(NULL !=pnkData->pdInterfaceArea)
        {
            free(pnkData->pdInterfaceArea);
        }
        if(NULL !=pnkData->pdRadiusOfCurvature)
        {
            free(pnkData->pdRadiusOfCurvature);
        }
        free(pnkData);
    }
    if(NULL!=pdDiffValue)
    {
        free(pdDiffValue);
    }

    //终止时间
    EndTime=clock();
    //计算消耗时间
    dDiffTime=(double)(EndTime-StartTime)/CLOCKS_PER_SEC;//运行时间差
    printf("\n 程序运行时间:%.3lf 秒 \n\n",dDiffTime);
    system("pause");
    return  0;
}

//功能:采用最小二乘法对数据进行一元一次回归分析(线性回归)
```

314

```
//pdXHead         -->X 数据序列头指针
//pdYHead         -->Y 数据序列头指针
//nDataCount      -->数据个数
//plpData         -->回归分析参数结构体指针
//返回值          -->错误码,非 0 表示有错误
int  LeastSquareForLinear(double  * pdXHead,  double  * pdYHead,int nDataCount,
LINEAR_PARAMETER  * plpData)
{
    int  i;
    double  dSumOfX=0.0;              //X 的加和
    double  dSumOfY=0.0;              //Y 的加和
    double  dSumOfX2=0.0;            //X 平方的加和
    double  dSumOfY2=0.0;            //Y 平方的加和
    double  dSumOfXY=0.0;            //X 与 Y 积的加和
    double  dSumOfYMYFit2=0.0;       //观测值 Y 与回归拟合 Y 之差的平方和
    double  dXAverage=0.0;           //X 的平均值
    double  dYAverage=0.0;           //Y 的平均值
    double  dSigmaX=0.0;             //X 的标准差(或均方差)
    double  dSigmaY=0.0;             //Y 的标准差(或均方差)
    double  dCovXY=0.0;              //自变量 X 与因变量 Y 的协方差
    double  dCorrelationCoe=0.0;     //回归直线的线性相关系数
    double  dSlope=0.0;              //回归直线的斜率
    double  dIntercept=0.0;          //回归直线的截距

    if(nDataCount <2)
        return  NKErrors[3].iErrCode;//数据个数不能小于 2,至少 2 个

    for(i=ARRAY_BASE;i<ARRAY_BASE+nDataCount;i++)
    {
        dSumOfX+= * (pdXHead+i);
        dSumOfY+= * (pdYHead+i);
        dSumOfX2+=pow( * (pdXHead+i),2);
        dSumOfY2+=pow( * (pdYHead+i),2);
        dSumOfXY+=( * (pdXHead+i)) * ( * (pdYHead+i));
    }

    //计算自变量 X 的平均值(Average of X)
    dXAverage=dSumOfX/nDataCount;
    //计算因变量 Y 的平均值(Average of Y)
    dYAverage=dSumOfY/nDataCount;
```

```
//自变量 X 的标准差(或均方差)(Standard deviation of X)
dSigmaX＝sqrt(dSumOfX2/nDataCount-pow(dXAverage,2));
//因变量 Y 的标准差(或均方差)(Standard deviation of Y)
dSigmaY＝sqrt(dSumOfY2/nDataCount-pow(dYAverage,2));
//自变量 X 与因变量 Y 的协方差(Covariance of X and Y)
dCovXY＝dSumOfXY/nDataCount-dXAverage * dYAverage;
//回归直线的线性相关系数(Correlation coefficient)
plpData->dCorrelationCoe＝dCorrelationCoe＝dCovXY/(dSigmaX * dSigmaY);
//计算回归直线的斜率(Slope of regression line)
plpData->dSlope＝dSlope＝(dSumOfXY-nDataCount * dXAverage * dYAverage)/(dSu-
mOfX2-nDataCount * pow(dXAverage,2));
//计算回归直线的截距(Intercept of regression line)
plpData->dIntercept＝dIntercept＝dYAverage-dXAverage * dSlope;
//成功,返回 0
return  NKErrors[0].iErrCode;
}
//功能:从文件读取数据到内存区
//pstrFileName        -->数据文件名指针
//ppdXHead           -->自变量 X 序列首地址的地址指针
//ppdYHead           -->自变量 Y 序列首地址的地址指针
//pnDataCount        -->有效实数对变量的个数指针
//返回值              -->错误码
int  GetXY(const char  * pstrFileName,double  * * ppdXHead,double  * * ppdY-
Head,int  * pnDataCount)
{
    int  iRetValue;            //返回值
    int  iTempCount;           //文件中数据的行数
    double  dTempX＝0.0;       //临时存储每一行的 X 值
    double  dTempY＝0.0;       //临时存储每一行的 Y 值
    FILE  * pFile＝NULL;       //文件指针
    iRetValue＝fopen_s(&pFile,pstrFileName,"r");
    //打开文件失败,返回失败值-1
    if(iRetValue)
    {
        return  NKErrors[1].iErrCode;
    }
    //从文件中读取数据,计算数据行数 iTempCount,用于动态分配内存
    for(iTempCount＝0;!feof(pFile),iTempCount＋＋)
    {
        //如果读回的数据个数不是 2,则退出循环,说明结束
```

316

```
            //正常返回的值放在 dTempX 与 dTempY 内存中
            if(2!＝fscanf_s(pFile,(const char * )"%lf %lf",&dTempX,&dTempY))
            {
                break;
            }
        }
        * pnDataCount＝iTempCount;        //将文件中数据行数赋值给外部变量
        //分配内存给 X 自变量序列
        ( * ppdXHead)＝(double * )calloc(iTempCount,sizeof(double));
        if(NULL＝＝( * ppdXHead))
        {
            return  NKErrors[1].iErrCode;
        }
        //分配内存给 Y 因变量序列
        ( * ppdYHead)＝(double * )calloc(iTempCount,sizeof(double));
        if(NULL＝＝( * ppdYHead))
        {
            return  NKErrors[1].iErrCode;
        }
        //定位文件指针到文件头
        fseek(pFile,0L,SEEK_SET);
        //从文件中读取数据
        for(iTempCount＝0;!feof(pFile);iTempCount＋＋)
        {
            //如果读回的数据个数不是 2,则退出循环,说明结束;正常返回的值放在 X 与 Y 内存中
            if(2!＝ fscanf_s(pFile,(const char * )"%lg %lg",( * ppdXHead)＋iTemp-
Count,( * ppdYHead)＋iTempCount))
            {
                break;
            }
        }
        fclose(pFile);
        //成功,返回 0
        return  NKErrors[0].iErrCode;
    }
    //功能:计算曲率半径
    //pdXHead        -->X 列数据
    //nDataCount     -->数据个数
    //pnkData        -->NK 结构体
    //返回值          -->错误码
```

```
int  GetRadiusOfCurvature(double  * pdXHead,int nDataCount,NK  ** ppnkData)
{
    int  i;
    //分配 nDataCount 个 double 型数据空间,并置 0
    if(NULL==( * ppnkData)->pdRadiusOfCurvature)
    {
        ( * ppnkData)->pdRadiusOfCurvature=(double * )calloc(nDataCount,sizeof
(double));
    }
    else
    {
        free(( * ppnkData)->pdRadiusOfCurvature);
        ( * ppnkData)->pdRadiusOfCurvature=(double * )calloc(nDataCount,sizeof
(double));
    }
    //计算各相对压力对应的开尔文半径,单位(angstrom)
    for(i=ARRAY_BASE;i<ARRAY_BASE+nDataCount;i++)
    {
        //曲率半径=开尔文半径=-4.1542/LOG10(相对压力)
        * (( * ppnkData)->pdRadiusOfCurvature+i)=KEIVIN_CONSTANT/log10( *
(pdXHead+i));
    }
    //成功,返回 0
    return  NKErrors[0].iErrCode;
}
//功能:计算两个连续元素之间的一维差数组
//pdYHead         -->Y 列数据
//nDataCount      -->数据个数
//ppdDiffValue    -->指向储存体积差值的地址的指针,这里运用的是地址传递而不是值传递
//返回值          -->错误码
int  CalculateDiffValue(double  * pdYHead,int nDataCount,double  ** ppdDiffValue)
{
    int  i;
    int  ValidDataCount;
    //排除掉最后一个点前后两个数的摩尔数之差,直接设为 0
    ValidDataCount=nDataCount-1;
    //给 * pDValue 分配一个连续的大小为 nDataCount 个字节的空间
    if(NULL== * ppdDiffValue)
    {
        ( * ppdDiffValue)=(double * )calloc(nDataCount,sizeof(double));
    }
```

计算曲率半径

一阶导数计算

```
        {
            free( * ppdDiffValue);
            ( * ppdDiffValue)＝(double * )calloc(nDataCount,sizeof(double));
        }
//前后吸附量的摩尔差,单位(mol/g)
        for(i＝ARRAY_BASE;i<ARRAY_BASE＋ValidDataCount;i＋＋)
        {
```
//Y 列数据前后两数摩尔差＝Y 列数据前后两者差/样本质量(0.3425g)/标况下的摩尔体积(22.4L/mol)/1000(因为 Y 列数据单位是 mL)

```
            * (( * ppdDiffValue)＋i)＝( * (pdYHead＋i＋1)-* (pdYHead＋i))/SAMPLE_
MASS/MOLAR_VOLUME_GAS/1000;
        }


//成功,返回 0
        return  NKErrors[0].iErrCode;
    }
```
//功能:计算气液的交界面积
//pdXHead   -->X 列数据
//nDataCount   -->数据个数
//ppnkData   -->NK 参数结构体
//ppdDiffValue-->指向储存体积差值的地址的指针
//返回值   -->错误码
```
int CalculateDiffArea(double  * pdXHead,int nDataCount,NK  * * ppnkData,doub-
le  * * ppdDiffValue)
    {
        int  i;
        double  Constant;
        int ValidDataCount;
        ValidDataCount＝nDataCount-1;
```
气液交界
面积计算

//普适气体常数(8.314J/(mol・K))×吸附质饱和温度(77.35K)/表面张力(0.00885 J/m^2)＝72665.29944(m^2/mol/g)
```
Constant＝UNIVERSAL_GAS_CONSTANT * SATURATION_TEMPERATURE/SURFACE_TENSION;
```
//分配连续的大小为 nDataCount 个 double 字节的空间
```
        if(NULL＝＝( * ppnkData)->pdInterfaceArea)
        {
            ( * ppnkData)->pdInterfaceArea＝(double * )calloc(nDataCount,sizeof(double));
        }
        else
        {
            free(( * ppnkData)->pdInterfaceArea);
            ( * ppnkData)->pdInterfaceArea＝(double * )calloc(nDataCount,sizeof(double));
```

```
        }
        //i 代表第 i 行数据对应的面积差,排除掉最后一行
        for(i=ARRAY_BASE+ValidDataCount-1;i>=ARRAY_BASE;i--)
        {
            //梯形法面积积分,面积=宽度*中间位置的高,量纲为:m^2/g
            //气液交界面的面积=72665.29944×Y列数据前后摩尔差×ln(X)数据区间的中点
{=1/2×[ln(Pi/P0)前+ln(Pi/P0)后]}
            *((*ppnkData)->pdInterfaceArea+i)=*((*ppnkData)->pdInterfaceArea
+i+1)+-1.0*(*((*ppdDiffValue)+i))*Constant*(log(*(pdXHead+i))+log(*
(pdXHead+i+1)))/2;
        }
        //成功,返回 0
        return  NKErrors[0].iErrCode;
    }
    //功能:计算分形维数斜率截距相关系数
    //nDataCount        ->数据个数
    //ppnkData          ->NK 参数结构体
    //返回值            ->错误码
    int  LeastSquareInLogorithm(int nDataCount,NK  **ppnkData)
    {
        int  i;
        int  ValidDataCount;
        LINEAR_PARAMETER  lpData={0};      //定义直线参数结构体
        double  *pdRadiusOfCurvatureForLog=NULL;
        double  *pdInterfaceAreaForLog=NULL;
        ValidDataCount=nDataCount-1;       //不考虑最后一个点
        pdRadiusOfCurvatureForLog=(double *)calloc(nDataCount,sizeof(double));
    //分配空间储存 log(rk)
        pdInterfaceAreaForLog=(double *)calloc(nDataCount,sizeof(double));//分配
空间储存 log(Se)
        //给内存区赋初值
        for(i=ARRAY_BASE;i<ARRAY_BASE+ValidDataCount;i++)
        {
            *(pdRadiusOfCurvatureForLog+i)=log10(*((*ppnkData)->pdRadiusOf-
Curvature+i));    //给 log(rk)赋值
            *(pdInterfaceAreaForLog+i)=log10(*((*ppnkData)->pdInterfaceArea+i));
//给 log(Se)赋值
        }
        //最小二乘法拟合直线,计算 log(rk)和 log(Se)的斜率截距相关系数
        LeastSquareForLinear ( pdRadiusOfCurvatureForLog, pdInterfaceAreaForLog,
ValidDataCount,&lpData);
        (*ppnkData)->dSlope=lpData.dSlope;                //NK 参数结构体中斜率
        (*ppnkData)->dIntercept=lpData.dIntercept;        //NK 参数结构体中截距
```

分形维数计算

```c
    ( * ppnkData)->dCorrelationCoe = lpData.dCorrelationCoe; //NK 参数结构体中线性相关系数
    ( * ppnkData)->dDimension = 2-lpData.dSlope; //NK 参数结构体中分形维数,D=2-Slope
    //释放内存
    if(NULL != pdRadiusOfCurvatureForLog)
    {
        free(pdRadiusOfCurvatureForLog);
    }
    if(NULL != pdInterfaceAreaForLog)
    {
        free(pdInterfaceAreaForLog);
    }
    //成功,返回 0
    return  NKErrors[0].iErrCode;
}
```

NK 方法 C 程序运行结果如图 9-6 所示。

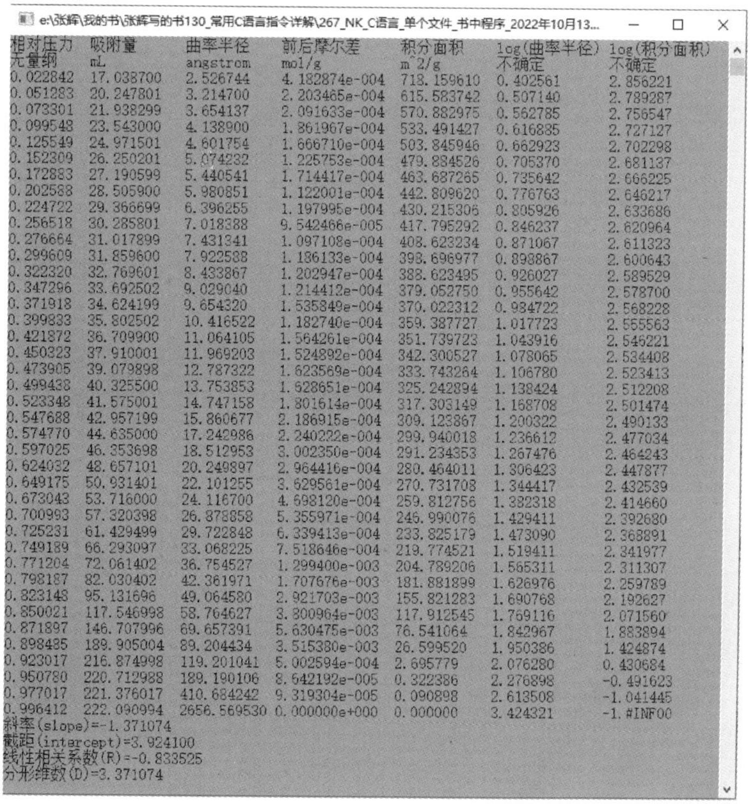

e:\张辉\我的书\张辉写的书130_常用C语言指令详解\267_NK_C语言_单个文件_书中程序_2022年10月13...

相对压力	吸附量	曲率半径	前后摩尔差	积分面积	log(曲率半径)	log(积分面积)
无量纲	mL	angstrom	mol/g	m^2/g	不确定	不确定
0.022842	17.038700	2.526744	4.182874e-004	718.159610	0.402561	2.856221
0.051283	20.247801	3.214700	2.203465e-004	615.583742	0.507140	2.789287
0.073301	21.938299	3.654137	2.091633e-004	570.882975	0.562785	2.756547
0.099548	23.543000	4.138900	1.861967e-004	533.491427	0.616885	2.727127
0.125549	24.971501	4.601754	1.666710e-004	503.845946	0.662923	2.702298
0.152309	26.250201	5.074232	1.225753e-004	479.884526	0.705370	2.681137
0.172883	27.190599	5.440541	1.714417e-004	463.687265	0.735642	2.666225
0.202588	28.505900	5.980851	1.122001e-004	442.809620	0.776763	2.646217
0.224722	29.366699	6.396255	1.197995e-004	430.215306	0.805926	2.633686
0.256518	30.285801	7.018388	9.542466e-005	417.795292	0.846237	2.620964
0.276664	31.017899	7.431341	1.097108e-004	408.623234	0.871067	2.611323
0.299609	31.859600	7.922588	1.186133e-004	398.696977	0.898867	2.600643
0.322320	32.769601	8.433867	1.202947e-004	388.623495	0.926027	2.589529
0.347296	33.692502	9.029040	1.214412e-004	379.052750	0.955642	2.578700
0.371918	34.624199	9.654320	1.535849e-004	370.022312	0.984722	2.568228
0.399833	35.802502	10.416522	1.182740e-004	359.387727	1.017723	2.555563
0.421872	36.709900	11.064105	1.564261e-004	351.739723	1.043916	2.546221
0.450323	37.910001	11.969203	1.524892e-004	342.300527	1.078065	2.534408
0.473905	39.079898	12.787322	1.623569e-004	333.743264	1.106780	2.523413
0.499438	40.325500	13.753853	1.628651e-004	325.242894	1.138424	2.512208
0.523348	41.575001	14.747158	1.801614e-004	317.303149	1.168708	2.501474
0.547688	42.957199	15.860677	2.186915e-004	309.123867	1.200322	2.490133
0.574770	44.635000	17.242986	2.240222e-004	299.940018	1.236612	2.477034
0.597025	46.353698	18.512953	3.002350e-004	291.234353	1.267476	2.464243
0.624032	48.657101	20.249897	2.964416e-004	280.464011	1.306423	2.447877
0.649175	50.931401	22.101255	3.629561e-004	270.731708	1.344417	2.432539
0.673043	53.716000	24.116700	4.698120e-004	259.812756	1.382318	2.414660
0.700993	57.320398	26.878858	5.355971e-004	246.990076	1.429411	2.392680
0.725231	61.429499	29.722848	6.339413e-004	233.825179	1.473090	2.368891
0.749189	66.293097	33.068225	7.518646e-004	219.774521	1.519411	2.341977
0.771204	72.061402	36.754527	1.299400e-003	204.789206	1.565311	2.311307
0.798187	82.030402	42.361971	1.707676e-003	181.881899	1.626976	2.259789
0.823148	95.131696	49.064580	2.921703e-003	155.821283	1.690768	2.192627
0.850021	117.546998	58.764627	3.800964e-003	117.912545	1.769116	2.071560
0.871897	146.707996	69.657391	5.630475e-003	76.541064	1.842967	1.883894
0.898485	189.905004	89.204434	3.515380e-003	26.599520	1.950386	1.424874
0.923017	216.874998	119.201041	5.002594e-004	2.695779	2.076280	0.430684
0.950780	220.712988	189.190106	8.642192e-005	0.322386	2.276898	-0.491623
0.977017	221.376017	410.684242	9.319304e-005	0.090898	2.613508	-1.041445
0.996412	222.090994	2656.569530	0.000000e+000	0.000000	3.424321	-1.#INF00

斜率(slope)=-1.371074
截距(intercept)=3.924100
线性相关系数(R)=-0.833525
分形维数(D)=3.371074

图 9-6　NK 方法 C 程序运行结果图

参考文献

[1] S. J. Gregg and K. S. V. Sing. Adsorption Surface Area and Porosity, Chap. IV, Academic Press, Longdon and New York (1967).

[2] A. L. McClellan and H. F. Hanrsberger, J. Colloid and Interface Sci., 1967, 23: 577.